W0255496

## Die Fortschritte der chemischen Forschung

erscheinen zwanglos in einzeln berechneten Heften, die zu Bänden vereinigt werden. Ihre Aufgabe liegt in der Darbietung monographischer Fortschrittsberichte über aktuelle Themen aus allen Gebieten der chemischen Wissenschaft. Die „Fortschritte" wenden sich an jeden interessierten Chemiker, der sich über die Entwicklung auf den Nachbargebieten zu unterrichten wünscht.

In der Regel werden nur angeforderte Beiträge veröffentlicht, doch sind die Herausgeber für Anregungen hinsichtlich geeigneter Themen jederzeit dankbar. Beiträge können in deutscher, englischer oder französischer Sprache veröffentlicht werden.



Anschriften:

*Prof. Dr. E. Heilbronner, Zürich 6, Universitätsstraße 6* (Organische Chemie).

*Prof. Dr. U. Hofmann, 69 Heidelberg, Tiergartenstraße* (Anorganische Chemie).

*Prof. Dr. Kl. Schäfer, 69 Heidelberg, Tiergartenstraße* (Physikalische Chemie).

*Prof. Dr. G. Wittig, 69 Heidelberg, Tiergartenstraße* (Organische Chemie).

*Dipl. Chem. F. Boschke, 69 Heidelberg, Neuenheimer Landstraße 28–30* (Springer-Verlag)

## Springer-Verlag

**69 Heidelberg 1,** Postfach 3027
Fernsprecher 4 91 01
Fernschreib-Nr. 04-61 723

**New York,** Fifth Avenue 175
Fernschreib-Nr. 0023-222 235

**1 Berlin-Wilmersdorf,** Heidelberger Platz 3
Fernsprecher 83 03 01
Fernschreib-Nr. 01-83 319

## Inhaltsverzeichnis

6. Band — 1. Heft





ISBN 978-3-662-23258-3
DOI 10.1007/978-3-662-25280-2

ISBN 978-3-662-25280-2 (eBook)

# Zur chemischen Aufklärung von Eiweißstrukturen

**Dr. G. Bodo**

Arzneimittelforschung GmbH., Wien

**Inhaltsübersicht**



## I. Einleitung

Die Strukturaufklärung der Eiweißstoffe hat in den letzten Jahren große Fortschritte gemacht: Die Verbesserungen der chemischen Methoden zur Bestimmung der Aminosäuresequenz, die erfolgreiche Aufklärung einiger Proteine durch die Röntgenstrukturanalyse (Myoglobin, Hämoglobin, Lysozym), die Ausnützung der optischen Eigenschaften zur Erforschung der Sekundärstruktur (z.B. durch Messung der Rotationsdispersion).

In dieser Zusammenfassung werden die Fortschritte der chemischen Strukturaufklärung der letzten Jahre besprochen. Es sollen jedoch auch praktisch wichtige ältere Verfahren erwähnt werden. Zur weiteren Information über das Gebiet der chemischen Strukturaufklärung von Proteinen seien einige neue Übersichten angegeben: *Canfield* und *Anfinsen* (*15*), *Smyth* und *Elliott* (*91*), *Harris* und *Ingram* (*40*), *Richards* (*82*), *Hirs* (*45*).

## 1. Begriff der Proteinstruktur

Die heute allgemein verwendeten Begriffe bei der Beschreibung der Proteinstruktur stammen von *Linderström-Lang*. Hierbei wird unter der Primärstruktur eines Proteines dessen chemisches Formelbild verstanden: Die charakteristische Reihenfolge der Aminosäuren in der Polypeptidkette, die durch Cystinreste gebildeten Disulfidbrücken, die kovalente Bindung eventueller prosthetischer Gruppen. Die *Primärstruktur* wird manchmal auch als „chemische" oder „kovalente" Struktur bezeichnet.

Die *Sekundärstruktur* kommt durch die Spiralisierung der Peptidketten zustande. Hierbei werden im allgemeinen in einer Polypeptidkette mehrere verschieden lange Abschnitte von ausgeprägter Spiralstruktur von einigen nicht-spiralig angeordneten Abschnitten unterbrochen. Die räumliche Anordnung dieser spiralisierten und nichtspiralisierten Abschnitte zu dem gesamten dreidimensionalen Aufbau einer Polypeptidkette bildet schließlich deren *Tertiärstruktur*. Später ist außerdem noch der Begriff der *Quartärstruktur* hinzugekommen. Proteine enthalten oftmals mehrere, nicht durch kovalente Bindungen verknüpfte Polypeptidketten, die zu komplizierten großen Molekülen vereinigt sind. Diese „quartären" Strukturen können durch Denaturierung ohne Lösung kovalenter Bindungen in die einzelnen Polypeptidketten zerlegt werden.

Die chemische Aufklärung beschränkt sich bisher beinahe vollständig auf die Aufklärung der Primärstruktur. Die Erforschung des genauen räumlichen Aufbaues von Proteinen ist heute nur durch die Röntgenstrukturanalyse möglich.

Es ist jedoch sehr wahrscheinlich, daß schon die Primärstruktur den gesamten räumlichen Aufbau des Proteinmoleküls festlegt. Die Primärstruktur der Proteine ist genetisch bestimmt. Bei der Biosynthese der Proteine wird die Polypeptidkette aus den einzelnen Aminosäuren Schritt für Schritt aufgebaut. Aus den Polypeptidketten müssen sodann die räumlich komplizierten Proteinmoleküle spontan entstehen.

Experimentell ist auch der umgekehrte Weg beschritten worden. Proteine lassen sich vollständig denaturieren, wobei ihre räumliche Struktur und auch die kovalenten Verknüpfungen der Polypeptidketten durch Disulfidbrücken ganz zerstört werden können. Bei manchen Proteinen können sich unter geeigneten Bedingungen aus diesen Bruchstükken von selbst wieder die räumlichen Moleküle zurückbilden. Auch die Disulfidbrücken werden wieder hergestellt.

Somit kommt der Primärstruktur größere Bedeutung zu. Es sollte möglich sein, bei bekannter primärer Struktur die sekundäre und tertiäre zu berechnen. Einige Vorstellungen zur Lösung dieses Problems sind bereits diskutiert worden. Um die gesetzmäßigen Zusammenhänge zu erkennen, werden freilich noch viele Proteinmoleküle vollständig aufgeklärt werden müssen.

## 2. Allgemeines über die Aufklärung der Primärstruktur

Trotz aller Verbesserungen der Methoden ist die Aufklärung der Primärstruktur eines Proteines eine sehr mühevolle und zeitraubende Arbeit. Im folgenden soll gezeigt werden, nach welchem Schema sie meistens ausgeführt wird.

### A. Reindarstellung und Reinheitsprüfung

Es ist selbstverständlich, daß die Arbeit der Strukturaufklärung nur an wirklich chemisch einheitlichen Proteinen erfolgreich sein kann. Zur Reinheitsprüfung werden meistens chromatographische und elektrophoretische Methoden herangezogen. Auch die analytische Ultrazentrifuge wird verwendet.

Die für die chemische Aufklärung notwendige Menge an reinem Protein ist relativ hoch. Bei Proteinen mit Molekulargewichten von 10000 bis 20000 sind einige Gramm Reinsubstanz erforderlich. Diese Mengen stehen in vielen Fällen nicht zur Verfügung. Die Suche nach Mikro- und Ultramikromethoden ist daher in den letzten Jahren sehr intensiviert worden. Einige davon sollen später besprochen werden.

### B. Voruntersuchungen und Bestimmung chemisch-physikalischer Konstanten

Als nächste Schritte zur Strukturaufklärung werden das Molekulargewicht, die Aminosäurezusammensetzung und eventuelle andere das Molekül aufbauende Komponenten bestimmt. Auch muß die Art und Anzahl der Polypeptidketten ermittelt werden. Hierzu werden die N- und C-terminalen Enden der Polypeptidketten möglichst quantitativ festgestellt. Außerdem wird das Verhalten in Lösungsmitteln untersucht, in denen ein Zerfall in die einzelnen Polypeptidketten zu erwarten ist (starke Harnstofflösungen, Lösungen mit tiefem und hohem $p_H$ usw.). Sind verschiedene Polypeptidketten nachgewiesen worden, so werden diese – nach Spaltung eventuell vorhandener vernetzender Disulfidbrücken – getrennt und neuerlich analysiert. Daraus ergibt sich meist schon ein recht genaues Bild der Aminosäurezusammensetzung je Polypeptidkette.

## C. Bestimmung der Aminosäuresequenzen der Polypeptidketten

Es gibt noch keine Methoden, um die Aminosäuren einer Polypeptidkette schrittweise von einem Ende zum anderen der Reihe nach zu bestimmen. Derartige Abbaumethoden versagen meist nach mehreren Aminosäureresten (siehe II/4). Deshalb müssen die Polypeptidketten in spezifischer Weise zerkleinert werden. Bei sehr langen Ketten wird dieser Vorgang in mehreren Phasen durchgeführt werden müssen. Zuerst ein Abbau in mehrere, noch sehr große Bruchstücke. Hierzu sind sehr spezifische Abbaumethoden notwendig, da sonst nur sehr geringe Ausbeuten an den einzelnen Bruchstücken erhalten werden würden (siehe II/3). Die Bruchstücke werden voneinander getrennt und ihre Aminosäurezusammensetzung sowie die terminalen Aminosäuren bestimmt. Der Abbau wird nun an den einzelnen Bruchstücken so oft wiederholt, bis die Peptide klein genug für eine Bestimmung der Aminosäuresequenz sind.

Kennt man die Struktur aller Bruchstücke, so müssen diese eine einzige Aminosäuresequenz ergeben. Das Problem ist erst dann gelöst, bis eine eindeutige Zuordnung jedes Bruchstückes in die Polypeptidkette möglich ist. Dazu müssen verschiedene Spaltungsmethoden herangezogen werden, damit genügend einander *überschneidende* Bruchstücke entstehen. Die so ermittelte Strukturformel muß natürlich die bekannten Analysendaten der Polypeptidkette hinsichtlich der Anzahl der Aminosäuren erfüllen.

Die sehr große Anzahl der Bruchstücke erfordert sehr leistungsfähige Trennmethoden. Die notwendigen quantitativen Aminosäureanalysen erfordern weiterhin komplizierte und teure Apparate, da man sich nicht immer mit den einfacheren aber ungenaueren papierchromatographischen und papierelektrophoretischen Nachweismethoden begnügen kann.

Die längste bisher aufgeklärte Polypeptidkette ist die des Chymotrypsinogens A mit 246 Aminosäuren und einem Molekulargewicht von etwa 25000 (Literaturhinweis siehe III). Es gibt jedoch noch viel längere Polypeptidketten, so z.B. die des Serumalbumins mit einem Molekulargewicht von etwa 65000.

## D. Bestimmung der Disulfidbrücken

Enthält eine Polypeptidkette mehrere Disulfidbrücken, oder waren verschiedene Polypeptidketten durch mehrere solche verknüpft, so müssen diese festgelegt werden. Da Cystinbrücken vor der Aufklärung der Aminosäuresequenz zur Vermeidung von Komplikationen stets gespalten werden, so ist die Zuordnung der einander entsprechenden Brückenglieder bei mehreren Cystinbrücken aus der Aminosäuresequenz nicht möglich. Hierzu werden Abbauversuche mit intakten Disulfidbrücken durchgeführt, wobei die Möglichkeit eines Disulfidaustausches vermieden werden muß (siehe II/4). Nach Trennung und Aufklärung der einzelnen Cystinpeptide kann durch Vergleich mit der bereits bekannten Aminosäuresequenz nunmehr eine Zuordnung der einzelnen Brückenglieder erfolgen.

Mit der Festlegung der Disulfidbrücken ist die chemische Strukturaufklärung einfacher Proteine beendet. Darüber hinaus gelingt es höchstens, durch die Anwendung bifunktioneller Reagentien gewisse Hinweise über die räumliche Lage einiger Aminosäurereste zueinander zu gewinnen.

Bei zusammengesetzten Proteinen müssen eventuelle kovalente Bindungen zwischen Protein und prosthetischer Gruppe ermittelt werden (siehe z.B. Cytochrom c, Abb. 3). Bei manchen Glykoproteiden sind die Verknüpfungsstellen erforscht. Die Bindung zwischen Kohlehydrat und Protein erfolgt meist über die Carboxylgruppen der Seitenketten von Asparaginsäure-Resten. Es sind bisher nur Teilstrukturen von Glykoproteiden bekannt gewotden. Bei den Phosphoproteiden ist die Phosphorsäure meist mit Hydroxylgruppen von Serinresten verestert. Auch hier sind bisher keine vollständigen Strukturen erforscht worden. Noch weitgehend unbekannt sind die komplizierten Strukturen der Lipoproteide.

## II. Methodisches

Dieser Abschnitt soll die heute wichtigen Methoden auf dem Gebiet der chemischen Strukturaufklärung von Proteinen erläutern. Hierbei war es nicht die Absicht, auch alle diesjenigen Verfahren zu besprechen, welche durch die Entwicklung der Proteinchemie heute als überholt anzusehen sind. Neben der Besprechung neuer Methoden wurden jedoch auch die praktisch wichtigen älteren Verfahren und deren Weiterentwicklungen aufgezeigt. Um dem Leser das Auffinden genauerer Beschreibungen und experimenteller Details zu erleichtern, wurden stets entsprechende Literaturhinweise gegeben.

### 1. Aminosäure-Zusammensetzung

Neuere Übersichten über die Aminosäureanalyse von Proteinen siehe bei *Block* (*9*) oder *Light* und *Smith* (*69*).

#### A. Hydrolyseverfahren

In Proteinen gibt es in der Regel 20 verschiedene Aminosäuren:

| | |
|---|---|
| Glycin (Glykokoll) | Methionin |
| Alanin | Cystin (und Cystein) |
| Valin | Prolin |
| Leuzin | Asparaginsäure |
| Isoleuzin | Asparagin |
| Serin | Glutaminsäure |
| Threonin | Glutamin |
| Phenylalanin | Histidin |
| Tyrosin | Lysin |
| Tryptophan | Arginin |

Nur wenige davon können im intakten Protein quantitativ erfaßt werden. So z.B. Tyrosin und Tryptophan durch Messung der Ultraviolett-Absorption, Tryptophan durch spezifische kolorimetrische Methoden, Cystin und Cystein durch Titration oder durch photometrische Methoden (siehe z.B. *Block* (*9*), *Light* und *Smith* (*69*)).

Im allgemeinen aber müssen zur Analyse die Aminosäuren durch hydrolytische Spaltung der Peptidbindungen in Freiheit gesetzt werden. Hierfür gibt es sowohl chemische (saure und alkalische Hydrolyse) als auch einige enzymatische Methoden(siehe z.B. *Hill* (*43*)).

*a) Chemische Methoden*

Die beste und am häufigsten angewendete Hydrolysemethode ist die Spaltung mit 6N Salzsäure bei 105–110 °C, meist 20–24 h lang. Durch sorgfältiges Entfernen von Luftsauerstoff kann hierbei eine wesentliche Verminderung der Verluste an Aminosäuren erreicht werden. Trotzdem wird Tryptophan weitgehend zerstört. Gewisse Verluste treten auch bei den schwefelhaltigen Aminosäuren ein, die jedoch durch vorherige Oxydation mit Perameisensäure weitgehend ausgeschaltet werden können (siehe oxydative Spaltung der Disulfidbrücken, II/3). Auch Serin und Threonin werden geringfügig zerstört. Manche Aminosäuren werden hingegen nur sehr langsam in Freiheit gesetzt: Valin, Leuzin und Isoleuzin. Bei sehr genauen Analysen verwendet man deswegen verschieden lange Hydrolysezeiten, z.B. 24, 48 und 72 Stunden. Aus der Abhängigkeit der erhaltenen Analysenwerte von der Hydrolysezeit ergeben sich entsprechende Korrekturfaktoren: Bei Zerstörung von Aminosäuren (Abnahme der Analysenwerte mit zunehmender Zeit) werden die Analysenwerte auf die Zeit null extrapoliert. Bei den schwer freisetzbaren Aminosäuren werden die maximal erreichbaren Werte eingesetzt.

Es ist ein weiterer Nachteil der chemischen Hydrolysemethoden, daß die Amidgruppen von Asparagin und Glutamin unter Bildung von Ammoniak und Asparagin- bzw. Glutaminsäure gespalten werden.

### *b) Enzymatische Methoden*

Um die Nachteile der chemischen Hydrolyseverfahren zu vermeiden, hat man schon längere Zeit eine rein enzymatische Hydrolyse gesucht. Durch die sehr schonende Enzymbehandlung werden Verluste an Aminosäuren zwar vermieden, andererseits ist das Problem der quantitativen enzymatischen Spaltung aller Peptidbindungen noch nicht vollständig gelöst worden.

Zur Bestimmung von Glutamin, Asparagin, Glutamin- und Asparaginsäure haben *Towers*, *Peters* und *Wherett* (*107*) durch Gemische von Pankreasenzymen partielle Hydrolysate hergestellt, welche mit Hilfe mikrobiologischer Methoden analysiert wurden. Hierzu war keine vollständige Freisetzung der Aminosäuren notwendig.

*Hill* und *Schmidt* (*44*) haben eine zweistufige Methode zur totalen enzymatischen Hydrolyse entwickelt. Sie verwendeten zuerst Papain und anschließend ein Gemisch aus Leuzin-Aminopeptidase und Prolidase. Die Aminosäureanalyse erfolgte durch Säulenchromatographie. Die an verschiedenen Proteinen durchgeführten Untersuchungen ergaben eine gute Übereinstimmung mit den durch Säurehydrolyse erhaltenen Werten, nur die Freisetzung von Cysteinresten benachbarten Aminosäuren bereitete bei nativen Proteinen gewisse Schwierigkeiten. Diese vielversprechende Methode ist bisher jedoch noch nicht oft verwendet worden.

## B. Quantitative Aminosäureanalyse

Zur qualitativen und quantitativen Bestimmung von Aminosäuren sind eine Reihe verschiedener Verfahren herangezogen worden. So z.B.:

Papierchromatographie und -elektrophorese (siehe z.B. *Bailey* (*8*), *Block* (*9*), *Light* und *Smith* (*69*), sowie die zahlreichen Standardwerke wie z.B. *Block, Durrum* und *Zweig* (*10*))

Kolonnenchromatographie an Ionenaustauschern (siehe z.B. *Bailey* (*8*), *Block* (*9*), *Light* und *Smith* (*69*))

Spezifische kolorimetrische Methoden für gewisse Aminosäuren (siehe z.B. *Block* (*9*), *Light* und *Smith* (*69*))

Mikrobiologische Methoden (siehe z.B. *Block* (*9*), *Light* und *Smith* (*69*))

Gaschromatographie (siehe z.B. *Block* (*9*), *Light* und *Smith* (*69*), *James* und *Morris* (*53*))

Dünnschichtchromatographie (siehe z.B. *Randerath* (*81*), *Stahl* (*100*), *James* und *Morris* (*53*))

Neben der quantitativen Bestimmung der freien Aminosäuren spielt auch die quantitative Analyse der N-2,4-Dinitrophenylaminosäuren und der Aminosäure-Phenylthiohydantoine eine Rolle (vgl. II/4 und Gaschromatographie II/1). (Näheres siehe z.B. bei *Bailey* (*8*), *Fraenkel-Conrat, Harris* und *Levy* (*32*).)

Auf dem Gebiet der quantitativen Aminosäureanalyse sind vor allem die automatischen Methoden sehr verbessert worden. Die Methoden nach dem Verfahren von *Spackman, Stein* und *Moore* sowie die gaschromatographischen Verfahren seien näher besprochen.

*a) Automatische Methoden nach Spackman, Stein u. Moore (96) (siehe auch Smyth u. Elliott (91), Hirs (45))*

Die Aminosäureanalyse an Ionenaustauschern wurde seit dem Jahre 1951 von der Arbeitsgruppe um *Stein* und *Moore* immer weiter verbessert. Sie ist das exakteste und am weitesten verbreitete Verfahren zur quantitativen Bestimmung. 1958 erschien erstmals eine Beschreibung eines automatischen Apparates (siehe Zitat beim Titel). Als Ionenaustauscher wurden sulfonierte Polystyrol-Harze verwendet, wie z.B. Dowex 50 oder Amberlite IR 120. Das Hydrolysat wurde manuell auf eine Chromatographiesäule aufgetragen. Die Trennung gelang durch Pufferlösungen, welche mit konstanter Geschwindigkeit durch die Säulen gepumpt wurden. Das automatisch mit Ninhydrinlösung gemischte Eluat passierte hierauf einen Kapillarschlauch aus Teflon, wobei es auf 100 °C erhitzt wurde. Der hierbei aus den Aminosäuren gebildete blaue Farbstoff wurde schließlich in einer Durchfluß-Küvette gemessen und die Extinktion von einem Schreiber registriert.

Nach diesem Schema gebaute Apparate waren bald käuflich erhältlich, z.B. von Spinco-Beckman, Technikon, Bender und Hobein, u.a.m. Eine Aminosäureanalyse dauerte etwa 16 Stunden, je Aminosäure waren etwa 0,5–1 Mikromol Substanz notwendig. Dies entspricht etwa 1–2 mg Protein. Die Auswertung der Extinktionskurven geschah planimetrisch von Hand aus. Die ursprüngliche Methode und die käuflichen Apparate wurden seither vielfach verbessert (siehe z.B. *Hirs* (*45*)). Der neueste Apparat von Beckman (Amino Acid Analyser 120 C) benötigt nur mehr zwei Stunden für eine Analyse. Die minimale Probenmenge je Aminosäure beträgt 0,02 Mikromol. Das Auswerten der Kurven wird automatisch durch einen Komputer besorgt.

Das säulenchromatographische Verfahren an Ionenaustauschern ist jedoch noch empfindlicher gestaltet worden. So haben *Kirsten* und *Kirsten* (*57, 58*) an Stelle eines Chromatographierohres eine Teflon-Kapillare von 0,5 mm Durchmesser verwendet. Dadurch, und durch Verbesserungen der Extinktionsmessung, konnten sie etwa 0,001 Mikromole ($10^{-9}$ Mol) Aminosäure quantitativ erfassen.

Die erreichbare Genauigkeit der säulenchromatographischen Methoden an Ionenaustauschern beträgt etwa ±3 %. Dies bedeutet, daß eine sichere Unterscheidung zwischen 14 und 15 Aminosäureresten je Mol Protein gerade noch möglich ist. Natürlich ist durch wiederholte Analyse eine Verbesserung der Genauigkeit möglich. Da manche Proteine aber bis zu einige hundert Aminosäurereste je Molekül aufweisen, so kann man bei diesen keine exakten Zahlenwerte erhalten. Auch hier zeigt sich daher die Notwendigkeit einer Untersuchung kleinerer Bruchstücke, will man die Anzahl der Aminosäuren je Proteinmolekül exakt bestimmen.

*b) Gaschromatographische Methoden*

(Näheres siehe z.B. bei *Horning* und *Vanden Heuvel* (*49*), *James* und *Morris* (*53*).)

Seit einigen Jahren fehlt es nicht an Versuchen, die hohe Empfindlichkeit und Schnelligkeit der Gaschromatographie für die Aminosäureanalyse heranzuziehen. Das schwierigste Problem ist hierbei die quantitative Umwandlung der nichtflüchtigen Aminosäuren in genügend stabile Derivate von geeigneter Flüchtigkeit. Hierzu müssen sowohl die Aminogruppen als auch die Carboxylgruppen der Aminosäuren blockiert werden. Wegen dieser zusätzlichen Schwierigkeiten spielt die Gaschromatographie neben der Chromatographie an Ionenaustauschern noch keine bedeutende Rolle.

Die Carboxylgruppen von Aminosäuren werden stets verestert. Die Aminogruppen werden meist in die N-2,4-Dinitrophenylderivate oder in die N-Trifluoracetyl-Derivate umgewandelt (siehe II/3A und II/4A). Auch Phenylthiohydantoine von Aminosäuren sind verwendet worden (siehe II/4A).

So haben *Lamkin* und *Gehrke* (*65*), die Butylester von 19 verschiedenen N-Trifluoracetyl-Aminosäuren dargestellt und eine quantitative Analysenmethode ausgearbeitet. Eine äußerst empfindliche Methode wurde auch von *Landowne* und *Lipsky* (*66*) beschrieben. Sie verwendeten die Methylester von N-2,4-Dinitrophenyl-Aminosäuren. Die hohe Affinität der Dinitrophenyl-Gruppe für freie Elektronen wurde als Nachweismethode herangezogen, wobei bis zu etwa $10^{-14}$ Mol Aminosäuren nachgewiesen werden konnten. Die gaschromatographische Trennung von Phenylthiohydantoin- und Dinitrophenyl-Derivaten von Aminosäuren ist von *Pisano* und Mitarbeitern (*78*) beschrieben worden. Während die meisten Phenylthiohydantoine direkt chromatographiert werden konnten, wurden die Dinitrophenylderivate als Methylester eingesetzt.

## 2. Molekulargewichtsbestimmung

Die nachfolgend angegebenen Methoden sind zur Bestimmung des Molekulargewichtes von Proteinen herangezogen worden. Von diesen soll jedoch nur die Gelfiltrationsmethode näher besprochen werden.

Ultrazentrifugierung (siehe z.B. *Claesson* und *Moring-Claesson* (*19*))
Messung des osmotischen Druckes (siehe z.B. *Adair* (*3*), *Kupke* (*64*))
Messung der Lichtstreuung (siehe z.B. *Stacey* (*99*))
Studium monomolekularer Schichten (siehe z.B. *Sobotka* und *Trurnit* (*94*))
Messung der Viskosität (siehe z.B. *Krach* (*61*))
Messung der Beugung von Röntgenstrahlen
bei kristallisierten Proteinen (siehe z.B. *Dickerson* (*23*))
durch Kleinwinkelstreuung (siehe z.B. *Kratky* und Mitarbeiter (*62*))
Verhalten bei Gelfiltration (siehe z.B. *James* und *Morris* (*53*), *Determann* (*22*), *Porath* (*79*))
Quantitative chemische Endgruppenanalyse (siehe II/4 A)

*Gelfiltration*

Die Gelfiltration wird oftmals auch als Molekülsiebungs- oder Molekülausschließungs-Chromatographie bezeichnet. Sie ist erst in den letzten Jahren bekannt geworden und spielt seit etwa drei Jahren in der Proteinchemie eine immer wichtigere Rolle.

*Prinzip:* Zur Molekülsiebung werden poröse, stark gequollene hydrophile Gele verwendet, die in Form feiner Körnchen in Chromatographie-Säulen eingebracht werden. Bei der Chromatographie dringen die Moleküle je nach ihrer Größe durch Diffusion mehr oder weniger stark in die Poren der Gelkörner ein. Dieser Prozeß der „Molekülsiebung" oder „Molekül-Ausschließung "bewirkt eine Trennung nach der Größe der Moleküle, das heißt nach dem Molekulargewicht. Im Eluat werden schließlich zuerst die großen und dann die kleinen Moleküle zu finden sein.

*Material:* Während man anfangs eine Reihe verschiedener Geltypen verwendete, wie z.B. Agar, Agarose u.a.m., so haben sich heute einige käuflich erhältliche Materialien rasch durchgesetzt. So vor allem die „Sephadex"-Typen der Fa. Pharmacia in Uppsala, Schweden, welche Dextrane von verschiedenem Vernetzungsgrad sind. Seit kurzer Zeit gibt es auch Gelmaterial auf Polyacrylamid-Basis. Es sind dies die „Bio-Gel"-Typen der Firma Bio-Rad, Richmond, Kalifornien.

*Fehlermöglichkeiten:* Assoziationen von Proteinmolekülen können Komplikationen ergeben, welche bei der Molekulargewichtsbestimmung natürlich unerwünscht sind. Sie können meist durch erhöhte Salzkonzentration der Pufferlösungen vermieden werden. Reversible Assoziationen erkennt man an der Abhängigkeit des chromatographischen Verhaltens von der Menge der eingesetzten Substanz. Da man meist die Bestimmung des kleinsten möglichen Molekulargewichtes wünscht, so muß man zur Vermeidung von Fehlern sehr geringe Proteinkonzentrationen bei der Bestimmung verwenden. Es werden pro Versuch höchstens einige Milligramm Protein verwendet, bei geeigneter Nachweismöglichkeit aber noch weniger.

Es soll erwähnt werden, daß sich andererseits gerade mit Hilfe der Gelfiltration reversible Assoziationen von Proteinmolekülen gut studieren lassen (siehe z.B. *Ackers* und *Thompson* (*1*), *Winzor* und *Nichol* (*112*), *Winzor* und *Scheraga* (*113*)).

Adsorptionen am Trägermaterial täuschen zu geringe Molekulargewichte vor. Wenn auch Dextran- oder Polyacrylamidgele nur sehr geringe Neigung zu Adsorptionseffekten zeigen, so sind solche doch bekannt. So können in sehr verdünnten Pufferlösungen bei Sephadex-Gelen Ionenaustauscher-Effekte wegen der doch in geringer Menge vorhandenen Carboxylgruppen des Trägermaterials eine Rolle spielen. Auch Verbindungen, welche aromatische Ringe enthalten, werden etwas adsorbiert. Bei Proteinen spielen Adsorptionseffekte meist keine große Rolle. Um sie jedoch möglichst auszuschalten, verwendet man auch aus diesem Grunde als Elutionsmittel Pufferlösungen mit erhöhter Ionenkonzentration, z.B. mit Zusatz von Kaliumchlorid.

Es sei weiterhin erwähnt, daß bei der Gelfiltration neben dem Molekulargewicht auch die Molekülgestalt der Proteine eine Rolle spielen sollte. Dieser Effekt ist heute noch umstritten. Die meisten der bisher veröffentlichten experimentellen Ergebnisse zeigen, daß die Molekülgestalt keine große Rolle zu spielen scheint (siehe z.B. *Squire* (*98*)). Es sind jedoch bisher nur globuläre Proteine untersucht worden.

Auch die Art des Geles beeinflußt den Mechanismus der Gelfiltration. So hat *Ackers* (*2*) berichtet, daß sich die Trennprozesse bei der Gelfiltration an den Typen Sephadex G-75 und G-100 von denen an Sephadex G-200 prinzipiell etwas unterscheiden.

Trotz aller dieser theoretischen Fehlermöglichkeiten hat es sich in der Praxis gezeigt, daß man das Molekulargewicht von globulären Proteinen mit Hilfe der Gelfiltration auf etwa ±10% genau abschätzen kann (*Andrews* (*5*)).

*Ausführung:* Die Trennsäulen werden zuerst durch reine Proteine von bekanntem Molekulargewicht geeicht, indem man die Elutionsdiagramme bestimmt. Die gebräuchlichste Art der Eichkurve ist die graphische Darstellung Elutionsvolumen des Proteinmaximums gegen Logarithmus des Molekulargewichtes. Genaue Angaben siehe bei *Andrews* (*5*, *6*), *Steere* und *Ackers* (*103*), *Whitaker* (*111*), *Leach* und *O'Shea* (*67*).

Die Kurve ergibt im Arbeitsbereich des Gel-Materials eine Gerade. Um die Darstellung unabhängig von der Säulendimension zu machen, ist auch das Verhältnis Elutionsvolumen / Volumen des Gelbettes an Stelle des Elutionsvolumens verwendet worden (*Whitaker* (*111*)). *Porath* (zi-

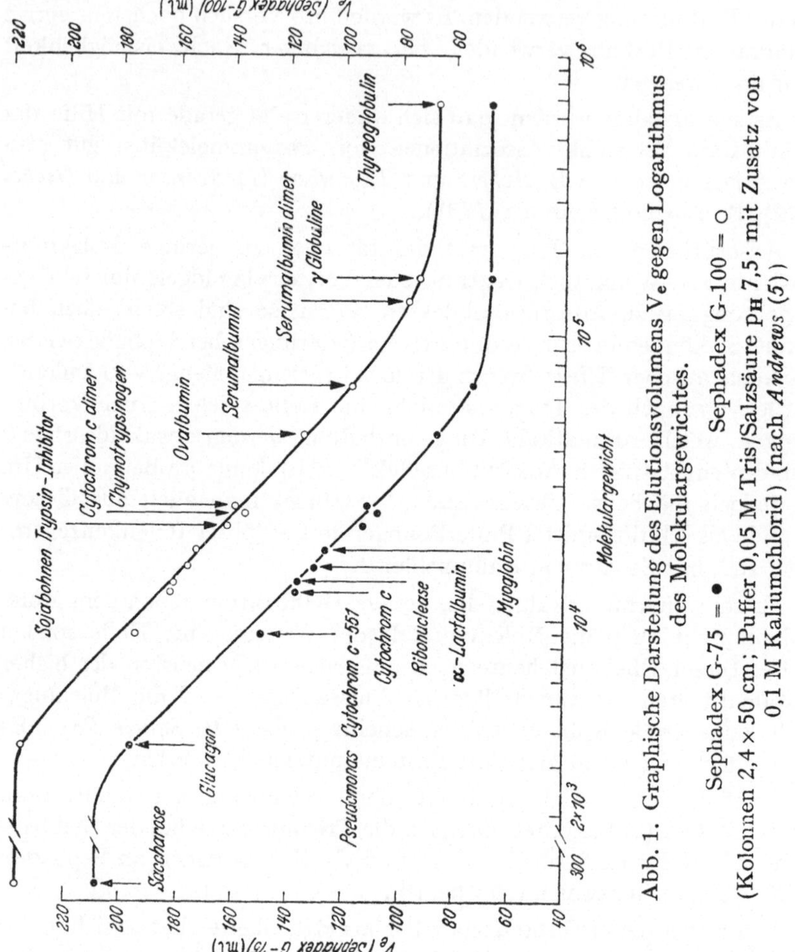


Abb. 1. Graphische Darstellung des Elutionsvolumens $V_e$ gegen Logarithmus des Molekulargewichtes.

Sephadex G-75 = ● Sephadex G-100 = ○

(Kolonnen 2,4 × 50 cm; Puffer 0,05 M Tris/Salzsäure $p_H$ 7,5; mit Zusatz von 0,1 M Kaliumchlorid) (nach *Andrews* (*5*))

tiert aus *Determann* (*22*)) hat auf Grund theoretischer Überlegungen die Quadratwurzel des Molekulargewichtes gegen die Kubikwurzel des von ihm definierten „Verteilungskoeffizienten" aufgetragen und eine lineare Abhängigkeit beider Größen nachgewiesen.

Die einmal geeichten Trennsäulen können praktisch beliebig oft zur Molekulargewichtsbestimmung verwendet werden. Wenn zulässig, so werden bei der Bestimmung nochmals eine oder mehrere Referenzsubstanzen zugegeben. Sind spezifische Nachweise des untersuchten Proteins möglich, so kann auch mit unreinen Präparaten gearbeitet werden. So ist z.B. oftmals durch eine biologische Aktivitätsbestimmung die Festlegung des Maximums der untersuchten Substanz möglich. Ist der

Nachweis empfindlich genug, so kann mit geringsten Substanzmengen gearbeitet werden, wie z.B. bei der Bestimmung des Molekulargewichtes des Virushemmstoffes „Interferon“ (*Jungwirth* und *Bodo* (*55*)).

Ein besonders rasches Verfahren zur Abschätzung des Molekulargewichtes von Proteinen ist die Durchführung der Gelfiltration in der Form der Dünnschicht-Chromatographie (siehe z.B. *Andrews* (5), *Morris* (*75*)).

## 3. Selektive Spaltung der Polypeptidkette

### A. Enzymatische Methoden

Die schonende Spaltung denaturierter Proteine mit Hilfe von proteolytischen Enzymen ist das meistgebrauchte Verfahren zur Herstellung eines Gemisches von Peptiden, deren Größe und Anzahl durch die Spezifität des verwendeten Enzymes und durch die Aminosäuresequenz des untersuchten Proteines bestimmt werden. Die verschiedenen Spezifitäten einzelner Enzyme erlauben hierbei die Isolierung einander überschneidender Peptide und damit deren eindeutige Zuordnung in die Polypeptidkette.

Die am meisten verwendeten Enzyme sind Trypsin, Chymotrypsin und Pepsin. Manchmal werden auch Papain und bakterielle Enzyme herangezogen.

*Trypsin* ist das spezifischste der bekannten Enzyme. Es spaltet nur Peptidbindungen, an denen die Carboxylgruppen von Lysin oder Arginin beteiligt sind.

*Chymotrypsin* spaltet Peptidbindungen, an denen die Carboxylgruppen aromatischer Aminosäuren beteiligt sind (Tryptophan, Tyrosin, Phenylalanin). Daneben werden meist langsamer auch Bindungen von Leuzin, Methionin, Asparagin und Glutamin angegriffen.

*Pepsin* ist weniger spezifisch. Es spaltet z.B. Bindungen, an denen die Amino- oder Carboxylgruppen von Tyrosin und Phenylalanin beteiligt sind, daneben aber stets auch eine große Anzahl anderer Bindungen.

(Näheres siehe z.B. bei *Canfield* und *Anfinsen* (*15*), *Bailey* (*8*), *Hill* (*43*).)

Trypsin ist wegen seiner hohen Spezifität das meistverwendete Enzym. Für seine Anwendung sind einige neue Methoden ausgearbeitet worden.

#### *a) Inaktivierung chymotryptischer Aktivität*

Fast alle käuflichen Trypsinpräparate zeigen mehr oder weniger starke, unerwünschte chymotryptische Aktivität. Da die vollständige Entfernung chymotryptischer Verunreinigungen schwierig ist, so wurden sie bisher in relativ unspezifischer Weise durch vorsichtige Säurebehandlung oder mit dem Reagens Diisopropylfluorphosphat inaktiviert. Dieses Problem ist durch die Auffindung zweier neuer spezifischer Hemmstoffe für Chymotrypsin gelöst worden:

Diphenyl-carbamylchlorid $(C_6H_5)_2N{-}COCl$

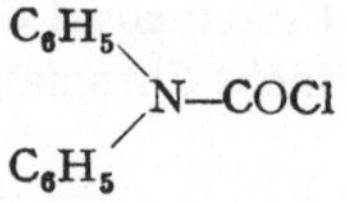

(*Erlanger* und *Cohen* (*28*), *Erlanger* und *Edel* (*29*))
und „TPCK", das ist L-(1-Tosylamido-2-phenyl)-äthylchloromethylketon (*Schoellmann* und *Shaw* (*86*), *Kostka* und *Carpenter* (*60*)).

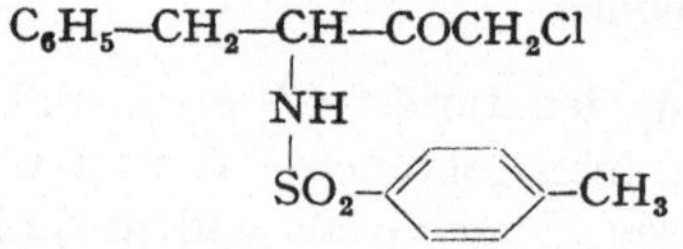

$$C_6H_5{-}CH_2{-}CH(NH{-}SO_2{-}C_6H_4{-}CH_3){-}COCH_2Cl$$

*b) Spaltung von Cysteinyl-Bindungen*

Eine neue Anwendungsmöglichkeit für Trypsin besteht in der Spaltung von basisch substituierten Cysteinresten. Hierbei werden die –SH-Gruppen zu S–β-Aminoäthyl-Gruppen alkyliert: $-S{-}CH_2{-}CH_2{-}NH_2$. Dies gelingt entweder mit β-Halogen-Äthylaminen (*Hofmann, Walsh, Kauffmann* und *Neurath* (*47*)), oder aber besser mit Hilfe von Äthylenimin (*Raftery* und *Cole* (*80*)). Durch die Einführung des basischen Restes ist es möglich, die Peptidspaltung an der Carboxylseite von Cysteinresten mit Hilfe von Trypsin vorzunehmen.

*c) Selektive Spaltung von Arginylbindungen*

Durch Blockierung der ε-Aminogruppen von Lysinresten in der Polypeptidkette ist es möglich, mit Hilfe von Trypsin nur Arginylbindungen zu spalten. Hierdurch ergibt sich die Möglichkeit, größere Spaltstücke von Polypeptidketten zu erhalten. Diese Methoden haben sich jedoch erst durchgesetzt, seitdem es gelungen ist, die Blockierung reversibel zu gestalten und die ε-Aminogruppen der Lysine nach Spaltung der Arginylbindungen wieder zu regenerieren. So haben *Goldberger* und *Anfinsen* (*35*) die reversible Einführung der Trifluoracetyl-Gruppe beschrieben. Durch Reaktion der ε-Aminogruppen mit dem Äthylester der Trifluor-thioessigsäure ($CF_3COSC_2H_5$) werden diese in die nicht mit Trypsin spaltbaren N-Trifluoracetyl-Gruppen umgewandelt ($CF_3CO{-}NH{-}$). Nach Spaltung der Arginylbindungen mit Trypsin werden die Trifluoracetyl-Gruppen mit Piperidin abgespalten. Die Methode ist bereits mit Erfolg bei Proteinen verwendet worden (siehe z.B. *Stouffer* und *Watters* (*104*), *Braunitzer* und Mitarbeiter (*12*)).

*Merigan* und Mitarbeiter (*74*) haben die ε-Aminogruppen mit Schwefelkohlenstoff zu Dithiocarbamaten umgesetzt (R–NH–CS–SH). Aus diesen können nach Spaltung der Arginylbindungen durch Erniedrigung des $p_H$-Wertes wieder die Aminogruppen regeneriert werden. Ein Nachteil der Methode ist die leichte Oxydierbarkeit der Dithiocarbamate, welche den Ausschluß von Luftsauerstoff verlangt.

Eine weitere Möglichkeit ist von *Hunter* und *Ludwig* (*51*) sowie *Ludwig* und *Byrne* (*70*) ausgearbeitet worden. Imidoester, z.B. Methylacetimidat, reagieren mit Aminogruppen unter Bildung von Acetamidino-Derivaten:

$$CH_3{-}C\begin{matrix}\nearrow NH\cdot HCl\\ \searrow OCH_3\end{matrix} + NH_2\text{-(Protein)} = CH_3{-}C\begin{matrix}\nearrow NH\cdot HCl\\ \searrow NH\text{-(Protein)}\end{matrix} + CH_3OH$$

Die Aminogruppen können mit konzentrierten Ammoniak-Ammonacetat-Puffern wieder regeneriert werden.

## B. Chemische Methoden

Eine Übersicht über die zahlreichen Versuche zur spezifischen chemischen Spaltung von Polypeptidketten ist von *Witkop* (*114*) gegeben worden. Es sollen nachfolgend einige praktisch wichtige sowie einige neue Methoden besprochen werden.

### *a) Spaltung der Disulfidbrücken*

Die Spaltung von Cystin-Brücken wird aus zwei Gründen vorgenommen: Zur Trennung von durch Cystinbrücken vernetzten Polypeptidketten und um die relativ unstabilen –S–S-Bindungen (siehe II/4 C) in chemisch stabilere Derivate umzuwandeln. Es gibt hierzu drei Möglichkeiten.

*Oxydative Spaltung.* Perameisensäure (hergestellt durch Mischung von Ameisensäure und Perhydrol) bildet quantitativ pro Mol Cystin zwei Mol Sulfosäure. Gleichzeitig werden SH-Gruppen zu Sulfosäure oxydiert und Methionin in Methioninsulfon übergeführt. Alle drei Reaktionsprodukte sind säurestabil. Bei Hydrolyse entstehen aus oxydierten Cystin- und Cysteinresten Cysteinsäure

$$\begin{matrix}CH_2{-}CHNH_2{-}COOH\\ |\\ SO_3H\end{matrix}$$

und aus Methioninresten Methioninsulfon

$$CH_3{-}SO_2{-}(CH_2)_2{-}CHNH_2{-}COOH$$

Diese Spaltung ist lange bekannt und wurde erstmals von *Sanger* und Mitarbeitern bei der Aufklärung von Insulin angewendet (siehe z.B. bei *Sanger* (*85*), neuere Anwendungen siehe *Hirs* (*46*)). Ein Nachteil der Methode ist die Zerstörung der Tryptophanreste durch Perameisensäure.

*Spaltung mit Sulfit.* Disulfide werden durch Sulfit zu S-Sulfosäuren und Sulfid gespalten:

$$R{-}S{-}S{-}R + SO_3^{2-} \rightleftharpoons RS^- + R{-}S{-}SO_3^-$$

Um die gebildeten Sulfide ebenfalls umzusetzen, werden sie entweder durch Luftsauerstoff oder durch milde Oxydationsmittel (z.B. Tetrathionate) oxydiert und nochmals mit Sulfit behandelt. Leichter gelingt die Umsetzung in Gegenwart von $Cu^{++}$-Ionen (*Swan* (*105*)), welche unter gleichzeitiger Reduktion zu $Cu^{+}$-Ionen einen quantitativen Verlauf der Reaktion bewirken, wobei auch vorhandene SH-Gruppen mit erfaßt werden. (Näheres siehe z.B. *Bailey* (*8*).)

Die Spaltung mit Sulfit ist sehr spezifisch, und es sind bisher keine Nebenreaktionen bekannt geworden. Ein Nachteil der Methode ist es, daß S-Sulfosäuren durch Säuren und Laugen zerstört werden, eine nachfolgende Hydrolyse daher nicht möglich ist.

Eine weitere Anwendungsmöglichkeit der Sulfitspaltung besteht darin, inter- und intramolekulare Disulfidbrücken zu unterscheiden (*Cecil* und *Wake* (*17*)). Während mit Sulfit allein nur intermolekulare Brücken gespalten werden, so werden in Gegenwart von Quecksilbersalzen und Harnstoff alle Disulfidbrücken erfaßt.

*Reduktive Spaltung.* Die reduktive Spaltung von Disulfiden ergibt SH-Gruppen. Da diese leicht oxydierbar sind, so müssen sie durch Alkylierung geschützt werden.

Von den früher gebräuchlichen Reduktionsmitteln werden zwei heute kaum mehr verwendet, da sie leicht Nebenreaktionen herbeiführen können: Natriumborhydrid und Thioglykolsäure (siehe z.B. *Hirs* (*45*), *Canfield* und *Anfinsen* (*15*)). Dagegen hat sich die Reduktion mit β-Mercaptoäthanol weitgehend durchgesetzt (siehe z.B. *Anfinsen* und *Haber* (*7*), *Thompson* und *O'Donnell* (*106*)). Weitere neue Reduktionsmittel sind β-Mercaptoäthylamin (*Marcus* und Mitarbeiter (*72*)) und Dithiothreit ($HS{-}CH_2{-}(CHOH)_2{-}CH_2{-}SH$; *Cleland* (*20*)).

Die neugebildeten SH-Gruppen werden meist durch Jodessigsäure zu den säurestabilen S-Carboxymethyl-Gruppen umgesetzt: $-S{-}CH_2{-}COOH$ (siehe *Anfinsen* und *Haber* (*7*)). Auch das neutrale Jodacetamid oder Acrylnitril werden hierzu verwendet. Letzteres bildet S-Cyanoäthylcystein ($-S{-}CH_2{-}CH_2{-}CN$), welches bei saurer Hydrolyse als S-Carboxyäthylcystein freigesetzt wird:

$$\begin{array}{l} CH_2\text{—}CHNH_2\text{—}COOH \\ | \\ S\text{—}CH_2\text{—}CH_2\text{—}COOH \end{array}$$

(siehe *Weil* und *Seibles* (*110*)).

*b) Spaltung von Serin- und Threoninbindungen*

Konzentrierte Salzsäure spaltet bei Zimmertemperatur (oder leicht erhöhter Temperatur) rasch Ammoniak aus den Amiden Asparagin und Glutamin ab. Bei etwas längerer Einwirkungszeit werden hauptsächlich Bindungen gespalten, an denen die Aminogruppen von Serin- oder Threoninresten beteiligt sind. Diese viel verwendete bevorzugte Spaltung ist schon länger bekannt. Bei weiterer Einwirkung von konzentrierter Salzsäure entstehen in der Hauptsache Dipeptide neben Tripeptiden und freien Aminosäuren. (Näheres siehe z.B. *Sanger* (*85*), *Hill* (*43*).)

An Stelle von konzentrierter Salzsäure sind auch wasserfreie Ameisensäure, starke Schwefelsäure oder Phosphorsäure sowie Fluorwasserstoff verwendet worden. Da hierbei jedoch auch unerwünschte Nebenreaktionen auftreten, so haben sich diese Methoden bisher nicht durchgesetzt. (Neuere Versuche mit Fluorwasserstoff siehe z.B. bei *Lenard* und *Hess* (68).)

Die Ursache der leichten Spaltbarkeit von Serin- und Threoninbindungen ist sehr wahrscheinlich eine durch die starke Säure hervorgerufene reversible N,O-Acetylverschiebung, wobei eine Esterbindung und eine freie Aminogruppe entstehen. Die Esterbindung wird sodann gespalten:

$$\begin{array}{l} \qquad\qquad\qquad\qquad\qquad\quad \overbrace{\phantom{NH\text{—}CH\text{—}CO}}^{\text{Serinrest}} \\ \text{(Protein)—NH—CHR—CO—NH—CH—CO—(Protein)} \\ \qquad\qquad\qquad\qquad\qquad\qquad\quad | \\ \qquad\qquad\qquad\qquad\qquad\quad HO\text{—}CH_2 \\ \qquad\qquad\qquad\qquad\quad \rightleftharpoons \\ \text{(Protein)—NH—CHR—CO—O—}CH_2 \\ \qquad\qquad\qquad\qquad\qquad\qquad\quad | \\ \qquad\qquad\qquad\qquad\qquad NH_2\text{—CH—CO—(Protein)} \\ \qquad\qquad\qquad\qquad\quad \downarrow \\ \text{(Protein)—NH—CHR—COOH} + NH_2\text{—CH—CO—(Protein)} \\ \qquad\qquad\qquad\qquad\qquad\qquad\qquad\qquad\quad | \\ \qquad\qquad\qquad\qquad\qquad\qquad\qquad\qquad\quad CH_2\text{—OH} \end{array}$$

*c) Abspaltung von Asparaginsäure*

Verdünnte Säuren, wie z.B. 0,03N Salzsäure oder 0,25M Essigsäure, setzen bei 100–105 °C in ziemlich spezifischer Weise aus Polypeptidketten Asparaginsäure frei. Es werden dabei sowohl die Peptidbindungen der Carboxylgruppen als auch die der Aminogruppen von Asparaginsäure- und Asparaginresten schneller als die anderer Aminosäuren hydrolysiert. Als Nebenreaktion tritt eine gewisse Spaltung von Serin- und Threoninbindungen ein (siehe b). Diese schon länger bekannte Methode ist in letzter Zeit mit recht gutem Erfolg bei einigen Proteinen angewendet worden (siehe z. B. *Hill* (*43*)).

### *d) Spaltung der Methionylbindung*

Die spezifische Reaktion von Methioninresten mit Bromcyan in saurer Lösung ist von *Witkop* und Mitarbeitern zu einer spezifischen Spaltung verwendet worden. Bromcyan reagiert mit Methioninresten zu einem Cyanosulfonium-Salz (I). Dieses ist instabil und bildet unter Abspaltung von Methylthiocyanat ein Zwischenprodukt (II), das weiter zu Homoserin-Lacton (III) und unter Ausbildung einer freien Aminogruppe zerfällt.

$$\text{I}\quad (\text{Protein})\text{—}\overbrace{\text{NH—CH—C}}^{\text{Methionrest}}\text{—NH—}(\text{Protein}),\quad \text{CH—}H_2C\text{—}CH_2\text{—}\overset{+}{S}(CH_3)\text{—CN}\ \ Br^{\ominus},\quad \text{C}{=}\text{O}$$

$$\Downarrow$$

$$\text{II}\quad (\text{Protein})\text{—NH—CH—C}{=}\overset{\oplus}{\text{N}}\text{H—}(\text{Protein})\ \ Br^{\ominus}\ \ (\text{CH—}H_2C\text{—}CH_2\text{—O—C ring}) \quad + CH_3SCN$$

$$\Downarrow + H_2O$$

$$\text{III}\quad (\text{Protein})\text{—NH—CH—CO}\ \ (\text{CH—}H_2C\text{—}CH_2\text{—O—CO ring}) \quad + NH_2\text{—}(\text{Protein}) + HBr$$

Es ist hierbei die Peptidbindung der Carboxylgruppe des Methionins gespalten worden, wobei der Methioninrest zu einem Homoserinlacton-Rest umgewandelt worden ist. (Näheres siehe bei *Witkop* (*114*), *Groß* und *Witkop* (*38*).)

Das seltene Vorkommen von Methioninresten in Polypeptidketten macht diese Methode besonders wertvoll, da mit ihrer Hilfe große Bruchstücke erzeugt werden können. Die Bromcyan-Methode ist bereits bei einigen Proteinen mit großem Erfolg verwendet worden. (Näheres siehe z. B. bei *Hirs* (*45*).)

### *e) Spaltung von Tryptophan- und Tyrosinbindungen*

Sowohl Tryptophan- als auch Tyrosin-Seitenketten reagieren mit N-Bromsuccinimid (NBS) in schwach saurer Lösung, wobei zuerst Bromierung und bei weiterer Zugabe von NBS Oxydation und Spaltung an den Carboxyl-Peptidbindungen beider Aminosäuren eintritt. Auch Cystein- und Cystinreste werden durch NBS oxydiert. Die Reaktionsmechanismen wurden an niedrigmolekularen Modellsubstanzen studiert. Die Spaltung der Tryptophanbindung verläuft etwa nach Schema I (siehe *Witkop* (*114*)).

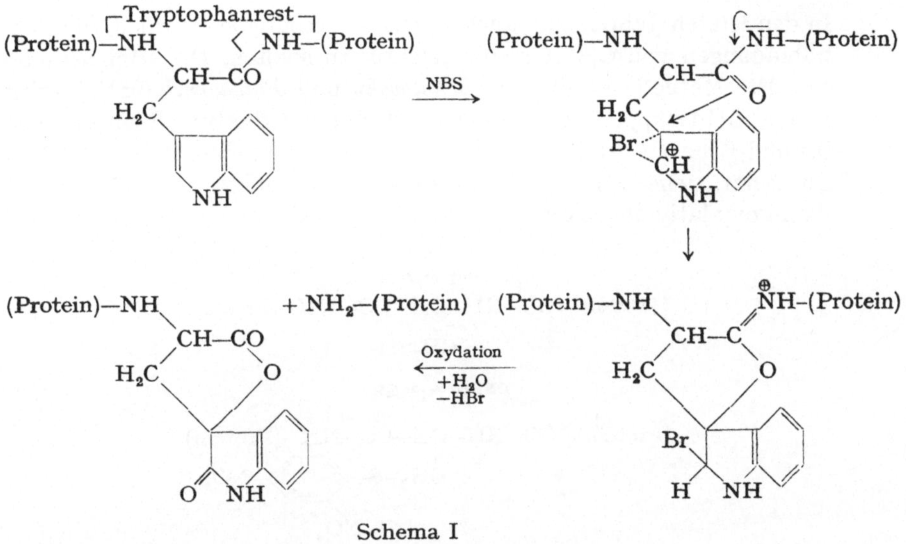

Schema I

Die Reaktion mit Tyrosinresten führt zu einem bromierten Endprodukt.

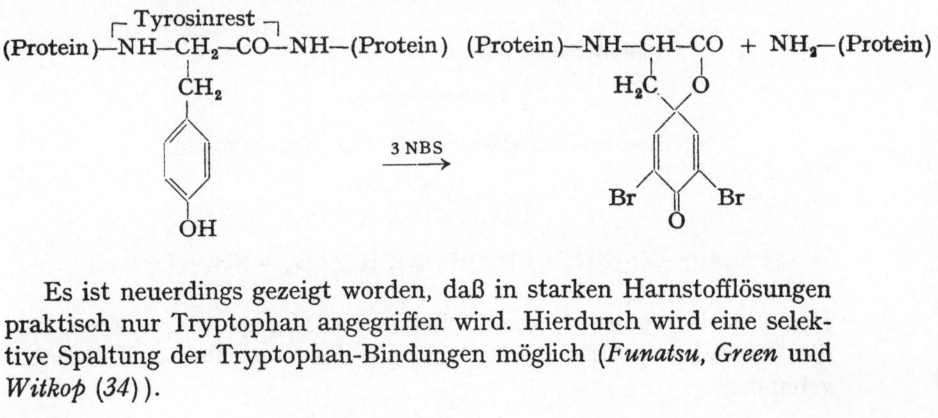

Es ist neuerdings gezeigt worden, daß in starken Harnstofflösungen praktisch nur Tryptophan angegriffen wird. Hierdurch wird eine selektive Spaltung der Tryptophan-Bindungen möglich (*Funatsu, Green* und *Witkop* (*34*)).

Obwohl die Bromsuccinimid-Methode bei einigen Proteinen mit Erfolg angewendet worden ist, so sind die erwarteten Spaltprodukte in anderen Fällen nicht gefunden worden. Es sind auch Nebenreaktionen beobachtet worden.

Die bei der Reaktion von Bromsuccinimid mit Tryptophanresten auftretenden Veränderungen des Ultraviolett-Absorptionsspektrums sind zu einer photometrischen Titration der Tryptophanreste in intakten Proteinen ausgenützt worden (siehe *Witkop* (*114*)).

### *f) Spaltung von Cysteinylbindungen*

In den letzten Jahren sind auch Versuche beschrieben worden, die Peptidbindungen von Cysteinresten selektiv zu spalten. Die erfolgversprechendste Methode ist die von *Sokolovsky* und *Patchornik* (95). Hierbei werden SH-Gruppen, welche eventuell durch reduktive Spaltung von Disulfid-Brücken gebildet worden sind, mit Dinitrofluorbenzol (DNFB) umgesetzt (siehe II/4 A) und weiter über das Zwischenprodukt Dehydroalanin oxydativ abgebaut.

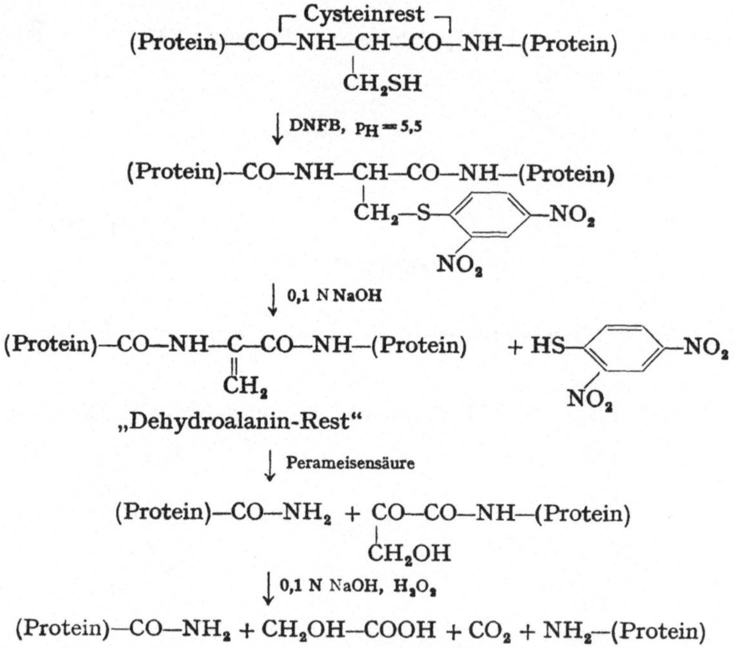

Cysteinrest

$$\text{(Protein)—CO—}\underbrace{\text{NH—}\underset{\displaystyle CH_2SH}{\underset{|}{\text{CH}}}\text{—CO}}_{}\text{—NH—(Protein)}$$

$$\Big\downarrow \text{ DNFB, } p_H = 5{,}5$$

$$\text{(Protein)—CO—NH—}\underset{\displaystyle CH_2\text{—S—}C_6H_3(NO_2)_2}{\underset{|}{\text{CH}}}\text{—CO—NH—(Protein)}$$

(2,4-Dinitrophenyl: $NO_2$ in 2- und 4-Stellung)

$$\Big\downarrow \text{ 0,1 N NaOH}$$

$$\text{(Protein)—CO—NH—}\underset{\displaystyle CH_2}{\underset{\|}{\text{C}}}\text{—CO—NH—(Protein)} \quad + \; HS\text{—}C_6H_3(NO_2)_2$$

„Dehydroalanin-Rest"

$$\Big\downarrow \text{ Perameisensäure}$$

$$\text{(Protein)—CO—NH}_2 + \underset{\displaystyle CH_2OH}{\underset{|}{\text{CO}}}\text{—CO—NH—(Protein)}$$

$$\Big\downarrow \text{ 0,1 N NaOH, } H_2O_2$$

$$\text{(Protein)—CO—NH}_2 + CH_2OH\text{—COOH} + CO_2 + NH_2\text{—(Protein)}$$

Der Cysteinrest ist hierbei vollkommen abgespalten worden, nur die Aminogruppe bleibt als Amid an das benachbarte Kettenende gebunden.

Die Methode ist an dem Protein Ribonuklease ausprobiert worden (*Sokolovsky* und *Patchornik* (*95*)). Es hat sich hierbei als notwendig erwiesen, nach der Einführung des Dinitrophenyl-Restes eine Acetylierung der Aminogruppen des Proteins vorzunehmen, um Reaktionen des Dehydroalanins mit Aminogruppen zu vermeiden.

## 4. Festlegung der Aminosäuresequenz

Mit den in diesem Abschnitt beschriebenen Methoden werden sowohl in intakten Polypeptidketten und in großen Bruchstücken die N- und C-terminalen Sequenzen festgelegt, als auch die gesamte Aminosäuresequenz in kleineren Peptiden bestimmt.

Aus den durch die verschiedenen Spaltmethoden erhaltenen Peptidgemischen müssen zuerst die einzelnen Komponenten isoliert werden. Hierbei verwendet man dieselben Methoden wie zur Trennung von Aminosäuren (siehe II/1). Auch die Gelfiltration und die Gegenstromverteilung werden dazu herangezogen (siehe z. B. *Canfield* und *Anfinsen* (*15*)).

Nur bei der Sequenzbestimmung sehr einfacher Peptide ist es möglich, mit qualitativen Nachweismethoden allein auszukommen. In der Regel wird jedoch eine kombinierte qualitative und quantitative Arbeitsweise verwendet. So wird z. B. oftmals die Aminosäureanalyse der gereinigten Peptide quantitativ durchgeführt, während die Bestimmung der Endgruppen und der Rest-Aminosäuren durch Papierelektrophorese oder -chromatographie erfolgt. Die Vorteile der Papiermethoden sind große Zeitersparnis und geringster Substanzbedarf, ihr Nachteil keine allzugroße Genauigkeit in quantitativer Hinsicht. In manchen Laboratorien werden deswegen fast alle Analysen quantitativ ausgeführt, was natürlich ungleich mehr Arbeitsaufwand erfordert.

Ist in Peptidhydrolysaten Asparagin- oder Glutaminsäure nachgewiesen worden, so muß die Möglichkeit in Betracht gezogen werden, daß diese als Amide in den Peptiden vorlagen. Bei sehr kleinen Peptiden läßt sich dies meist durch die Wanderungsgeschwindigkeit bei der Elektrophorese erkennen, da die Amide zum Unterschied zu den Säuren elektrisch neutral sind. Ein direkter Nachweis der Amide kann nach enzymatischer Spaltung (meist durch Aminopeptidase, siehe II/4 A a) oder mit Hilfe der Edman-Methode (siehe II/4 A b) vorgenommen werden.

### A. Bestimmung der N-terminalen Aminosäuren

#### *a) Enzymatische Methoden*

Aminopeptidasen spalten Polypeptiketten schrittweise vom freien Aminoende her. Das meist verwendete Enzym ist hochgereinigte Leuzin-Aminopeptidase aus Schweinenieren (*Fasold*, *Linhart* und *Turba* (*30*)). Die durch das Enzym freigesetzten Aminosäuren werden in Abhängigkeit von der Zeit quantitativ bestimmt. Nicht alle Aminosäuren werden gleich schnell freigesetzt. Prolinbindungen werden z.B. kaum angegriffen. Die verschieden schnelle Freisetzung von Aminosäuren führt dazu, daß bei weitergehender Spaltung der Polypeptidkette mehrere Aminosäuren gleichzeitig abgelöst werden. Das Verfahren läßt sich daher nicht beliebig lange fortsetzen. In günstigsten Fällen erlaubt es eine eindeutige Zuordnung bis zu etwa fünf Aminosäuren (siehe z.B. *Canfield* und *Anfinsen* (*15*), *Hirs* (*45*)).

### *b) Chemische Methoden*

Die quantitativen chemischen Endgruppenanalysen sind im Prinzip auch zur Bestimmung des Molekulargewichtes von Proteinen geeignet. Vor allem die Methode von *Sanger* ist hierzu verwendet worden. In der Praxis sind jedoch gewisse, nur schwer korrigierbare Verluste bei der Analyse unvermeidlich. Diese Fehler bewirken, daß bei der Molekulargewichtsbestimmung von Proteinen höheren Molekulargewichtes nur wenig genaue Werte erhalten werden.

*Die Methode von Sanger.* 2,4-Dinitrofluorbenzol reagiert bei $p_H$ 8–9 mit Aminogruppen quantitativ unter Bildung von N-Dinitrophenyl-Aminosäuren (DNP-Aminosäuren). Diese sind gelb gefärbt und meist sehr säurestabil.

$$(NO_2)_2C_6H_3F + NH_2{-}CH(R){-}COOH \xrightarrow{NaHCO_3} (NO_2)_2C_6H_3{-}NH{-}CH(R){-}COOH + HF$$

Das dinitrophenylierte Peptid wird mit Säure hydrolysiert und die DNP-Aminosäure isoliert und nachgewiesen. Die quantitative Bestimmung der DNP-Aminosäuren ist mit Hilfe von Papierchromatographie (*Bailey* (*8*), *Fraenkel-Conrat, Harris* und *Levy* (*32*)), Kolonnenchromatographie (*Bailey* (*8*)), automatischen Methoden (*Kesner* und Mitarbeiter (*56*)), Dünnschichtchromatographie (*Dellacha* und *Fontanive* (*21*)) und Gaschromatographie der Methylester (II/1 B) möglich.

Nicht nur α-Aminogruppen reagieren mit dem Sangerschen Reagens. Auch SH-Gruppen, ε-Aminogruppen, Imidazolgruppen (Histidin) und phenolische OH-Gruppen (Tyrosin) werden dinitrophenyliert. Sind solche Aminosäuren N-terminal, so werden sie als Di-DNP-Aminosäuren im Hydrolysat erhalten. Guanidingruppen (Arginin) reagieren dagegen bei $p_H$ 8–9 nicht.

Die Regenerierung von Aminosäuren aus den DNP-Aminosäuren ist durch Erhitzen mit konzentriertem Ammoniak möglich, allerdings meist nur mit schlechten Ausbeuten (*Fraenkel-Conrat, Harris* und *Levy* (*32*)). Auch die Freisetzung der Aminosäuren durch katalytische Hydrierung ist beschrieben worden (*Fasold, Steinkopf* und *Turba* (*31*)).

Die ursprüngliche Methode von *Sanger* ist vielfach modifiziert worden, um ihre Nachteile zu beseitigen. So ergeben sich bei der Hydrolyse durch die Säureempfindlichkeit mancher DNP-Aminosäuren (vor allem bei DNP-Prolin, DNP-Tryptophan und DNP-Glycin) Schwierigkeiten bei der Bestimmung. Auch die Lichtempfindlichkeit der DNP-Derivate sei erwähnt. Außerdem ist ein schrittweiser Abbau der Peptidkette nicht möglich. *Signor* und Mitarbeiter (*90*) haben an Stelle von Dinitrofluorbenzol 2-Chlor-3,5-dinitropyridin verwendet. Die entsprechenden Dinitropyridyl-Aminosäuren werden durch Säure relativ leicht aus den Peptiden abgespalten, wodurch sich die Hydrolyseverluste der DNP-Methode vermeiden ließen. Über Versuche einer schrittweisen reduktiven Spaltung der DNP-Peptide siehe z.B. *Ingram* (*52*).

Durch die Verwendung von radioaktiv markiertem Dinitrofluorbenzol (DNFB-$C^{14}$) haben *Dreyer* und *Bynum* (siehe bei *Canfield* und *Anfinsen* (*15*)) die Empfindlichkeit der Methode wesentlich erhöht. Sie haben mit Mengen von $10^{-9}$–$10^{-10}$ Mol Peptid Endgruppenanalysen durchgeführt.

*Die Methode von Edman.* Diese Methode ist das wichtigste chemische Verfahren, um Peptide vom N-terminalen Ende her schrittweise abzubauen. Hierbei wird die Reaktion von Phenylisothiocyanat (I) mit Aminogruppen ausgenützt. Aus dem Phenylthiocarbamyl-Peptid (II) wird durch vorsichtige Säurebehandlung die N-terminale Aminosäure als Phenylthiohydantoin (III) abgespalten.

```
                         R                                  (Peptid)
                         |           pH 8–9              NH/   R
C6H5–NCS + NH2–CH–CO–NH–(Peptid)   ———————→              CO–CH
   I                                             C6H5        \NH
                                                    \NH–CS/
                                                       II

                       R
               CO–CH/
 Säure        /     |
———→  C6H5–N        |          + NH2–(Peptid)
              \     |
   III         CS–NH
```

Die Aminosäure-Phenylthiohydantoine (kurz PTH-Aminosäuren) werden abgetrennt und qualitativ oder quantitativ identifiziert. Der Rest des Peptides wird vor neuerlicher Reaktion mit I oftmals quantitativ analysiert.

Die Edman-Methode wird in einer Reihe verschiedener Modifikationen angewendet, so z.B. auch als Mikroverfahren auf Papierstreifen. (Näheres siehe z.B. bei *Canfield* und *Anfinsen* (*15*), *Hirs* (*45*), *Bailey* (*8*), *Fraenkel-Conrat, Harris* und *Levy* (*32*)). Sie ist bisher zur Identifizierung von maximal 8 aufeinanderfolgenden Aminosäureresten angewendet worden. Auch Glutamin- und Asparagin-Reste können damit bestimmt werden (*Schroeder* und Mitarbeiter (*87*)).

*Konigsberg* und *Hill* (*59*) haben an Stelle eines Gemisches aus Essigsäure und Salzsäure, welches bis dahin zur Abspaltung der PTH-Aminosäuren verwendet wurde, den Gebrauch von wasserfreier Trifluoressigsäure beschrieben und die Methode durch Einführung einer Reinigung des abgebauten Restpeptides vor der Abspaltung der nächsten Aminosäure verbessert. *Smyth, Stein* und *Moore* (*92*) haben diese Methode zur Revision der primären Struktur von Ribonuklease verwendet und die Gefahren der Verwendung von Essigsäure und Salzsäure bei 100 °C zur Abspaltung der PTH-Aminosäuren aufgezeigt (siehe auch *Hirs* (*45*), *Smyth* und *Elliott* (*91*)).

*Die Cyanatmethode von Stark und Smyth* (*101*). Die Cyanatmethode erlaubt die Gewinnung der freien Aminosäure aus dem N-terminalen Aminosäurerest. Sie kann mittels eines automatischen Analysators leicht quantitativ bestimmt werden.

Durch Cyanat wird zunächst das Carbamyl-Derivat (I) gebildet und dieses zum Hydantoin (II) umgesetzt. Das Hydantoin wird durch Säulenchromatographie gereinigt und weiter durch Lauge oder Säure zu der freien Aminosäure gespalten.

$$\underset{\displaystyle R}{NH_2\text{—}\overset{}{CH}}\text{—CO—NH—(Peptid)} \xrightarrow[\text{pH 8}]{\text{KNCO}} \underset{\text{I}}{} NH_2\text{—CO—NH—}\underset{\displaystyle R}{CH}\text{—CO—NH—(Peptid)}$$

$$\xrightarrow[\text{1 h 110 °C}]{\text{6 N HCl}} \begin{array}{l} \text{CO—NH} \diagdown \\ \mid \qquad\qquad \text{CO} \\ \text{NH—}\underset{\displaystyle R}{\text{CH}} \diagup \end{array} + NH_2\text{—(Peptid)} \qquad \text{II}$$

$$\begin{array}{l} \text{CO—NH} \diagdown \\ \mid \qquad\qquad \text{CO} \\ \text{NH—}\underset{\displaystyle R}{\text{CH}} \diagup \end{array} \xrightarrow[\text{oder 96 h 6 N HCl 110 °C}]{\text{20 h 0,2 N NaOH 100 °C}} NH_2\text{—}\underset{\displaystyle R}{CH}\text{—COOH}$$

Da hierbei zur Gewinnung des Hydantoins starke Salzsäure verwendet wird, so wird das Restpeptid teilweise hydrolysiert. Die Methode ist daher nicht zum schrittweisen Abbau verwendbar. Bei der Bestimmung von N-terminalen Serin- oder Threoninresten treten Schwierigkeiten auf (niedrige Ausbeute, teilweise Umwandlung zu Glycin bei alkalischer Hydrolyse). Spezielle Arbeitsweisen werden für N-terminales Tryptophan, Cystin und Cystein angegeben (siehe *Hirs* (*45*), neuere Arbeiten z.B. *Stark* (*102*)).

*Die Methode von Gray und Hartley* (*36*). Bei dieser Methode wird zur Umsetzung der freien Aminogruppen und der phenolischen OH-Gruppen 1-Dimethylamino-naphthalin-5-sulfonylchlorid (DNS-Cl) verwendet (I), das in analoger Weise wie Dinitrofluorbenzol die „DNS"-Aminosäuren (II) ergibt.

$$\underset{\text{I}}{(H_3C)_2N\text{–}C_{10}H_6\text{–}SO_2Cl} + NH_2\text{–}\underset{\substack{|\\R}}{CH}\text{–}COOH \xrightarrow[\text{Na HCO}_3]{} \underset{\text{II}}{(H_3C)_2N\text{–}C_{10}H_6\text{–}SO_2\text{–}NH\text{–}\underset{\substack{|\\R}}{CH}\text{–}COOH} + HC$$

DNS-Aminosäuren sind säurestabil und können nach Hydrolyse des Peptides oder Proteins isoliert und nachgewiesen werden. Hierzu wird entweder Papierelektrophorese (*Gray* und *Hartley* (*36*)) oder Dünnschichtchromatographie (*Seiler* und *Wiechmann* (*89*)) angewendet. Durch die starke Fluoreszenz der DNS-Aminosäuren ist ein äußerst empfindlicher Nachweis bis zu $10^{-10}$ Mol Aminosäure möglich. Die Methode eignet sich nicht zum schrittweisen Abbau. Quantitative Angaben über die Ausbeuten an DNS-Aminosäuren sind bisher nicht publiziert worden.

Die Methode von *Gray* und *Hartley* ist auch in Kombination mit der Edman-Methode verwendet worden (*Gray* und *Hartley* (*37*)). Vor der Umsetzung der N-terminalen Aminosäure mit Phenylisothiocyanat wird jeweils mit einem kleinen Anteil des Peptides eine Endgruppenbestimmung nach *Gray* und *Hartley* durchgeführt. Hierdurch wird eine Bestimmung der abgespaltenen PTH-Aminosäure unnötig. Mit nur 0,02 Mikromol eines Peptides konnte so die Reihenfolge von 6 Aminosäuren vom N-terminalen Ende her schrittweise ermittelt werden.

*Andere Methoden.* Außer den hier angeführten Verfahren gibt es noch eine Reihe älterer Methoden, die jedoch praktisch ohne Bedeutung sind (siehe z.B. *Bailey* (*8*)). Als neuer Versuch sei die Methode von *Dixon* und *Moret* (*24*) erwähnt. Sie ist zur Abspaltung der N-terminalen Glutaminsäure von Pseudomonas Cytochrom c 551 verwendet worden. Es wird hierbei zuerst eine Transaminierung mit Hilfe von Glyoxylsäure herbeigeführt und das entstandene Zwischenprodukt in nicht ganz geklärter Weise hydrolytisch gespalten. Die Reaktion verläuft nach folgendem Schema:

$$NH_2-\underset{|}{\overset{R}{C}}H-CO-NH-(Protein) \xrightarrow[\text{Pyridin, } CuSO_4]{CHO-COOH} \overset{R}{\underset{|}{C}}O-CO\,\vdots\,NH-(Protein)$$

$$\xrightarrow{\text{o-Phenylendiamin}} NH_2-(Protein)$$

Diese interessante Methode würde im Prinzip einen schrittweisen Abbau erlauben. Die 2. Stufe der Reaktion verläuft jedoch nicht quantitativ. Versuche an Lysozym brachten keine befriedigenden Resultate.

B. Bestimmung der C-terminalen Aminosäuren

*a) Enzymatische Methoden*

Zur schrittweisen Abspaltung der Aminosäuren vom C-terminalen Kettenende werden Carboxypeptidase A und Carboxypeptidase B verwendet. Sie sind in reiner Form aus Rinderpankreas erhalten worden. Die beiden Enzyme zeigen verschiedene Spezifität: Carboxypeptidase A spaltet Aminosäuren mit Ausnahme von Lysin, Arginin und Prolin vom Kettenende ab, Carboxypeptidase B hingegen nur Lysin, Arginin, Ornithin und S-Aminoäthyl-Cystein. Die Spezifitäten beider Enzyme ergänzen einander, weswegen oftmals eine Kombination beider Enzyme verwendet wird. Aus denselben Gründen, wie sie bei dem Enzym Leuzin-Aminopeptidase (II/4 A a) besprochen wurden, läßt sich die Reihenfolge der Aminosäuren meist nur für einige wenige Aminosäuren festlegen. (Näheres siehe z.B. bei *Canfield* und *Anfinsen* (*15*), *Bailey* (*8*); neuere Anwendung siehe auch bei *Guidotti* und Mitarbeitern (*39*).)

*b) Chemische Methoden*

Von einer Reihe chemischer Methoden, welche die Bestimmung oder den schrittweisen Abbau von Aminosäuren vom C-terminalen Kettenende her zum Ziele hatten (siehe z.B. bei *Bailey* (*8*)), ist bisher nur die Hydrazin-Methode von *Akabori* praktisch bedeutungsvoll geworden.

*Die Methode von Akabori.* Werden Peptide oder Proteine mit wasserfreiem Hydrazin erhitzt, so werden die Peptidbindungen gesprengt und es bilden sich Aminosäure-Hydrazide. Nur die C-terminale Aminosäure wird als solche abgespalten.

$$NH_2-\underset{|}{\overset{R_1}{C}}H-CO-NH-\underset{|}{\overset{R_2}{C}}H-CO-NH-\underset{|}{\overset{R_3}{C}}H-COOH \xrightarrow[105\,°C]{NH_2-NH_2}$$

$$NH_2-\underset{|}{\overset{R_1}{C}}H-CO-NH-NH_2 + NH_2-\underset{|}{\overset{R_2}{C}}H-CO-NH-NH_2 + NH_2-\underset{|}{\overset{R_3}{C}}H-COOH$$

Die unveränderten C-terminalen Aminosäuren werden von den Hydraziden abgetrennt und chromatographisch bestimmt. (Näheres siehe z.B. *Bailey* (*8*), *Sanger* (*85*)).

In einigen späteren Ausführungen wurde das Gemisch nach Hydrazinolyse mit Dinitrofluorbenzol umgesetzt und die DNP-Aminosäuren bestimmt. Auch die Spaltung mit Hydrazin wurde etwas modifiziert (siehe z.B. *Bradbury* (*11*)).

Trotz aller Verbesserungen der Methode sind die Ausbeuten an Endgruppen meist nicht quantitativ. C-Terminales Cystin, Cystein, Asparagin oder Glutamin wird verloren. Die Hydrazinolyse wird daher meist nur als qualitative Methode verwendet. Bei schonender Einwirkung von Hydrazin sind auch C-terminale Peptide erhalten worden (siehe *Niu* und *Fraenkel-Conrat* (*77*)).

## C. Festlegung der Disulfidbrücken

Der letzte Schritt bei der Aufklärung der Primärstruktur ist meist die Festlegung der Disulfidbrücken. Eventuell vorhandene freie SH-Gruppen müssen hierbei vorher bestimmt und blockiert werden, z.B. mit Jodessigsäure in starker Harnstofflösung.

Bei der Bestimmung der Disulfidbrücken von Insulin durch *Sanger* und Mitarbeiter hat sich gezeigt, daß hierbei einer Schwierigkeit Rechnung getragen werden muß, nämlich dem relativ leichten Austausch der Disulfide untereinander.

$$R_1\text{—S—S—}R_2 + R_3\text{—S—S—}R_4 \rightleftharpoons R_1\text{—S—S—}R_3 + R_2\text{—S—S—}R_4 \rightleftharpoons \text{usw.}$$

So tritt z.B. Austausch bei der partiellen Hydrolyse mit konzentrierter Säure bei Zimmertemperatur ein. Als Zwischenprodukte werden Sulfenium-Kationen angenommen. Auch bei Hydrolyse mit Enzymen im neutralen oder alkalischen Bereich kann Disulfid-Austausch eintreten. Hier verläuft die Reaktion wahrscheinlich über ein Sulfid-Ion als Zwischenprodukt.

*Ryle* und Mitarbeiter (*84*) haben bei der Aufklärung von Insulin durch Zusätze von Thioglykolsäure bei saurer Hydrolyse und von N-Äthylmaleinimid bei enzymatischer Spaltung im neutralen oder alkalischen Bereich solche Reaktionen vermieden.

Sicherer, und heute meist verwendet, erscheint jedoch nach den Arbeiten von *Spackman, Stein* und *Moore* (*97*) die Spaltung des Proteins mit Pepsin bei $p_H$ 2 zur Isolierung der Cystinpeptide zu sein. Diese Methode wurde bei Ribonuklease angewendet. Noch relativ große peptische Peptide wurden nach Reinigung weiter mit Trypsin und Chymotrypsin abgebaut. Die isolierten Cystinpeptide wurden mit Perameisensäure oxydiert und die Spaltprodukte isoliert und analysiert. Durch Vergleich mit der bereits bekannten Aminosäuresequenz konnte die Lage der Disulfidbrücken eindeutig festgelegt werden.

Peptische Spaltung von radioaktiv markiertem $^{35}$S-Lysozym ist von *Canfield* (entnommen aus *Canfield* und *Anfinsen* (*15*)) herangezogen worden. Die Cystinpeptide wurden hierbei durch Messung der Radioaktivität nachgewiesen.

*Brown* und *Hartley* (*14*) haben eine einfache Methode zur Erkennung und Isolierung von Cystinpeptiden entwickelt. Sie haben peptische Hydrolysate von Chymotrypsinogen A (und auch von Lysozym) einer zweidimensionalen Papierelektrophorese unterworfen. Das Peptidgemisch wurde nach Elektrophorese in der 1. Richtung auf dem Papier mit Perameisensäuredämpfen oxydiert und hierauf nochmals in demselben Puffer in der 2. Richtung der Elektrophorese unterzogen. Dabei wurden nicht oxydierbare Peptide auf einer diagonalen Linie aufgefunden. Cystinpeptide ergaben jedoch bei Oxydation je zwei saure Peptide, welche in der 2. Richtung deutlich verschieden von den anderen Peptiden wanderten. Sie konnten so erkannt und gleichzeitig gereinigt werden.

## III. Aufgeklärte Primärstrukturen

Die folgende Zusammenstellung soll versuchen, dem Leser durch Aufzählung von Beispielen eine ungefähre Vorstellung über die bisher aufgeklärten Primärstrukturen von Peptiden und Proteinen zu geben. Diese Zusammenstellung erhebt jedoch keinen Anspruch auf Vollständigkeit. Es sei hinzugefügt, daß bereits viele der angegebenen Peptidstrukturen auch synthetisiert werden konnten, so z.B. viele der aufgezählten Peptidhormone (siehe z.B. *Hofmann* und *Katsoyannis* (*48*)).

### A. Beispiele für biologisch aktive Peptide

Aus der großen Zahl von aufgeklärten Strukturen, welche oft nur teilweise Peptidcharakter zeigen, seien einige herausgegriffen.

a) Antibiotica mit Peptidstruktur.
   Gramicidine, Bacitracine, Polymyxine u.a.m. (siehe z.B. *Huber* und *Wallhäuser* (*50*)).

b) Toxine.
   z.B. Pilzgifte (Phalloidin, Amanitine) (siehe z.B. *Rittel* und *Schwyzer* (*83*)).
   verschiedene Peptide aus Schlangengiften.

c) Peptid-Hormone.
   (siehe z.B. *Smyth* (*93*), *Hofmann* und *Katsoyannis* (*48*), *Rittel* und *Schwyzer* (*83*)).

Oxytocin, Lysin- und Arginin-Vasopressin, Arginin-Vasotocin.
Adrenocorticotrope Hormone (Corticotropine, ACTH)
verschiedene Typen α, β und A (Mensch, Rind, Schaf, Schwein)
Melanocyten-stimulierende Hormone (MSH)
α-MSH
β-MSH (Mensch, Rind, Schwein, Pferd, Affe)
Bradykinin, Angiotensine (verschiedene Arten des Typs I und II), Kallidin, Eledoisin.
Glucagon (siehe auch *Canfield* und *Anfinsen* (*15*)).
Insulin (Mensch, Pferd, Rind, Schaf, Schwein, Walfisch) (siehe auch *Harris, Sanger* und *Naughton* (*41*), *Harris* und *Ingram* (*40*), *Rittel* und *Schwyzer* (*83*)).
Bonito-Insulin (teilweise aufgeklärt, siehe z.B. *Hirs* (*45*)).

B. Enzyme

Trypsinogen und Trypsin (vorläufige Struktur; Rind) (*Walsh* und Mitarbeiter (*109*)).
Chymotrypsinogen A und α-Chymotrypsin (Rind) (*Hartley* (*42*)).
Lysozym (Hühnereiweiß) (*Canfield* und *Liu* (*16*), *Hirs* (*45*))
Ribonuklease A (Rinderpankreas) (*Smyth, Stein* und *Moore* (*92*), *Smyth* (*93*), *Smyth* und *Elliott* (*91*), *Canfield* und *Anfinsen* (*15*)).

C. Häm-Proteine

Hämoglobin

a) Human: Typ A, F, $A_2$ und viele andere „abnormale" Typen, wie z.B. Typ S.
b) Pferd: α-Kette (siehe z.B. *Schroeder* (*88*), *Braunitzer* und Mitarbeiter (*12*), *Braunitzer* und *Matsuda* (*13*)).

Myoglobin (Walfisch) (siehe *Edmundson* (*27*), *Smyth* (*93*)).
Cytochrom c
Pferdeherz (*Margoliash* und Mitarbeiter (*71*))
Menschenherz (*Matsubara* und *Smith* (*73*))
Rinderherz (*Yasunobu* und Mitarbeiter (*54*))
Hühnerherz (*Chan* und Mitarbeiter (*18*))
Schweineherz (*Chan* und Mitarbeiter (*18*))
Thunfisch (*Kreil* (*63*))
Hefe (*Narita* und Mitarbeiter (*76*))
Pseudomonas (*Ambler* (*4*))
(Zusammenstellung siehe *Smyth* (*93*))
Chromatium-Hämpeptid (*Dus* und Mitarbeiter (*26*))

## D. Diverse andere Proteine

Clupein Z (pazifischer Hering) (siehe *Hirs* (*45*))

Protein des Tabakmosaik-Virus (und Protein einiger Mutanten) siehe *Fraenkel-Conrat* (*33*))

Trypsin-Inhibitor (Rinderpankreas) (*Dlouha* und Mitarbeiter (*25*))

## E. Beispiele für die chemische Struktur von Proteinen

In den chemischen Formelbildern von Peptiden und Proteinen werden die Namen der Aminosäuren üblicherweise durch die drei ersten Buchstaben abgekürzt. Ausnahmen sind hierbei:

| | |
|---|---|
| Cystein | CySH |
| Cystin | CyS–CyS |
| Isoleuzin | iLeu, Ileu oder Ile |
| Glutamin | Glu-$NH_2$, GluN, GlN oder GN |
| Asparagin | Asp-$NH_2$, AspN, AsN oder AN |

Die Formeln werden stets so geschrieben, daß die freie Aminogruppe links zu stehen kommt. So bedeutet z. B.: Ala.Ser oder Ala-Ser Alanyl-Serin der Formel

$$\begin{array}{l} NH_2\text{–}\underset{\displaystyle CH_3}{\underset{|}{CH}}\text{–}CO\text{–}NH\text{–}\underset{\displaystyle CH_2OH}{\underset{|}{CH}}\text{–}COOH \end{array}$$

Sind die Aminosäuren der Polypeptidkette numeriert, so beginnen die Nummern stets beim N-terminalen Kettenende. Sind in einer Aminosäuresequenz noch die Reihenfolgen einiger Aminosäuren unbekannt, so werden diese in Klammern gesetzt, so z. B.: Ala-Ser-(Glu,Phe,Val)-Lys-Thr.

Bei ringförmigen Peptiden wird an Stelle des einfachen Bindestriches zwischen den Aminosäuren in kleiner Pfeil geschrieben, welcher stets von der CO- zur NH-Gruppe der Peptidbindung weist. Bei der Darstellung sehr langer Polypeptidketten werden die Bindestriche manchmal ganz weggelassen, um die Anschaulichkeit der Darstellung zu erhöhen (siehe die Abb. 4 und 5). Die N-terminale Aminosäure wird in diesen Fällen durch die Nr. 1 gekennzeichnet.

Abschließend sollen die Primärstrukturen von vier Proteinen wiedergegeben werden.

*Insulin* (Abb. 2). Die Struktur von Rinder-Insulin wurde von *Sanger* und seinen Mitarbeitern aufgeklärt. Es war das erste Protein, dessen Primärstruktur erforscht wurde. Insulin besteht aus zwei Polypeptidketten von 21 (A-Kette) und 30 (B-Kette) Aminosäureresten, welche durch 3 Disulfidbrücken vernetzt werden. (Näheres siehe z. B. bei *Harris* und *Ingram* (*40*).)

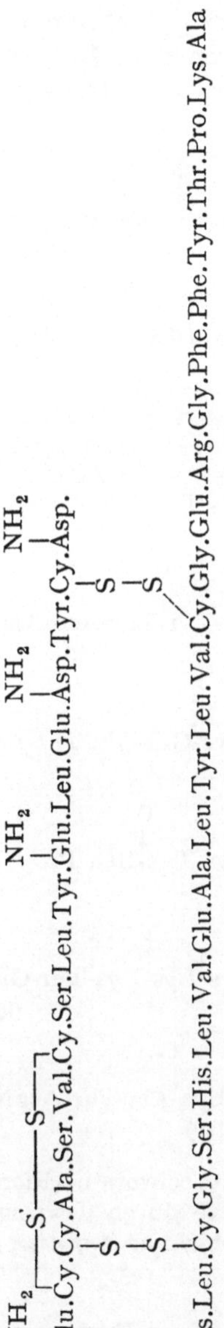

```
                    NH2                                      NH2        NH2       NH2
                     |  ┌──S────────S──┐                      |          |         |
Gly.Ileu.Val.Glu.Glu.Cy.Cy.Ala.Ser.Val.Cy.Ser.Leu.Tyr.Glu.Leu.Glu.Asp.Tyr.Cy.Asp.
                           |                                             |
                           S                                             S
                           |                                             |
       NH2 NH2             S                                             S
        |   |              |                                            /
Phe.Val.Asp.Glu.His.Leu.Cy.Gly.Ser.His.Leu.Val.Glu.Ala.Leu.Tyr.Leu.Val.Cy.Gly.Glu.Arg.Gly.Phe.Phe.Tyr.Thr.Pro.Lys.Ala
```

Abb. 2.

Die Struktur von Rinder-Insulin (nach *Harris* u. *Ingram* (*40*))

*Cytochrom c* (Abb. 3). Pferdeherz-Cytochrom c besteht aus einer Polypeptidkette von 104 Aminosäureresten. Die Aminogruppe des N-terminalen Glycinrestes ist acetyliert. Die Häm-Gruppe ist kovalent

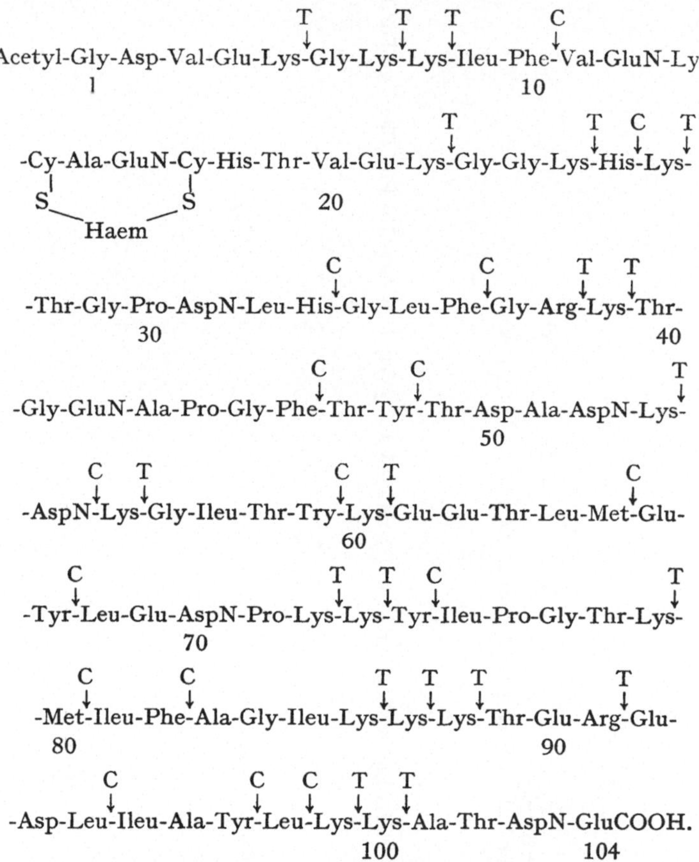


Abb. 3. Die Aminosäuresequenz von Cytochrom c (Pferdeherz). Die Pfeile zeigen die Spaltung der Polypeptidkette durch Trypsin (T) und Chymotrypsin (C) an (nach *Canfield* u. *Anfinsen* (*15*))

durch Thioäther-Brücken mit einem Ferri-Protoporphyrin verbunden, wobei die SH-Gruppen zweier Cysteinreste der Polypeptidkette an die Vinylgruppen des Porphyrins angelagert worden sind (siehe z.B. *Tuppy* und *Bodo* (*108*)). Die Struktur von Pferdeherz-Cytochrom c ist von *Margoliash* und *Smith* sowie *Kreil* und *Tuppy* (*71*) aufgeklärt worden.

*Lysozym* (Abb. 4). Lysozym aus Hühnereiweiß enthält 129 Aminosäurereste in einer Polypeptidkette, welche durch vier Cystinbrücken

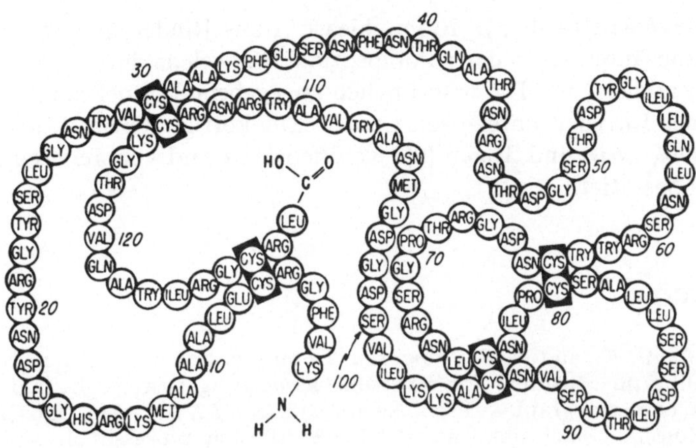


Abb. 4. Die Aminosäuresequenz von Lysozym aus Hühnereiweiß (nach *Canfield* u. *Liu* (*16*))

vernetzt ist. Die Strukturaufklärung von Lysozym wurde in mehreren Laboratorien betrieben (siehe z.B. *Hirs* (*45*)). Die Formel von *Canfield* und *Liu* (*16*) wird heute als richtig anerkannt.

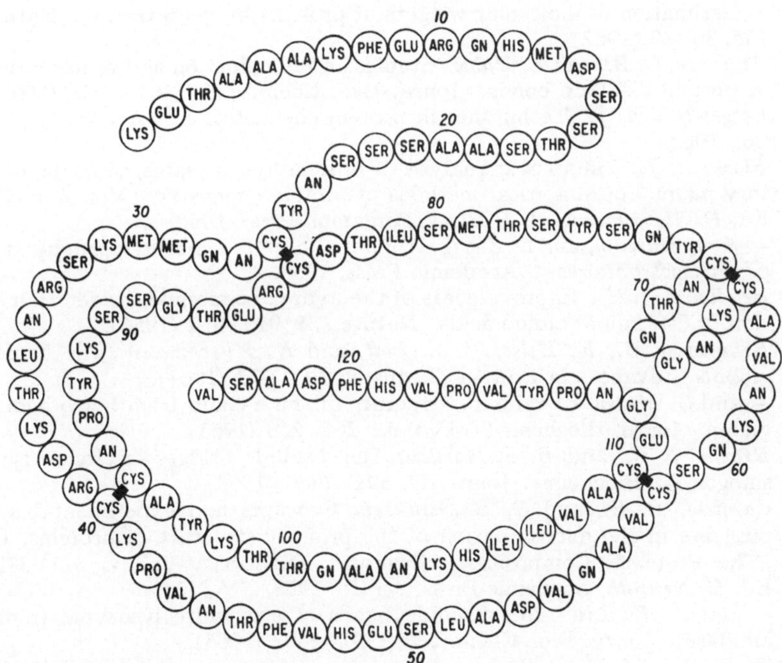


Abb. 5. Die Aminosäuresequenz von Ribonuklease A (Rinderpankreas). Lysin (Nr. 1) bildet die N-terminale Aminosäure (nach *Canfield* u. *Anfinsen* (*15*))

*Ribonuklease* (Abb. 5). Ribonuklease A aus Rinderpankreas enthält 124 Aminosäurereste in einer Polypeptidkette, welche durch vier Cystinbrücken vernetzt ist. Die ursprünglich angegebene Formel mußte mehrmals einer Revision unterzogen werden. Die korrigierte Struktur wurde von *Smyth, Stein* und *Moore* (*92*) veröffentlicht und von anderen Laboratorien bestätigt.

## Literatur


1. *Ackers, G. K.*, and *T. E. Thompson:* Determination of stoichiometry and equilibrium constants for reversible associating systems by molecular sieve chromatography. Proc. Natl. Acad. Sci. *53*, 342–349 (1965).
2. – Molecular exclusion and restricted diffusion processes in molecular sieve chromatography. Biochemistry *3*, 723–730 (1964).
3. *Adair, G. S.:* Osmotic pressure. In „A laboratory manual of analytical methods in protein chemistry", Vol. *3*, 23–56. Ed. *P. Alexander* u. *R. J. Block*, Pergamon Press, 1961.
4. *Ambler, R. P.:* The amino acid sequence of pseudomonas cytochrome c-551. Biochemic. Journ. *89*, 349–378 (1963).
5. *Andrews, P.:* Estimation of the molecular weight of proteins by Sephadex gel-filtration. Biochemic. Journ. *91*, 222–233 (1964).
6. – Estimation of molecular weights of proteins by gel filtration. Nature *196*, 36–39 (1962).
7. *Anfinsen, C. B.*, and *E. Haber:* Studies on the reduction and re-formation of protein disulfide bonds. Journ. Biol. Chem. *236*, 1361–1363 (1961).
8. *Legget-Bailey, J.:* Techniques in protein chemistry. Elsevier Publishing Co., 1962.
9. *Block, R. J.:* Amino acid analysis of protein hydrolysates, in „A laboratory manual of analytical methods of protein chemistry". Vol. *2*, 1–57. Ed. *P. Alexander* u. *R. J. Block*, Pergamon Press, 1960.
10. – *E. I. Durrum*, and *G. Zweig:* A manual of paper chromatography and paper electrophoresis. Academic Press, 1958.
11. *Bradbury, J. H.:* Improvements of the hydrazine method for determination of C-terminal amino acids. Nature *178*, 912–913 (1956).
12. *Braunitzer, G., K. Hilse, V. Rudloff*, and *N. Hilschmann:* The hemoglobins. Advances in Protein Chemistry *19*, 1–73 (1964).
13. – and *G. Matsuda:* Primary structure of the α-chain from horse hemoglobin. Journ. Biochem. (Tokyo) *53*, 262–263 (1963).
14. *Brown, J. B.*, and *B. S. Hartley:* The disulfide bridges of chymotrypsinogen A. Biochemic. Journ. *89*, 59P–60P (1963).
15. *Canfield, R. E.*, and *C. B. Anfinsen:* Concepts and experimental approaches in the determination of the primary structure of proteins. In „The Proteins; Composition, Structure, Function". Vol. *1*, 311–378. Ed. *H. Neurath*, Academic Press, $2_{nd}$ Ed. 1963.
16. – and *A. K. Liu:* The disulfide bonds of egg white lysozyme (muramidase). Journ. Biol. Chem. *240*, 1997–2002 (1965).
17. *Cecil, R.*, and *R. G. Wake:* The reaction of inter- and intra-chain disulphide bonds in proteins with sulfite. Biochemic. Journ. *82*, 401–406 (1962).

18. *Chan, S. K., S. B. Needleman, J. W. Stewart, O. F. Walasek,* and *E. Margoliash:* Federation Proc. *22,* 658 (1963) entnommen aus *Smyth* (*93*).
19. *Claesson, S.,* and *I. Moring-Claesson:* Ultracentrifugation. In „A laboratory manual of analytical methods in protein chemistry", Vol. *3,* 119–171. Ed. *P. Alexander* u. *R. J. Block,* Pergamon Press, 1961.
20. *Cleland, W. W.:* Dithiothreitol, a new protective reagent for SH-groups. Biochemistry *3,* 480–482 (1964).
21. *Dellacha, J. M.,* and *A. V. Fontanive:* Quantitative N-terminal amino acid analysis by thin layer chromatography. Experientia *21,* 351–352 (1965).
22. *Determann, H.:* Stofftrennungen durch Chromatographie an porösen Gelen. Angew. Chem. *76,* 635–644 (1964).
23. *Dickerson, R. E.:* X-ray analysis and protein structure. In „The Proteins; Composition, Structure, Function", Vol *2,* 603–778. Ed. *H. Neurath,* Academic Press, $2_{nd}$ Ed., 1964.
24. *Dixon, H. B. F.,* and *V. Moret:* Removal of the N-terminal residue of a protein after transamination. Biochemic. Journ. *94,* 463–469 (1965).
25. *Dlouha, V., D. Pospisilova, B. Meloun,* and *F. Sorm:* On proteins XCIV: Primary structure of basic trypsin inhibitor from beef pancreas. Coll. Czech. Chem. Commun. *30,* 1311–1325 (1965).
26. *Dus, K., R. G. Bartsch,* and *M. D. Kamen:* Amino acid sequence of a haem peptide with two haem groups. Journ. Biol. Chem. *236,* PC47 bis PC48 (1961).
27. *Edmundson, A. B.:* Amino acid sequence of sperm whale myoglobin. Nature *205,* 883–887 (1965).
28. *Erlanger, B. F.,* and *W. Cohen:* Specific interaction of chymotrypsin with diphenylcarbamylchloride. J. Amer. chem. Soc. *85,* 348–349 (1963).
29. – and *F. Edel:* The utilization of a specific chromogenic inactivator in an „all or none" assay for chymotrypsin. Biochemistry *3,* 346–349 (1964).
30. *Fasold, H., P. Linhart* u. *F. Turba:* Bestimmung und Darstellung einer hochgereinigten Aminopeptidase durch Elektrophorese und Chromatographie. Biochem. Z. *336,* 182–190 (1962).
31. – *G. Steinkopf* u. *F. Turba:* Die katalytische hydrogenolytische Freisetzung von Aminosäuren und Peptiden aus ihren DNP-Derivaten. Biochem. Z. *335,* 1–13 (1961).
32. *Fraenkel-Conrat, H., J. I. Harris,* and *A. L. Levy:* Recent developments in techniques for terminal and sequence studies in peptides and proteins. In „Methods of Biochemical Analysis", Vol. *2,* 359–425; Ed. *D. Glick,* Interscience Publ., 1955.
33. – Structure and function of virus proteins and of viral nucleic acid. In „The Proteins; Composition, Structure, Function", Vol. *3,* 99–151. Ed. *H. Neurath,* Academic Press, $2_{nd}$ Ed. 1965.
34. *Funatsu, M., N. M. Green,* and *B. Witkop:* Differential oxydation of protein-bound tryptophane and tyrosine by N-bromosuccinimide in urea solutions. J. Amer. chem. Soc. *86,* 1846–1848 (1964).
35. *Goldberger, R.,* and *C. B. Anfinsen:* Reversible masking of amino-groups in ribonuclease and its possible usefulness in the synthesis of the protein. Biochemistry *1,* 401–405 (1962).
36. *Gray, W. R.,* and *B. S. Hartley:* A fluorescent end-group reagent for proteins and peptides. Biochemic. Journ. *89,* 59P (1963).
37. – – The structure of a chymotryptic peptide from pseudomonas cytochrome c-551. Biochemic. Journ. *89,* 379–380 (1963).

38. *Gross, E.*, and *B. Witkop:* Nonenzymatic cleavage of peptide bonds: The methionine residues in bovine pancreatic ribonuclease. Journ. Biol. Chem. *237*, 1856–1860 (1962).
39. *Guidotti, G., R. J. Hill*, and *W. Konigsberg:* The structure of human hemoglobin. II. The separation and amino acid composition of the tryptic peptides from the α and β chains. Journ. Biol. Chem. *237*, 2184–2195 (1962).
40. *Harris, J. I.*, and *V. M. Ingram:* Methods of sequence analysis in proteins. In „A laboratory manual of analytical methods of protein chemistry". Vol. *2*, 421–499. Ed. *P. Alexander* u. *R. J. Block*, Pergamon Press, 1960.
41. – *F. Sanger*, and *M. A. Naughton:* Species differences in insulin. Arch. Biochem. Biophys. *65*, 427–438 (1956).
42. *Hartley, B. S.:* Amino acid sequence of bovine chymotrypsinogen A. Nature *201*, 1284–1287 (1964).
43. *Hill, R. L.:* Hydrolysis of proteins. Advances in protein chemistry *20*, 37–107 (1965).
44. – and *W. R. Schmidt:* The complete enzymic hydrolysis of proteins. Journ. Biol. Chem. *237*, 389–397 (1962).
45. *Hirs, C. H. W.:* The chemistry of peptides and proteins. Ann. Review of Biochem. *33*, 597–632 (1964).
46. – The oxydation of ribonuclease with performic acid. Journ. Biol. Chem. *219*, 611–622 (1956).
47. *Hofmann, T., D. A. Walsh, D. L. Kauffmann* u. *H. Neurath:* Federation Proc. *22*, 528 (1963) entnommen aus *Hirs* (*45*).
48. *Hofmann, K.*, and *P. G. Katsoyannis:* Synthesis and function of peptides of biological interest. In „The Proteins; Composition, Structure, Function". Vol. *1*, 53–188. Ed. *H. Neurath*, Academic Press, $2_{nd}$ Ed. 1963.
49. *Horning, E. C.*, and *W. J. A. Vanden Heuvel:* Gas chromatography. Ann. Review of Biochem. *32*, 709–754 (1963).
50. *Huber, G.*, u. *K. H. Wallhäuser:* Antibiotica. In „Biochemisches Taschenbuch", Band *I*, 691–708. Herausg. *H. M. Rauen*, Springer, 2. Auflage 1964.
51. *Hunter, M. J.*, and *M. L. Ludwig:* The reaction of imidoesters with proteins and related small molecules. J. Amer. chem. Soc. *84*, 3491–3504 (1962).
52. *Ingram, V. M.:* The stepwise reductive cleavage of DNP-peptides. Biochim. Biophys. Acta *20*, 577–579 (1956).
53. *James, A. T.*, and *L. J. Morris:* New biochemical separations. D. Van Nostrand Co., Ltd., London 1964.
54. *Yasunobu, K. T., T. Nakashima, H. Higa, H. Matsubara*, and *A. Benson:* Amino acid sequence of bovine heart cytochrome c. Biochim. Biophys. Acta *78*, 791–794 (1963).
55. *Jungwirth, C.*, u. *G. Bodo:* Die Bestimmung des Molekulargewichtes von Interferon durch Gelfiltration. Biochem. Z. *339*, 382–389 (1964).
56. *Kesner, L., E. Mundtwyler, G. E. Griffin*, and *J. Abrams:* Automatic column chromatography of ether-soluble and water-soluble 2,4-DNP-derivatives of amino acids, peptides and amines. Analytic. Chem. *35*, 83–89 (1963).
57. *Kirsten, E.*, and *P. Kirsten:* A nanomole adaption of the automatic amino acid analysis according to Spackman, Stein and Moore 1958. Biochem. Biophys. Res. Comm. *7*, 76–81 (1962).

58. – – Analytische Chromatographie von Aminosäuren in der Größenordnung des Nanomoles. Biochem. Z. *339*, 287–304 (1964).

59. *Konigsberg, W.*, and *R. J. Hill:* The structure of human hemoglobins. III. The sequence of amino acids in the tryptic peptides of the α-chain. Journ. Biol. Chem. *237*, 2547–2561 (1962).

60. *Kostka, V.*, and *F. H. Carpenter:* Inhibition of chymotryptic activity in crystalline trypsin preparations. Journ. Biol. Chem. *239*, 1799–1803 (1964).

61. *Krach, A. M.:* Viscosity. In „A laboratory manual of analytical methods of protein chemistry". Vol. *3*, 173–209. Ed. *P. Alexander* u. *R. J. Block*, Pergamon Press, 1961.

62. *Kratky, O., I. Pilz, P. J. Schmitz* u. *R. Oberdorfer:* Bestimmung der Größe und Gestalt des γ-Globulinmoleküles mit der Röntgen-Kleinwinkelmethode. Z. Naturforsch. *18b*, 180–188 (1963).

63. *Kreil, G.:* Über die Artspezifität von Cytochrom c: Vergleich der Aminosäuresequenzen des Thunfisch-Cytochroms c mit der des Pferde-Cytochroms c. Z. Physiol. Chem. *334*, 154–166 (1963). Die C-terminale Aminosäuresequenz des Thunfisch-Cytochroms c. Z. Physiol. Chem. *340*, 86–87 (1965).

64. *Kupke, D. W.:* Osmotic pressure. Advances in Protein Chem. *15*, 57–130 (1960).

65. *Lamkin, W. M.*, and *C. W. Gehrke:* Quantitative gaschromatography of amino acids. Preparation of butyl N-trifluoracetyl esters. Analytic. Chem. *37*, 383–389 (1965).

66. *Landowne, R. A.*, and *S. R. Lipsky:* High-sensitivity detection of amino acids by gas chromatography and electron affinity spectrometry. Nature *199*, 141–143 (1963).

67. *Leach, A. A.*, and *P. C. O'Shea:* The determination of protein molecular weights of up to 225,000 by gel filtration on a single column of Sephadex G-200 at 25° and 40°. J. Chromatography *17*, 245–251 (1965).

68. *Lenard, J.*, and *G. P. Hess:* An approach to the specific cleavage of peptide bonds. II. Specific cleavage of peptide chains based on the hydrogen fluoride induced nitrogen to oxygen shift. Journ. Biol. Chem. *239*, 3275–3281 (1964).

69. *Light, A.*, and *E. L. Smith:* Amino acid analysis of peptides and proteins. In „The Proteins; Composition, Structure ‚Function". Vol. *1*, 2–44. Ed. *H. Neurath*, Academic Press, $2_{nd}$ Ed. 1963.

70. *Ludwig, M. L.*, and *R. Byrne:* Reversible blocking of protein amino groups by the acetimidyl group. J. Amer. chem. Soc. *84*, 4160–4162 (1962).

71. a) *Margoliash, E.*, u. *E. L. Smith:* Nature *192*, 1121–1123 (1961).
b) *Kreil, G.*, u. *H. Tuppy:* Nature *192*, 1123–1125 (1961).
c) *Margoliash, E., E. L. Smith, G. Kreil* u. *H. Tuppy:* Nature *192*, 1125–1127 (1961).
The amino acid sequence of horse heart cytochrome c.
a) Peptides released by digestion with chymotrypsin.
b) Peptides, terminal and internal, released by digestion with trypsin.
c) Complete amino acid sequence.

72. *Markus, G., A. L. Grossberg*, and *D. Pressman:* The disulfide bonds of rabbit γ-globulin and its fragments. Arch. Biochem. Biophys. *96*, 63–69 (1962).

73. *Matsubara, H.*, and *E. L. Smith:* Human heart cytochrome c. Chymotryptic peptides, tryptic peptides and the complete amino acid sequence. Journ. Biol. Chem. *238*, 2732–2753 (1963).
74. *Merigan, T. C.*, *W. J. Dreyer*, and *A. Berger:* Technique for the specific cleavage of arginyl-bonds by trypsin. Biochim. Biophys. Acta *62*, 122–131 (1962).
75. *Morris, C. J. O. R.:* Thin-layer chromatography of proteins on Sephadex G-100 and G-200. J. Chromatogr. *16*, 167–175 (1964).
76. *Narita, K.*, *K. Titani*, *Y. Yaoi*, and *H. Murakami:* The complete amino acid sequence in baker's yeast cytochrom c. Biochim. Biophys. Acta *77*, 688–690 (1963).
77. *Niu, C. I.*, and *H. Fraenkel-Conrat:* C-terminal amino acid sequence of tobacco mosaic virus protein. Biochim. Biophys. Acta *16*, 597–598 (1955).
78. *Pisano, J. J.*, *W. J. A. Vanden Heuvel*, and *E. C. Horning:* Gas-chromatography of phenylthiohydantoin- and dinitrophenyl-derivatives of amino acids. Biochem. Biophys. Res. Comm. *7*, 82–86 (1962).
79. *Porath, J.:* Cross-linked dextrans as molecular sieves. Advances in Protein Chemistry *17*, 209–226 (1962).
80. *Raftery, M. A.*, and *R. D. Cole:* Tryptic cleavage of cysteinyl bonds. Biochem. Biophys. Res. Comm. *10*, 467–472 (1963).
81. *Randerath, K.:* Dünnschichtchromatographie. Verlag Chemie, Weinheim 1962.
82. *Richards, F. M.:* Structure of proteins. Ann. Review of Biochem. *32*, 269–300 (1963).
83. *Rittel, W.*, u. *R. Schwyzer:* Biologisch aktive Peptide. In „Biochemisches Taschenbuch", Band *I*, 282–304. Herausg. *H. M. Rauen*, Springer, 2. Aufl., 1964.
84. *Ryle, A. P.*, *F. Sanger*, *L. F. Smith*, and *R. Kitai:* The disulfide bonds of insulin. Biochemic. Journ. *60*, 541–556 (1955).
85. *Sanger, F.:* The arrangement of amino acids in proteins. Advances in Protein Chemistry 7, 1–67 (1952).
86. *Schoellmann, G.*, and *E. Shaw:* A new method for labelling the active centre of chymotrypsin. Biochem. Biophys. Res. Comm. *7*, 36–40 (1962).
Direct evidence for the presence of histidin in the active centre of Chymotrypsin. Biochemistry *2*, 252–255 (1963).
87. *Schroeder, W. A.*, *J. R. Shelton*, *J. B. Shelton*, *J. Cormick*, and *R. T. Jones:* The amino acid sequence of the γ-chain of human fetal hemoglobin, Biochemistry *2*, 992–1008 (1963).
88. – The hemoglobins. Ann. Review of Biochem. *32*, 301–320 (1963).
89. *Seiler, N.*, u. *J. Wiechmann:* Zum Nachweis von Aminosäuren im $10^{-10}$ Mol-Maßstab. Trennung von 1-Dimethylamino-naphthalin-5-sulfonyl-aminosäuren auf Dünnschichtchromatogrammen. Experientia *20*, 559–560 (1964).
90. *Signor, A.*, *A. Previero*, and *M. Terbojevich:* Determination of the N-terminal amino acids in polypeptides and proteins. Nature *205*, 596–597 (1965).
91. *Smyth, D. G.*, and *D. F. Elliott:* Some analytical problems involved in determining the structure of proteins and peptides. The Analyst *89*, 81–94 (1964).

92. – *W. H. Stein*, and *S. Moore:* The sequence of amino acids in bovine pancreatic ribonuclease: Revisions and confirmations. Journ. Biol. Chem. *238*, 227–234 (1963).
93. – Proteins and peptides. Annual reports on the progress of chemistry (Chem. Soc. London) *60*, 468–485 (1963).
94. *Sobotka, H*, and *H. J. Trurnit:* Unimolecular layers in protein chemistry. In „A laboratory manual of analytical methods of protein chemistry". Vol. *3*, 211–243. Ed. *P. Alexander* u. *R. J. Block*, Pergamon Press 1961.
95. *Sokolovsky, M.*, and *A. Patchornik:* Nonenzymatic cleavage of peptide bonds: The half cystine residues in bovine pancreatic ribonuclease. J. Amer. chem. Soc. *86*, 1859–1860 (1964).
96. *Spackman, D. H., W. H. Stein, S, Moore:* Automatic recording apparatus for use in the chromatography of amino acids. Analytic. Chem. *30*, 1190–1206 (1958).
97. – – – The disulfide bonds of ribonuclease. Journ. Biol. Chem. *235*, 648–659 (1960).
98. *Squire, P. G.:* Relationship between the molecular weight of macromolecules and their elution volumes based on a model for Sephadex gel filtration. Arch. Biochem. Biophys. *107*, 471–478 (1964).
99. *Stacey, K. A.:* The use of light-scattering for the measurement of the molecular weight and size of proteins. In „A laboratory manual of analytical methods of protein chemistry", Vol. *3*, 245–275. Ed. *R. Alexander* u. *R. J. Block*, Pergamon Press 1961.
100. *Stahl, E.:* Dünnschichtchromatographie. Springer 1962.
101. *Stark, G. R.*, and *D. G. Smyth:* The use of cyanate for the determination of $NH_2$-terminal residues in proteins. Journ. Biol. Chem. *238*, 214–226 (1963).
102. – Reactions of cyanate with functional groups of proteins. III. Reactions with amino and carboxyl groups. Biochemistry *4*, 1030–1036 (1965).
103. *Steere, R. L.*, and *G. K. Ackers:* Restricted diffusion chromatography through calibrated columns of granulated agar gel; a simple method for particle-size determination. Nature *196*, 475–476 (1962).
104. *Stouffer, J. E.*, and *J. A. Watters jr.:* The reversible masking of the lysine residue in α-melanocyte stimulating hormone. Biochim. Biophys. Acta *104*, 214–217 (1965).
105. *Swan, J. M.:* Nature *180*, 643 (1957) entnommen aus *Bailey* (*8*).
106. *Thompson, E. O. P.*, and *I. J. O'Donnell:* Quantitative reduction of disulfide bonds in proteins using high concentrations of mercaptoethanol. Biochim. Biophys. Acta *53*, 447–449 (1961).
107. *Towers, D. B., E. L. Peters*, and *J. R. Wherett:* Determination of protein-bound glutamine and asparagine. Journ. Biol. Chem. *237*, 1861 bis 1869 (1962).
108. *Tuppy, H.*, u. *G. Bodo:* Cytochrom c. I. Über die der prosthetischen Gruppe benachbarten Aminosäurereste. Monath. f. Chem. *85*, 807–821 (1954); II. Über ein durch tryptischen Abbau des Cytochroms c erhaltenes Ferriporphyrin c-Peptid. Monatsh. Chem. *85*, 1024–1045 (1954).
109. *Walsh, K. A., D. L. Kauffman, K. S. V. Sampath-Kumar*, and *H. Neurath:* On the structure and function of bovine trypsinogen and trypsin. Proc. Natl. Acad. Sci. *51*, 301–308 (1964).

110. *Weil, L.*, and *T. S. Seibles:* Reaction of reduced disulfide bonds in α-lactalbumin and β-lactoglobulin with acrylnitrile. Arch. Biochem. Biophys. *95*, 470–473 (1961).

111. *Whitaker, J. R.:* Determination of molecular weight of proteins by gel filtration. Analytic. Chem. *35*, 1950–1953 (1963).

112. *Winzor, D. J.*, and *L. W. Nichol:* Effects of concentration-dependence in gel filtration. Biochim. Biophys. Acta *104*, 1–10 (1965).

113. – and *H. A. Scheraga:* Studies of chemically reacting systems on Sephadex. I. Chromatographic demonstration of the Gilbert theory. Biochemistry *2*, 1263–1267 (1963). II. Molecular weights of monomers in rapid association equilibrium. Journ. Physic. Chem. *68*, 338–343 (1964).

114. *Witkop, B.:* Nonenzymatic methods for the preferential and selective cleavage and modification of proteins. Advances in Protein Chemistry *16*, 221–321 (1961).

(Eingegangen am 6. September 1965)

# The Structure of Haemoglobin

**Dr. Hilary Muirhead**

Department of Chemistry, Harvard University Cambridge, Mass., USA

**Contents**



## Introduction *(38)*

Proteins are large complex molecules consisting of polymers of amino acids. In order to understand the way in which they function it is essential to have a knowledge of the geometry of their structure, that is of their three-dimensional conformation, as well as of their chemical composition. The activity of a protein may be lost by the process of denaturation (which may be reversible) in which no chemical bonds are broken but the three-dimensional conformation is altered; conversely the molecule may become active when sections, which are quite distinct chemically, are brought close to each other. Many proteins contain prosthetic groups at the site of their catalytic activity. These are non-protein groups, such as the haem group in myoglobin or haemoglobin, and the activity depends on the specific protein molecule to which they are attached. The chemical sequence of a protein molecule is genetically determined. This is demonstrated by the abnormal human haemoglobins in which abnormalities, which consist of the substitution of a single amino acid by a different one, are inherited in a Mendelian manner (*12, 20*). It is widely believed that the three-dimensional structure is determined by this chemical sequence; that is that it is the most energetically favourable conformation of the polypeptide chains.

Protein molecules contain one or more polypeptide chains. Each chain contains a number of amino acid residues and these residues are arranged in a definite, genetically determined sequence. An amino acid has the general formula

$$H_3N^+\!-\!\underset{\displaystyle R}{\underset{|}{CH}}\!-\!COO^-$$

where R may be any one of twenty different side chains. The amino acids are linked together by peptide bonds between the $NH_3^+$ group of one amino acid and the $COO^-$ group of the next one. For each peptide bond formed a molecule of water is liberated. This chemical sequence of the amino acids in the polypeptide chain is known as the primary structure of the protein. In addition to peptide bonds between adjacent residues disulphide bridges may be formed between two cysteine residues in general positions on the same or different polypeptide chains. Hydrogen bonds, linking the side chains of various residues, may be formed as well. A long chain of amino acids will tend to coil up in some way.

*Pauling, Corey* and *Branson* (*32*) showed that, if certain assumptions were made, the most stable structure for a single chain was the right-handed α-helix. They made the three assumptions that all peptide bonds were planar, that all residues were equivalent and that each nitrogen in the main chain formed a hydrogen bond of length 2.72 Å with the main chain oxygen of another residue. The only amino acid which cannot fit into an α-helix is proline where the side chain is linked to the imino nitrogen of the main chain so that the nitrogen atom has no attached hydrogen atom and hence cannot participate in hydrogen bonding. The α-helix contains 3.6 residues per turn of the helix and there is a regular repeat of amino acid residues at axial intervals of 1.5 A. This means that the presence of α-helices in a fibrous structure may be recognized in an X-ray diffraction pattern since there will be a strong reflection at 1.5 A from planes perpendicular to the fibre axis. This kind of folding of the individual polypeptide chains is called secondary structure. In any protein the actual structure depends upon the nature of the side chains involved but many natural fibres, such as α-keratin and muscle protein, consist of two or more α-helices coiling around each other (*9, 33*).

Many proteins are globular rather than fibrous so that the polypeptide chains must be folded in some way to form a compact structure. Under these conditions part of the polypeptide chain may still be helical but in general these sections will be joined by non-helical regions. The fact that clear X-ray diffraction pictures of protein crystals may be obtained shows that this folding or tertiary structure has a very precise form. The presence of a 1.5 Å reflection in the diffraction pattern obtained from some globular proteins such as myoglobin and haemoglobin indicated that these proteins contained some α-helical regions. The α-helical content may be estimated from measurements on optical effects such as the optical rotatory dispersion (*43*). However the first conclusive evidence for the presence of α-helical structure in globular proteins was obtained when the X-ray analysis at 2 Å resolution of myoglobin was completed (*21*, *22*).

Recently it has been shown that when a protein molecule contains two or more sub-units, which may or may not be identical, the quaternary structure or relative positions of the sub-units is important for function. Many regulatory enzymes are examples of this type of protein (*26*, *27*).

The only successful method by which the tertiary and quaternary structures of a globular protein have been studied is that of X-ray analysis. This success followed the demonstration by *Perutz* and coworkers that the method of isomorphous replacement could be used for protein crystals (*16*). To use this method the native protein and at least two derivatives, in which heavy atom groups are attached to the protein at different specific sites, are required. The derivatives must crystallize with the same space group and unit cell dimensions as the unsubstituted protein. The intensities of some or all reflections are altered in varying amounts by the presence of the heavy atom groups and these changes may be used to calculate the phase of each reflection provided that the positions of the heavy atoms in the unit cell can be determined. A single isomorphous replacement will lead to two possible values of each phase angle.

## The Haemoglobin Molecule

Haemoglobin and myoglobin are both proteins which are capable of reversible combination with molecular oxygen. However these two molecules represent two different types of protein in that myoglobin consists of a single unit while haemoglobin contains four sub-units so that its quaternary structure is important. Myoglobin, which is responsible for the storage of oxygen in muscle, contains one polypeptide chain of 153 amino acid residues and one haem group (*11*). Haemoglobin, which is the protein in red blood cells, acts as an oxygen carrier. It has a molecular weight of 64,500, contains four polypeptide chains of approximately equal length which are identical in pairs and thus belongs to the group of proteins which are made up of sub-units. The two types of chain are known as the α (141 amino acid residues) and β (146 amino acid residues) chains respectively. Each chain is coiled around a haem group which consists of an iron atom coordinated to the four nitrogens of a porphyrin ring and thus forms a planar group. The fifth coordination site of the iron atom is occupied by a histidine residue in the polypeptide chain. Each haem group is capable of combining reversibly with oxygen so that in oxyhaemoglobin the sixth coordination site of the iron atom is occupied by an oxygen molecule. In both oxyhaemoglobin and "reduced" or deoxygenated haemoglobin the iron atoms are in the ferrous state. The amino acid sequences of both types of chain of normal adult human haemoglobin and of horse haemoglobin are known (*7, 24, 25, 42*). Both structure and sequence seem to be similar in the two types of haemoglobin.

The four haem groups in the haemoglobin molecule are not independent since the rate of reaction of oxygen with any one of them depends on the state of oxygenation of the other three (*15*). This is evident from the sigmoid shape of the oxygen dissociation curve and means that the molecule can be charged with oxygen or discharged completely within the comparatively narrow range of partial pressure of oxygen which occurs in the body. If there were no interaction between the haem groups the graph showing the percent saturation with oxygen of the haemoglobin molecules as a function of the partial pressure of oxygen would be a rectangular hyperbola as is the case for myoglobin which consists of a single unit. Myoglobin has a higher affinity for oxygen than does haemoglobin and there is no evidence of any interaction between molecules. This illustrates the importance of the arrangement of and the interactions between the four sub-units of the molecule of haemoglobin.

When an oxygen molecule is bound to a haem group of haemoglobin it induces a redistribution of charge and a change in pK of some amino acid residues. This leads to the discharge of protons by one or more acidic groups and makes oxygen equlibrium dependent upon pH. This is known as the Bohr effect. One result of this pH dependence is that if the partial pressure of carbon dioxide is increased with an accompanying decrease of pH the affinity of the haemoglobin for oxygen is decreased and molecules of oxygen are liberated. Once again myoglobin shows no such effect.

## X-ray analysis of horse oxyhaemoglobin at 5.5 Å resolution (*10, 37*)

Normal horse haemoglobin is a mixture of two distinct haemoglobins which are present in approximately equal proportions. The nature of the chemical difference between the two components seems to reside in a single peptide. Crystallographically the two components appear to be identical and no differences can be observed in the intensities of the X-ray reflections (*36*). At a resolution of 5.5 Å the electron density maps of the two components should be identical. Horse oxyhaemoglobin crystallized from the mixture of the two components in 1.9 M ammonium sulphate solution at pH 7 has the space group C2 with two molecules in the unit cell. Each molecule lies on a crystallographic two-fold axis of symmetry and thus consists of two identical halves. In order to obtain an electron density map with a resolution of 5.5 Å the phase angles of 1,200 independent reflections had to be found. These angles were determined by using six isomorphous heavy atom derivatives of haemoglobin. These derivatives were formed by reacting various chemical compounds containing mercury as a heavy atom with the sulphydryl groups of the cysteine residues. Horse haemoglobin contains two pairs of cysteine residues, one on each α-chain and one on each β-chain. The cysteines on the β-chains are on the outside of the molecule and are highly reactive while those on the α-chains are in the centre of the molecule and are less readily accessible.

More than half of the volume of the crystals is taken up by liquid of crystallization, which mainly fills the spaces between molecules and shows up as flat, featureless regions in the electron density map. The rest of the map contains regions of high electron density. The boundaries between these two types of regions mark the outlines of the molecules. There are relatively few contacts between neighbouring molecules.

At this resolution sections of α-helix appear as rods of continuous electron density and when a single molecule had been isolated from the electron density map it was possible to trace each polypeptide chain running through regions of continuous high electron density. The molecule has a two-fold axis of symmetry relating the two α-chains and the two β-chains and a model of the molecule may be assembled as follows. Take two identical chains related by a dyad axis. Then take the second pair in the same orientation, rotate them through ninety degrees about the dyad axis and invert them over the original pair. The final arrangement has a symmetry which is close to that produced by three mutually perpendicular dyad axes. The surfaces of the α- and β-chains are complementary so that there must be many contacts between them. The molecule is roughly spherical with a height of 50 Å parallel to the two-fold axis, a width of 55 Å perpendicular to it and a length of 64 Å. The four haem groups could be identified in the electron density map since four peaks stood out clearly from the rest of the molecule. The approximate orientations of the porphyrin rings were indicated by a flattening of the peaks and in conjunction with the results of electron spin resonance experiments (*19*) the orientation of each haem group could be determined. The haem groups are contained in pockets in the surface of the molecule and make contact with the polypeptide chain at several points as well as through the heam linked histidine residues. The shortest distance between any pair of haem groups is that between groups in an α- and a β-chain and is 25 Å (Table 1). These two groups are those visible in Fig. 1. This distance of 25 Å appears to rule out any direct interaction between pairs of haem groups.

Fig. 1. Model of a molecule of horse oxyhaemoglobin. The black units represent the β-chains, the white units the α-chains and the grey discs the haem groups. The SH marks the position of the reactive cysteine residue in the β-chain

Both types of polypeptide chain in haemoglobin have a very similar three-dimensional conformation to that of the single polypeptide chain of sperm whale myoglobin except for certain deletions. Myoglobin has a molecular weight of about 17,000. It consists of a single polypeptide chain 153 residues long and one haem group. The structure of myoglobin has been determined at 1.4 Å resolution (*Kendrew* et al, unpublished work, *21*, *22*) and it was possible to determine much of the primary sequence from the results of the X-ray analysis. These results were confirmed by the use of chemical sequence analysis (*11*, *Edmundson A. B.*, 1965, in the press). Just over two thirds of the residues of myoglobin are in the α-helical configuration and all of the helices are right-handed. The remaining one third of the residues are distributed over non-helical regions of the chain where no regular pattern is discernible. Each chain contains seven helical segments, some of which are separated by non-helical regions. The straight α-helical segments of chain have been labelled A–H starting at the amino terminal end of the chain (*22*, Fig. 2). In haemoglobin the four sub-units are arranged so that the long helical segments G and H of all four chains are in the interior of the molecule.

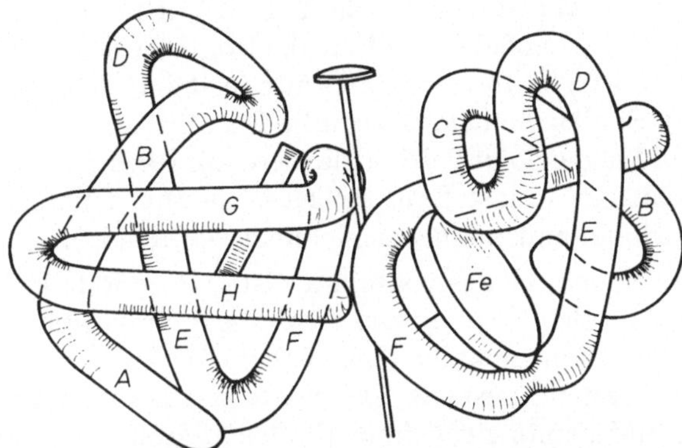


Fig. 2. Idealized drawing of the two β-chains in horse oxyhaemoglobin. The sign at the centre marks the two-fold axis of symmetry. The α-chains form a similar pair (see Fig. 1). The labelling A—H of the α-helical segments is that used by *Kendrew* et al. (*22*)

The haem group plays an important part in stabilizing the myoglobin structure. It has a polar and a non-polar end and fits into a pocket in the globin. One of the nitrogens of the imidazole ring of a histidine residue can then be coordinated with the iron atom of the haem group. The crystals used for the X-ray analysis were obtained from solutions of met-myoglobin in which a water molecule occupies the sixth coordination position of the iron atom. This water molecule was clearly visible in the elctron density map. Beyond the water molecule, in a position suitable for hydrogen bond formation, is a second histidine residue. This residue is present in both chains of haemoglobin as well as in the myoglobin chain. The propionic acid side groups of the haem, which are at the surface of the molecule, appear to be involved in salt links with some polar residues of the globin. These residues differ in myoglobin and the two haemoglobin chains. The rest of the haem group is in the interior of the molecule and there are many van der Waals contacts between it and neighbouring atoms. There are several aromatic rings arranged parallel or nearly parallel to the plane of the haem group so that π-bonding interactions must be present (*23*).

In general the non polar side chains are buried within the molecule and the polar side chains tend to project outwards. It seems probable that this is also true for haemoglobin. The two chains of human haemoglobin contain 141 and 146 residues respectively. The α- and β- chains have similar chemical sequences throughout much of their length and their sequences may be brought into register by leaving occasional gaps in one or other chain. The largest gap, equivalent to five residues, which has to be assumed in the α-chain to bring it into register with the β-chain lies in an S shaped loop (in the D helix) at the top of the models shown in Fig. 3. The model shows that the length of chain making up the loop is much shorter in the α-chain (white in the models) than in the β-chain (black). Similar homologies can be found between myoglobin and both chains of haemoglobin, although there are fewer identical residues, and these homologies must form the basis for the structural similarity between myoglobin and the haemoglobin sub-units (*38*).

Both haemoglobin chains contain a histidine residue in the position corresponding to the haem linked histidine in myoglobin. In the β-chain the residue immediately following the histidine is cysteine. This is the reactive cysteine residue. The side chain lies near the surface of the molecule and points away from the haem group in a direction opposite to that of the haem linked histidine. These two cysteines, one on each β-chain, form a symmetrical pair. Human haemoglobin contains two more pairs of cysteine residues which are unreactive in the native protein – one on each α-chain and one on each β-chain. These lie in the helical regions G, have no contact with the haem groups and are buried inside the molecule.

Proline cannot form part of an α-helix. Myoglobin contains four prolines and all of these occur at corners or in non-helical regions. However, proline is not essential for a corner to be present. A corner may contain a proline in one of the haemoglobin chains but not in myoglobin and vice versa. Also they do not occur in the same places in the two haemoglobin chains. The corners which do not contain a proline residue are stabilized by various means involving hydrogen bonds between a residue in the corner and one in some other part of the chain. For example one corner in myoglobin involves a threonine hydrogen-bonded to a free NH group at the amino end of a helix (*23*).

## Differences between the oxygenated and reduced forms of haemoglobin

Since *Haurowitz*'s discovery (*18*) that a change in crystal form follows the reaction of horse haemoglobin with oxygen a massive body of evidence has been collected which suggests that this reaction is accompanied by some major change in the structure of the haemoglobin molecules (*5*). It has been pointed out previously that haemoglobin has certain properties, including the interaction between the four haem groups and the Bohr effect, which are not possessed by myoglobin. These properties arise as a result of interactions between the sub-units in haemoglobin. This indirect haem-haem interaction explains the sigmoid shape of the oxygen dissociation curve. The Bohr effect has been interpreted in terms of two proton binding sites per haem which are oxygen linked (*44*). These types of interaction appear to consist of entropy effects which might be interpreted as being due to conformational changes. This conclusion is supported by the wide separation of the haem groups which precludes direct interaction so that the interactions must be transmitted through the globin; that is by a conformational change in the molecule. It seems likely that the amino acid residues responsible for the Bohr effect are histidines.

If N-ethyl maleimide is allowed to react with the reactive sulphydryl groups of the β-chains the Bohr effect is reduced (*2, 17*). It seems probable that the reaction takes place in two stages. The first is a reaction with the cysteine residues in position 93 on each β-chain. In a second reaction the histidine residues which are the source of the Bohr protons are involved. These residues must be close to the reactive cysteines. If the pK of these histidine residues is changed the Bohr effect would be reduced. It is hoped that X-ray analysis of crystals of reduced human haemoglobin reacted with N-ethyl maleimide will throw some light on the matter. However whichever residues are involved their environment must be altered in some way during the oxygenation of the molecule.

*Gibson* (*14*) has shown that, if the carbon monoxide is removed from carbonmonoxyhaemoglobin by flash photolysis, a short-lived form of reduced haemoglobin is produced which has a much increased rate of reaction with carbon monoxide or oxygen although its spectroscopic properties are almost identical with those of normal reduced haemoglobin. This result would be explained if the reaction were too rapid for the usual conformational change to take place. In this experiment the haemoglobin was illuminated at the ultra violet absorption frequency of tryptophan at which haem itself does not absorb. There is only one tryptophan residue which occurs at the same place in both chains of haemoglobin and in the single myoglobin chain. This residue is in the A helix and is separated from the haem group of the same chain by helix E. The indole ring of the tryptophan is parallel to the plane of the haem group. It is 14 Å away from the centre of the haem group so that there is no direct interaction between the two groups although it appears that this residue must play some part in the oxygenation reaction (*38*).

Partial digestion of human haemoglobin by carboxypeptidases A and B has shown that chemical modifications to the β-chains are more effective in destroying haem-haem interaction than those to the α-chains while modifications to either chain decrease the magnitude of the Bohr effect. The C-terminal sequences of the two types of chain of human haemoglobin are as follows:

α-chain -ser-lys-tyr-arg
β-chain -his-lys tyr-his

Carboxypeptidase A alone acts only on the β-chains removing the last two residues and then stopping completely. The resulting haemoglobin molecule has a greatly increased oxygen affinity and shows a complete loss of haem-haem interaction. At the same time the Bohr effect is greatly reduced. Carboxypeptidase B alone removes the carboxy terminal arginine from each α-chain. The resulting molecule has a slightly increased affinity for oxygen and unimpaired haem-haem interactions. The Bohr effect is reduced by about the same amount as in the digestion with carboxypeptidase A. Carboxypeptidases A and B together remove the last three residues from each α-chain and the last four residues from each β-chain. Haem-haem interaction and the Bohr effect are completely eliminated and the oxygen affinity is even greater than that resulting from the reaction with carboxypeptidase A alone (*45*).

These results might seem to imply that while both α- and β-chains contribute equally to the Bohr effect the β-chains are mainly responsible for haem-haem interaction. However haemoglobin H, an abnormal haemoglobin which is a tetramer containing four β-chains, shows no haem-haem interaction (*1*). Thus β-chains alone are not sufficient. Studies on the dissociation into half molecules of oxygenated and reduced haemoglobins in strong salt solutions show that oxyhaemoglobin dissociates into dimers more readily than does reduced haemoglobin (*4*). This suggests that there are stronger bonds holding pairs of αβ sub-units together in reduced haemoglobin than in oxyhaemoglobin. Experiments by *Guidotti* and *Konigsberg* on the reaction of N-ethyl maleimide with haemoglobin H have suggested that the amino terminal group of the β-chains is involved in the interaction between α- and β-chain sub-units in normal haemoglobin (*17*). Taken as a whole the chemical evidence suggests that both α- and β-chains are necessary for haem-haem interaction to function and that interactions between all sub-units change on oxygenation.

The rate of digestion of the oxygenated form by carboxypeptidase A is very much faster than that of the reduced form. The difference is a good deal less, although still observable, in the case of carboxypeptidase B. This would imply that the β-chains are affected more than the α-chains by oxygenation. If haem-haem interaction if first destroyed by digestion with carboxypeptidase A there is no difference in the rates of digestion of the two forms of haemoglobin by carboxypeptidase B (*45*).

The dye bromthymol blue will react with haemoglobin at a large number of sites. If haem-haem interaction is functioning the reaction occurs several times faster with reduced haemoglobin than with oxyhaemoglobin. If haem-haem interaction is destroyed by digestion with carboxypeptidase A this difference disappears. In the case of the carboxypeptidase B digest in which the haem-haem interactions are unaffected the difference in rate is preserved. Equilibrium studies show that the binding of the dye is oxygen linked. Thus it is analogous to the binding of protons and the difference in rate has a similar origin in a change of conformation. Iodoacetamide, which unlike bromthymol blue will react only with the reactive sulphydryl groups of normal oxyhaemoglobin, undergoes no reaction at all with reduced haemoglobin. Once again this implies that there must be a difference in the environment of these sulphydryl groups in the two forms of the molecule (*3*, *45*).

Finally the solubility of reduced haemoglobin is different from that of oxyhaemoglobin and in general the two forms crystallize in different space groups (*6*, *34*, *35*).

## Structure of reduced haemoglobin (*28*, *40*)

Since the structure of horse oxyhaemoglobin had already been determined at a resolution of 5.5 Å the obvious course of action would have been to carry out an X-ray analysis of reduced horse haemoglobin at the same resolution. This should be sufficient to show any major structural changes. Smaller changes in the folding of the individual polypeptide chains would be more difficult to detect. When this work was carried out reduced horse haemoglobin had not been crystallized in a form suitable for X-ray analysis so that the structure of reduced human haemoglobin was determined instead. The underlying assumption here was that the structures of horse oxyhaemoglobin and human oxyhaemoglobin were identical so that any differences observed would be due to the oxygenation reaction and not to the species difference. This seemed reasonable in view of the similarity of the amino acid sequences. Fortunately reduced horse haemoglobin has since been crystallized in a more amenable form and it has been shown that its structure is the same as that of human reduced haemoglobin (*40*).

Reduced haemoglobin of normal adult man will crystallize in the monoclinic space group $P2_1$ with two molecules in the unit cell. These two molecules are related to each other by the twofold screw axis. Unlike the molecules of human and horse oxyhaemoglobin, which lie on twofold symmetry axes in the crystalline form, those of the human reduced form lie in general positions in the unit cell so that the asymmetric unit consists of a single molecule with a molecular weight of about 64,500 and there are nearly 2,000 independent reflections in the limiting sphere of radius $(5.5\ \text{Å})^{-1}$ compared with 1,200 for horse oxyhaemoglobin. The fact that there is no crystallographic dyad axis of symmetry does not necessarily mean that the molecule does not itself possess this symmetry since space group symmetry does not have to reflect molecular symmetry. The fact that horse reduced haemoglobin has since been crystallized in a form where the molecule lies on a dyad axis suggests that the molecule retains its symmetry in the reduced form in human haemoglobin as well.

Crystals were grown by adding a haemoglobin solution to a buffered ammonium sulphate solution at pH 6.5. The haemoglobin was reduced by adding freshly prepared ferrous citrate solution. The solutions were all saturated with nitrogen before crystallization was attempted and the crystals were grown under nitrogen. All subsequent handling of the crystals took place in a nitrogen atmosphere. If crystals of reduced human haemoglobin are exposed to air they become oxygenated and tend to break up.

Adult human haemoglobin contains six sulphydryl groups per molecule. Normally two of these are reactive while the other four are relatively unreactive unless the protein is denatured (*8*). Each β-chain contains two cysteine residues and each α-chain one. The two reactive groups are once again on the β-chains next to the haem linked histidines. The four unreactive groups are in the G helices and are on the inside of the molecule. The two reactive cysteines will combine with heavy metal reagents. The unreactive ones will react very slowly with some mercury compounds. p-chloromercuribenzenesulphonate (PCMBS) will react with four of the sulphhydryl groups while mercuric chloride will react with all six. Various isomorphous heavy atom derivatives were prepared by reacting mercury compounds with the different sulphhydryl groups.

The first indication of a major structural change came when the positions of the mercury compounds attached to the two reactive sulphhydryl groups were determined. The two mercury atoms were found to be 37 Å apart in reduced human haemoglobin compared with a separation of 30 Å for the same derivative in horse oxyhaemoglobin (Table 1).

An electron density map was calculated using phase angles which had been determined using three isomorphous heavy atom derivatives. As in the electron density map of horse oxyhaemoglobin long, straight, cylindrical regions of high density are among the prominent features of the map and once again these regions tend to join up to form the same kind of three-dimensional figures. However in some regions the density is not continuously high along what would be the course of the polypeptide chains in horse oxyhaemoglobin and the breaks which occur might have made the chains unrecognizable without previous knowledge. In other regions the course of the chains is clearly defined. Prominent peaks appear in positions corresponding to those of the haem groups in horse oxyhaemoglobin; but again they would not easily have been recognized as such because they do not stand out above the density of the chains. However, despite these imperfections, the main features of the structure emerged clearly from the map before any models had been built. These greater errors are probably due to the larger number of ambiguities in the phase determination in which only three isomorphous derivatives were used. In addition some of the molecules in the crystals may have become oxidised during the exposure to X-rays which would also increase the error.

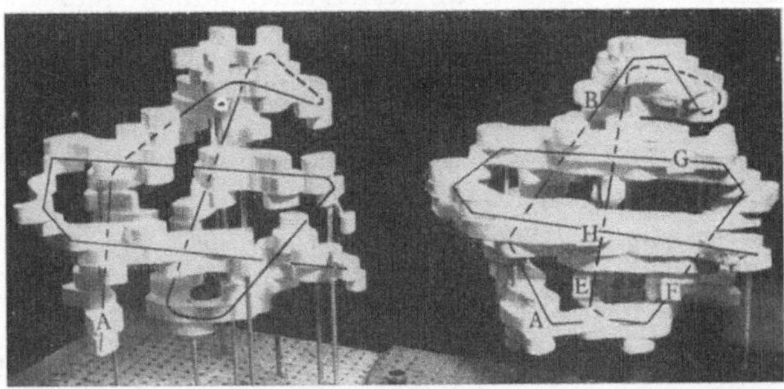


Fig. 3a. Models of the α-chains in human reduced (left) and horse oxyhaemoglobin (right). These models are in the same orientation as the idealized chain on the left of Fig. 2

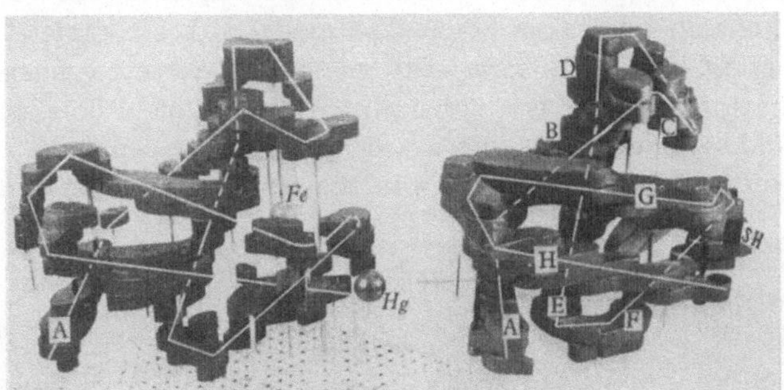


Fig. 3b. Models of the β-chains of human reduced (left) and horse oxyhaemoglobin (right)

Models of the electron density distribution were constructed. Fig. 3 shows the α- and β-chains next to the corresponding chains of horse oxyhaemoglobin. The β-chains were recognized by the mercury atoms attached to their reactive sulphydryl groups. These models illustrate both the similarities in structure of the chains and some of the imperfections of the electron density map. A more quantitative comparison was obtained by measuring the directions of the straight segments of chain, which are known to correspond to α-helical regions, and calculating the angles between them. The directions of the longer segments (A, B, E, F, G, and H) could be measured with reasonable accuracy and the angles between segments within any one sub-unit of reduced haemoglobin were found to be the same within the limits of error, as in the corresponding sub-units of oxyhaemoglobin. If any change has occurred in the folding of any of the chains it is too small to be determined with the resolution and accuracy of this model.

So far as can be judged the positions of the haem groups relative to the globin chains are the same as in oxyhaemoglobin. A quantitative estimate is possible for the β-chains where each iron atom is linked to a mercury atom through the intermediary of only two residues, the haem linked histidine and the adjacent cysteine. The distance from the centre of the haem group to the mercury peaks is the same, within experimental error, for both reduced and oxyhaemoglobin (Table 1). In horse haemoglobin the orientation of the haem groups has been determined by electron spin resonance of the ferric or met form which forms crystals which are isomorphous with the crystals of oxyhaemoglobin used for the X-ray work (*19*). It has not been possible to determine the orientation of the haem groups in reduced haemoglobin and in the model they have been represented by balls rather than discs. Thus it is possible that the orientations may have changed.

It is in the relative arrangement of the sub-units that the major structural change has taken place. The model of the complete molecule may be assembled in the same way as that of horse oxyhaemoglobin. Once again the molecule is a spheroid with a height of 50 Å parallel to the two-fold symmetry axis and a width of 55 Å perpendicular to it. Its length is 69 Å compared with 64 Å in the oxygenated form and there is

Fig. 4. Complete models of human reduced haemoglobin (left) and horse oxyhaemoglobin (right). The inclinations of the haem groups in the reduced form are not known; their positions are indicated by balls instead of the grey discs used in the oxyhaemoglobin model.

a groove separating the two β-chains. The two forms of the molecule are very similar except for this increased spacing between the two β-chains in the reduced form (Fig. 4). If the separations of the pairs of chains are measured by the distances between the corresponding pairs of haem groups the distance between the two α-chains is the same as in the oxygenated form and the distance between the two β-chains in the reduced form is greater by 7 Å than that in the oxygenated form. On the atomic scale this represents a striking change of structure. Fig. 5 shows the models of the two pairs of β-chains.

Fig. 5. View of the two pairs of β-chains showing the widening of the gap between them in the human reduced form (left) as compared with horse oxyhaemoglobin (right).

Some interatomic distances in the two forms of the molecule are compared in Table 1. $Fe_1$ and $Fe_2$ represent the haem groups in the two β-chains, $Fe_3$ and $Fe_4$ the haem groups in the two α-chains and $Hg_1$ and $Hg_2$ the heavy atom positions near to the reactive sulphhydryl groups of the β-chains. These distances are identical, within experimental error, except for $Fe_1$—$Fe_2$ and $Fe_1$—$Fe_4$, which represent the β—β linkage and one of the α—β linkages. It is interesting to note that the second α—β

Table 1. *Distances between haems and mercury atoms*

| | Horse Oxyhaemoglobin | Human Reduced Haemoglobin |
|---|---|---|
| $Fe_1$—$Fe_2$ | 33.4 | 40.3 |
| $Fe_3$—$Fe_4$ | 36.0 | 35.0 |
| $Fe_1$—$Fe_3$ | 25.2 | 25.0 |
| $Fe_1$—$Fe_4$ | 35.0 | 37.4 |
| $Fe_1$—$Hg_1$ | 13.6 | 14.4 |
| $Hg_1$—$Hg_2$ | 30.0 | 37.7 |

All distances are in Å. $Fe_1$ and $Fe_2$ refer to the haems in the β-chains, $Fe_3$ and $Fe_4$ to those in the α-chains, $Hg_1$ and $Hg_2$ are the mercury atoms of PCMB attached to the reactive cysteines 93 of the β-chains.

linkage $Fe_1$–$Fe_3$, which is the closest distance of approach of two haem groups, has remained the same. These are the two haem groups visible in the photograph of the model of horse oxyhaemoglobin (Fig. 1). This suggests that there is a closer linkage between this particular pair of chains (and the symmetry related pair) than between any other pair of chains.

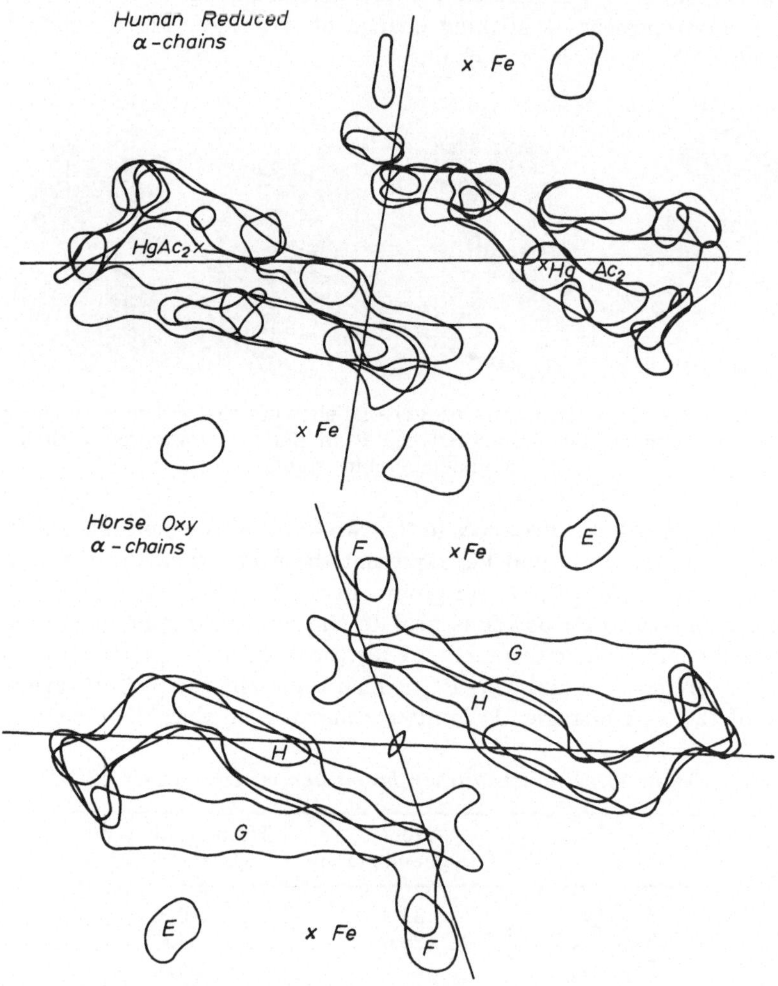


Fig. 6a. α-chains. The helical regions G and H, the haem groups and sections through the helical regions E and F projected along the b-axis in (a) human reduced and (b) horse oxyhaemoglobin. All contours are drawn at the reference levels used for the construction of the models. Fe marks the haem positions and $HgAc_2$ the positions of one of the heavy atoms used in the phase determination.

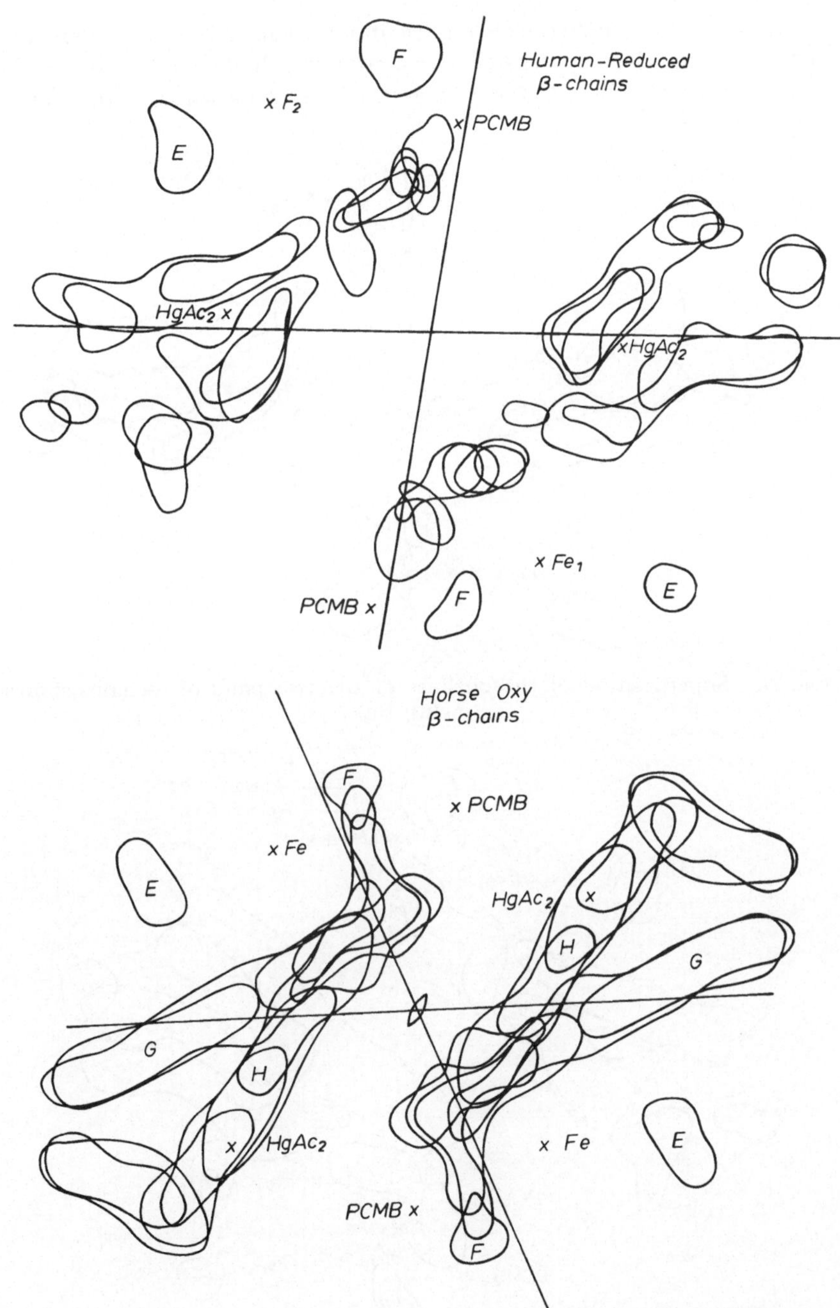


Fig. 6b. The same as Fig. 6a for the β-chains. PCMB marks the positions of the heavy atom groups attached to the reactive cysteine residues.

In order to examine the arrangement of the sub-units more accurately, sections of the electron density map containing the haem groups and the long C-terminal helices G and H were projected on a plane perpendicular

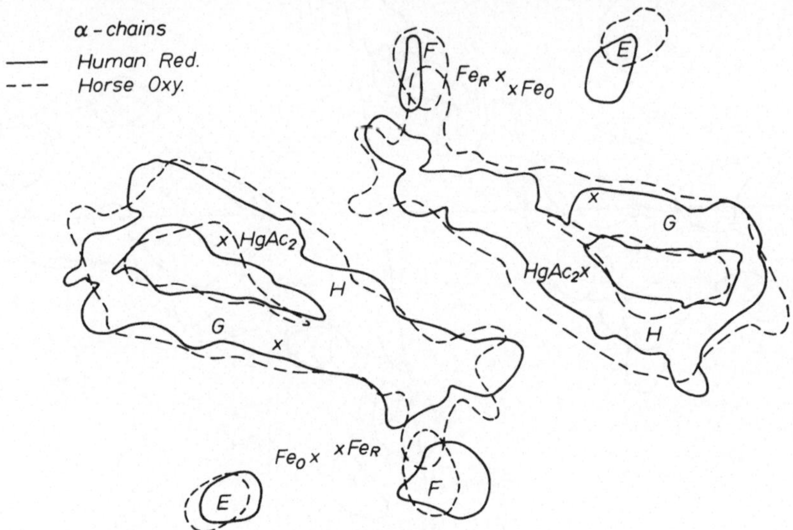


Fig. 7a. Superposition of the outlines of the two pairs of α-chains shown in Fig. 6a

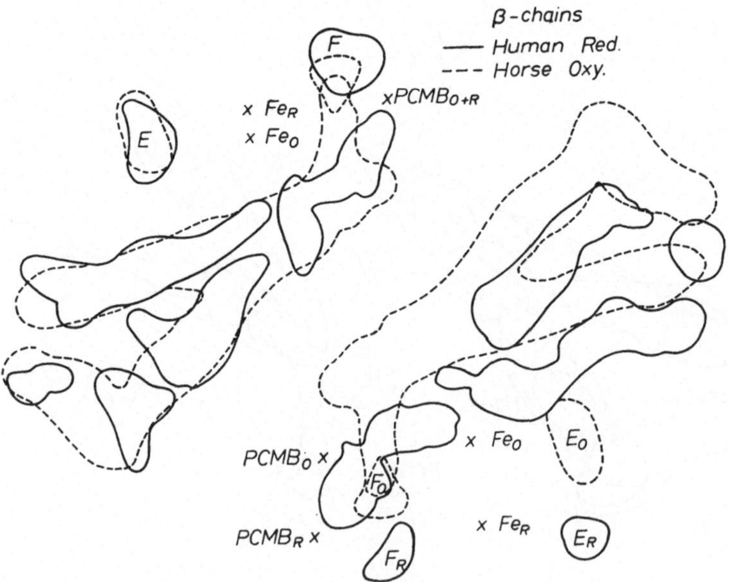


Fig. 7b. Superposition of the outlines of the two pairs of β-chains shown in Fig. 6b

to the crystallographic b axis. This makes an angle of 11° with the molecular dyad axis. The corresponding projection for horse oxyhaemoglobin is perpendicular to the molecular dyad. Fig. 6, showing these sections of the α- and β-chains of the two structures side by side, illustrates once more the similarity in structure of the individual sub-units. If these projections are superimposed (Fig. 7) the pairs of α-chains superimpose almost exactly, the apparent distance between the haem groups being due to the different tilts of the molecules relative to the b axes. However both of the β-chains cannot be superimposed at the same time. An improved three-dimensional map, which has been obtained recently, confirms that deoxygenation leaves the structures of the individual α and β-chains unaltered while the β-chains slide apart increasing the distance between their iron atoms by 7 Å. The improvement in the map however has shown that the α-chains move together by tilting slightly. This movement leaves the distances between the pairs of helices G and H unchanged but reduces the distance between the pair of BC corners by 3 Å. Thus the movement of the β-chains consists of a large translation and that of the α-chains a slight rotation. These movements are such as to leave unaltered the spacing between the two haem groups which are closest together (*29*).

Although it seemed highly probable that this structural change was the result of the oxygenation reaction and not a species difference this remained to be proved. X-ray analysis of a recently discovered crystalline form of reduced horse haemoglobin removed this uncertainty (*40*).

One easily measurable parameter distinguishing human reduced from horse oxyhaemoglobin is the distance between the two mercury atoms attached to the reactive sulphydryl groups of the β-chains. This was found to be 37.3 Å in reduced horse haemoglobin in agreement with the value of 37.7 Å found in the human reduced form and in contrast to the value of 30.0 Å found in horse oxyhaemoglobin. This, together with a comparison of the elctron density projection on a plane perpendicular to the molecular twofold axis with similar projections of human reduced and horse oxyhaemoglobin, showed that reduced horse and human haemoglobins have either the same or closely similar structures and that the rearrangement of the chains must be due to the oxygenation reaction.

These crystals of reduced horse haemoglobin had some interesting properties which had not been observed previously. Normally when crystals of reduced haemoglobin are exposed to air they break up and most of their X-ray diffraction pattern disappears indicating that the crystals are disordered. However when these crystals were left to become oxygenated or were slowly oxidised characteristic, well ordered lattice changes appeared. The unit cell dimensions were unchanged except for a reduction in the b axis from 81.8 Å to 76.0 Å. This change could be explained in the following way. In these crystals the separation of the β-chains is almost exactly parallel to the b axis. The decrease in this separation on oxygenation or on oxidation to methaemoglobin causes the crystals to shrink along b without affecting the other two lattice dimensions.

This change within the crystal throws some light on the question as to whether the structure of a protein is the same in the crystal as in solution. These results show, not only that crystalline haemoglobin will react with oxygen, but that the resulting conformational change can also take place without necessarily breaking up the crystal. This means that the interatomic forces moving the chains or the interactions between the sub-units must be stronger than those acting between neighbouring molecules in the crystal lattice.

## Discussion

It is not at all clear what these structural changes mean. The rearrangement of chains which takes place cannot be caused by interactions between the two β-chains by themselves since in the reduced form they are no longer in contact. The results of an X-ray study on haemoglobin H also preclude this possibility since this haemoglobin, which has four β-chains, has the same structure in the oxygenated and reduced forms and its structure closely resembles that of normal reduced human haemoglobin (*39*). It seems probable that the important sub-unit is an αβ pair and not a single chain. There are two types of αβ pairs in haemoglobin and the one in which the distance between the two haem groups remains constant on oxygenation (Table 1) must be the more stable unit. Nor is it clear how the structural change can affect the oxygen affinity of the haem groups which lie near the surface of the molecule and some distance from the points of contact between chains. The Bohr effect may be easier to explain since the rearrangement of the molecule would affect the environment and hence the dissociation constants of many polar groups. A better picture of the stereochemical factors involved in the structural rearrangement and the results of this change might be obtained if the crystal structures were solved at a higher resolution thus determining the exact relationships between the various amino acid side chains.

Although neither structure has yet been solved at atomic resolution *Perutz* has recently built an atomic model of horse oxyhaemoglobin (*41*). This model is based on the Fourier synthesis of horse oxyhaemoglobin at 5.5 Å resolution, the Fourier synthesis of myoglobin at atomic resolution, the chemical sequence of horse haemoglobin and the measurements of electron spin resonance of horse methaemoglobin which give the directions of the haem normals. This model is sufficiently accurate to show how the various side chains are distributed throughout the molecule and which ones are likely to be involved in interactions between subunits.

## Abnormal Haemoglobins

Many abnormal haemoglobins have been discovered which differ from normal haemoglobin by a change in a single residue. It is possible to explain the effects of some of these changes on the basis of the models obtained by X-ray analysis. A familiar example is haemoglobin S which is found in people suffering from sickle cell anemia. Haemoglobin S or sickle cell haemoglobin is an abnormal human haemoglobin in which one pair of glutamic acid residues in position 6 of the two β-chains is replaced by a pair of valines (*20, 31*). Thus it differs from normal haemoglobin in net charge and can be separated from it by electrophoresis. This substitution renders the reduced form of the molecule, but not the oxygenated form, insoluble. The effect of this precipitation changes the shape of the red cells and this change of shape has given rise to the name of sickle cell haemoglobin. The crystal structure of sickle cell oxyhaemoglobin is indistinguishable from that of the normal form showing that the replacement of the two amino acid side chains has had very little effect on the tertiary structure, at least in the oxygenated state (*35*). *Murayama* gives a possible explanation, at the molecular level, of the properties of sickle cell haemoglobin in terms of the difference in structure of reduced and oxy-haemoglobins. He suggests that each of the β-chains of the haemoglobin S molecule forms a binding site, the "key," which is complementary to another binding site, the "lock," on each α-chain of another molecule. The "key" is formed when an intramolecular, hydrophobic bond between two valyl residues, the first valyl at the amino terminal end and the abnormal valine at the sixth position, allows cyclisation from the carbonyl of the first residue to the NH of the fourth residue by hydrogen bonding. Complementarity is good between the binding sites on the β-chains and the locks" on the α-chains when the molecules are deoxygenated. On oxygenation complementarity is lost by means of the movement together of the two β-chains and the molecules disaggregate. The architecture of the reduced form of the molecule is such that a linear chain may be built up in this manner when the haemoglobin is reduced with the result that it will come out of solution (*30*).

The name haemoglobin M is given to a group of haemoglobins in which the ability to carry oxygen is impaired (*12, 13*). In these haemoglobins the oxidised ferric form of the iron in the haem is unusually stable and thus a higher proportion of the haemoglobin is in the met form than is normally the case. Since methaemoglobin does not combine with oxygen these haemoglobins have a reduced capacity for carrying oxygen. In two of the haemoglobin M's the histidine, which is distal to the haem group and is normally bonded to the water molecule which is on the sixth coordination position of the iron in the met form, is replaced by another amino acid residue. In haemoglobin $M_{Boston}$ the histidine in this position in the $\alpha$-chains is replaced by tyrosine and in haemoglobin $M_{Saskatoon}$ the corresponding histidine in the $\beta$-chains is replaced by tyrosine. In each case the tyrosine residue is in a position to form a stable complex with the ferric iron and hence the methaemoglobin resists reduction to the physiologically useful form of haemoglobin which can combine with oxygen to form oxyhaemoglobin (*38*).

Other variations may produce haemoglobins which are less stable than usual and sometimes substitutions may produce no detectable abnormalities.

## Allosteric Enzymes (*26, 27*)

Haemoglobin may be regarded as an enzyme with oxygen as one of its substrates since in many ways its properties are similar to those of enzymes catalyzing chemical reactions. The structural change which accompanies the reaction of haemoglobin with oxygen suggests that there may be other enzymes which undergo a major change of structure on combination with their substrate. *Monod, Changeux* and *Jacob* have suggested that a rearrangement of subunits occurs in other enzymes and that this forms the basis for a control mechanism in the regulation of cell metabolism. For example the end product of a biosynthetic pathway, such as isoleucine, inhibits the first enzyme in the pathway. Thus when excess isoleucine is present it inhibits the first enzyme and prevents further synthesis. As the excess is used up the inhibition of the enzyme ceases and more isoleucine is produced. The isoleucine inhibits not by blocking the active site of the enzyme but by combining with a different site on the molecule. The two sites on the molecule must therefore interact and the suggestion is that this is brought about by a rearrengement of subunits similar to that which accompanies the reaction of haemoglobin with oxygen. Thus haemoglobin may be a useful model when studying the properties of enzymes acting in complicated biosynthetic pathways. Although many of these enzymes are so large that it may prove difficult to analyse their structures in detail it should be possible to determine relationships between subunits and any changes which take place in combination with their substrate.

## References


1. *Benesch, R. E., H. M. Ranney, R. Benesch,* and *G. M. Smith:* J. Biol. Chem. *236,* 2926 (1961).
2. *Benesch, R.,* and *R. E. Benesch:* J. Biol. Chem. *236,* 405 (1961).
3. *Benesch, R. E.,* and *R. Benesch:* Biochem. *1,* 735 (1962).
4. — — and *M. E. Williamson:* Proc. Nat. Acad. Sci. *48,* 2071 (1963).
5. *Benesch, R.,* and *R. E. Benesch:* J. Mol. Biol. *6,* 498 (1963).
6. *Bragg, W. L.,* and *M. F. Perutz:* Acta Cryst. *5,* 323 (1952).
7. *Braunitzer, G., V. Rudloff,* and *N. Hilschmann:* Hoppe-Seylers Z. physiol. Chem. *331,* 1 (1963).
8. *Cecil, R.,* and *N. S. Snow:* Biochem. J. *82,* 247 (1962).
9. *Cohen, C.,* and *K. C. Holmes:* J. Mol. Biol. *6,* 423 (1963).
10. *Cullis, A. F., H. Muirhead, M. F. Perutz, M. G. Rossmann,* and *A. C. T. North:* Proc. Roy. Soc. A, *265,* 161 (1962).
11. *Edmundson, A. B.,* and *C. H. W. Hirs:* Nature *190,* 663 (1961).
12. *Gerald, P. S.,* and *M. L. Efron:* Proc. Nat. Acad. Sci. *47,* 1758 (1961).
13. — and *P. George:* Science *129,* 393 (1959).
14. *Gibson, Q. H.:* Biochem. J. *71,* 293 (1959).
15. — Progr. in Biophys. and Biophys. Chem. *9,* 1 (1959).
16. *Green, D. W., V. M. Ingram,* and *M. F. Perutz:* Proc. Roy. Soc. A *225,* 287 (1954).
17. *Guidotti, G.,* and *W. Konigsberg:* J. Biol. Chem. *239,* 1474 (1964).
18. *Haurowitz, F.:* Hoppe-Seylers Z. physiol. Chem. *254,* 266 (1938).
19. *Ingram, D. J. E., J. F. Gibson,* and *M. F. Perutz:* Nature *178,* 906 (1956).
20. *Ingram, V. M.:* Nature *180,* 326 (1957).
21. *Kendrew, J. C., R. E. Dickerson, B. E. Strandberg, R. G. Hart, D. R. Davies, D. C. Phillips,* and *V. C. Shore:* Nature *185,* 422 (1960).
22. — *H. C. Watson, B. E. Strandberg, R. E. Dickerson, D. C. Phillips,* and *V. C. Shore:* Nature *190,* 666 (1961).
23. — Brookhaven Symposia in Biology, No. 15 (1962).
24. *Konigsberg, W.,* and *R. J. Hill:* J. Biol. Chem. *237,* 3157 (1962).
25. *Matsuda, G., R. Gehring-Müller,* and *G. Braunitzer:* Biochem. Z. *338,* 669 (1963).
26. *Monod, J., J.-P. Changeux,* and *F. Jacob:* J. Mol. Biol. *6,* 306 (1963).
27. — *J. Wyman,* and *J.-P. Changeux:* J. Mol. Biol. *12,* 88 (1965).
28. *Muirhead, H.,* and *M. F. Perutz:* Nature *199,* 633 (1963).
29. — *L. Mazzarella,* and *M. F. Perutz:* Unpublished work.
30. *Murayama, M.:* Nature *202,* 258 (1964).
31. *Pauling, L., H. A. Itano, S. J. Singer,* and *I. C. Wells:* Science *110,* 543 (1949).

32. —, *R. B. Corey*, and *H. R. Branson:* Proc. Nat. Acad. Sci. *37*, 207 (1951).
33. — — Nature *171*, 59 (1953).
34. *Perutz, M. F.*, and *J. M. Mitchinson:* Nature *166*, 677 (1950).
35. — *A. M. Liquori*, and *F. Eirich:* Nature *167*, 929 (1951).
36. — *L. K. Steinrauf*, *A. Stockell*, and *A. D. Bangham:* J. Mol. Biol. *1*, 402 (1959).
37. —, *M. G. Rossmann*, *A. F. Cullis*, *H. Muirhead*, *G. Will*, and *A. C. T. North:* Nature *185*, 416 (1960).
38. — Proteins and Nucleic Acids, Elsevier (1962).
39. — and *L. Mazzarella:* Nature *199*, 639 (1963).
40. — *W. Bolton*, *R. Diamond*, *H. Muirhead*, and *H. C. Watson:* Nature *203*, 687 (1964).
41. — J. Mol. Biol., In the Press (1965).
42. *Smith, D. B.:* Canad. J. Biochem. *42*, 755 (1964).
43. *Urnes, P. J.*, and *P. Doty:* Adv. Protein Chem. *16*, 401 (1961).
44. *Wyman, J.:* Adv. Protein Chem. *4*, 407 (1948).
45. — Cold Spr. Harb. Symp. Quant. Biol. *28*, 483 (1963).

(Received September 6th, 1965)

# Natürlich vorkommende Acetylen-Verbindungen*

**Prof. Dr. F. Bohlmann**

Organisch-Chemisches Institut der Techn. Universität Berlin

**Inhaltsübersicht**



# I. Einleitung

Obwohl seit der Abfassung der letzten Zusammenstellung über natürlich vorkommende Acetylen-Verbindungen erst drei Jahre vergangen sind (*12*), scheint eine Ergänzung gerechtfertigt, da sich in der Zwischen-

* Zusammenstellung der nach Abschluß des letzten Berichtes (12) aufgefundenen Verbindungen.

zeit die Zahl der Verbindungen verdoppelt hat, so daß heute bereits über 300 natürliche Acetylen-Verbindungen bekannt sind.

Neben den Kulturflüssigkeiten von Pilzkulturen sind es vor allem die höheren Pflanzen, die Acetylen-Verbindungen enthalten. In etwa 12 Familien hat man bisher derartige Substanzen aufgefunden. Bis heute ist jedoch nur die Familie *Compositae* eingehender untersucht worden, in der allein über 200 Verbindungen aufgefunden wurden. Die ungewöhnliche Mannigfaltigkeit in den Strukturen zeigt sich ganz besonders in dieser Familie. Neben offenkettigen Polyinen mit 10 bis 18 Kohlenstoffatomen findet man z. T. recht kompliziert gebaute heterocyclische Verbindungen, deren Strukturaufklärung den Einsatz aller modernen Methoden erfordert. Bemerkenswert ist die große Zahl der schwefelhaltigen Acetylen-Verbindungen, die, wie Versuche mit markierten Substanzen ergeben haben, in der Pflanze aus den entsprechenden offenkettigen Verbindungen gebildet werden.

Obwohl die Strukturen der bisher bekannten natürlich vorkommenden Acetylen-Verbindungen recht mannigfaltig sind, zeichnen sich schon jetzt zahlreiche biogenetische Beziehungen ab, die erkennen lassen, daß eine Reihe von immer wiederkehrenden Reaktionen die einfacher gebauten Polyine in mehr oder weniger komplizierte Naturstoffe umwandeln. Viele derartige Umwandlungen sind mit Hilfe der Isotopen-Technik bereits sichergestellt, aber weitere wichtige Reaktionsschritte bedürfen noch der experimentellen Bestätigung. Weiterhin ist es bisher noch nicht gelungen, die pflanzenphysiologische Bedeutung dieser Verbindungsklasse zu klären. Der sehr rasche Stoffwechsel dieser Substanzen läßt vermuten, daß die reaktionsfähigen Acetylen-Verbindungen Ausgangsstoffe für andere bisher nicht bekannte Substanzen darstellen, die evtl. von wesentlicher Bedeutung für die Pflanze sind.

Obwohl in der Familie der Korbblütler die Acetylen-Verbindungen sehr verbreitet sind, findet man in den einzelnen Tribus und Gattungen große Unterschiede in den Strukturen, die naturgemäß auch andere Enzymsysteme erfordern, so daß die Natur der betreffenden Substanzen durchaus als wertvolles Hilfsmittel für die Pflanzensystematik in Betracht zu ziehen ist. Gerade bei den Korbblütlern gibt es viele große Gattungen, deren botanische Einteilung Schwierigkeiten bereitet, so daß die Benutzung biochemischer Merkmale sicher sehr nützlich sein wird.

Während noch vor drei Jahren die UV- und IR-Spektroskopie die wichtigsten Methoden zur Strukturaufklärung natürlicher Acetylen-Verbindungen darstellten, ist inzwischen die Kernresonanzspektroskopie zu einem unentbehrlichen Hilfsmittel geworden. Erst durch diese Methode ist es möglich geworden, auch kompliziertere Strukturen mit wenigen Milligrammen aufzuklären. Neben den normalen Gesetzmäßigkeiten der NMR-Spektroskopie haben sich einige für Acetylen-Verbindungen charakteristische Fakten ergeben, die für die Strukturzuordnung unbekannter Acetylene bedeutungsvoll sind. Eine wesentliche Rolle spielt hier die magnetische Anisotropie der Acetylen-Bindung, deren definierte räumliche Orientierung oftmals für die Entscheidung zwischen verschiedenen möglichen Stereoisomeren wichtig ist. Naturgemäß ist dieser Effekt abhängig von der Zahl der Dreifachbindungen (*31*), so daß z.B. aus der Lage eines Methyl-Singuletts leicht zu entscheiden ist, ob die $CH_3$-Gruppe neben einer oder mehreren Acetylen-Bindungen steht, da im letzten Falle stets eine stärkere Abschirmung zu beobachten ist. Weitere wichtige Gesetzmäßigkeiten haben sich bei Enoläthern und Thioenoläthern bzw. den dazugehörigen Sulfonen ergeben (*9, 25, 34*), da hier auf anderem Wege kaum eine Konfigurationszuordnung möglich ist. Bei einigen Verbindungen werden im folgenden die NMR-Spektren diskutiert.

In manchen Fällen hat man auch bereits die Massenspektroskopie mit Erfolg für Strukturprobleme natürlicher Acetylene eingesetzt (*31, 33*), wenngleich die Möglichkeiten begrenzt zu sein scheinen, da sehr stark ungesättigte Verbindungen offenbar keine sehr charakteristischen Fragmente liefern. Jedoch ist diese Methode sehr wertvoll zur genauen Ermittlung des Molgewichts, sowie zur Klärung der Natur der Hydrierungsprodukte. Bezüglich der UV- und IR-Spektroskopie sei auf die letzte Zusammenfassung verwiesen (*12*).

## II. Acetylen-Verbindungen ohne heterocyclische Ringe

### 1. $C_{10}$-Ester und ihre Derivate

*a) Angelicaester des Hydroxy-lachnophyllumesters.* Aus verschiedenen Vertretern des *Tribus Astereae* läßt sich ein Diester (I) isolieren, dessen Struktur durch Abbau sowie seine physikalischen Daten ermittelt werden konnte (*33*). Neben dem Massenspektrum war vor allem das recht komplizierte NMR-Spektrum sehr wertvoll. Durch Synthese, ausgehend von optisch aktivem Pentinol, ist auch die absolute Konfiguration [S(−)] sichergestellt (*19*).

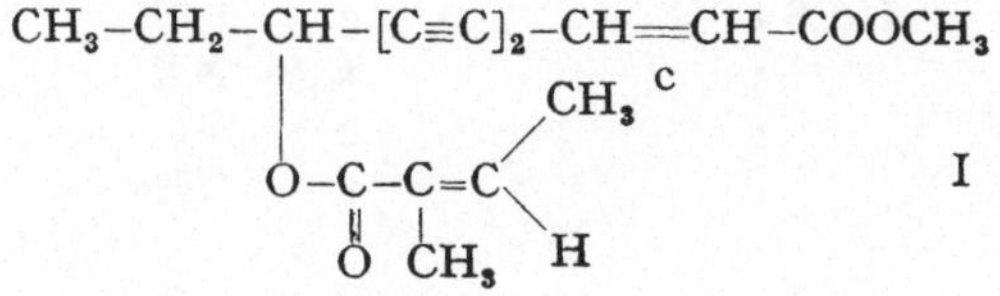

$$CH_3{-}CH_2{-}\underset{\displaystyle O{-}\underset{\displaystyle \overset{\|}{O}}{C}{-}\underset{\displaystyle CH_3}{C}{=}C\begin{smallmatrix}CH_3\\ H\end{smallmatrix}}{CH}{-}[C{\equiv}C]_2{-}CH\overset{c}{=}CH{-}COOCH_3 \qquad \text{I}$$

*b) Thioenoläther-Derivate.* Neben dem weitverbreiteten cis- und trans-Dehydro-matricariaester (II und III) findet man in der Gattung

*Anthemis L.* zahlreiche Thioenoläther (IV–XII), deren Strukturen durch ihre NMR-Spektren aufgeklärt wurden (*5, 34*).

$$\mathrm{H_3C-[C{\equiv}C]_3-CH{=}CH-CO_2CH_3}\quad \text{II: c;}\ \text{III: t}$$

$$\mathrm{H_3C-[C{\equiv}C]_2-C(SCH_3){=}CH-CH{=}CH-CO_2CH_3}\quad \text{IV: c, c;}\ \text{V: t, c}$$

$$\mathrm{H_3C-C(SCH_3){=}CH-[C{\equiv}C]_2-CH{=}CH-CO_2CH_3}\quad \text{VI: c, c;}\ \text{VII: c, t}$$

$$\mathrm{H_3C-C{\equiv}C-C(SCH_3){=}CH-C{\equiv}C-CH{=}CH-CO_2CH_3}\quad \text{VIII: c, c;}\ \text{IX: c, t;}\ \text{X: t, c;}\ \text{XI: t, t}$$

$$\mathrm{H_3C-C{\equiv}C-CH{=}CH-C(SCH_3){=}CH-CH{=}CH-CO_2CH_3}\quad \text{XII: c, c}$$

Für die Konfigurationszuordnung ist wiederum die NMR-Spektroskopie entscheidend. Die Stereochemie der Thioenoläther-Doppelbindung folgt vor allem aus der chemischen Verschiebung des olefinischen Protons

$$\underset{\text{XIII}}{\mathrm{H_3C-[C{\equiv}C]_2-COOH}} \rightarrow \underset{\text{XIV}}{\mathrm{H_3C-C(SCH_3){=}CH-C{\equiv}C-COOH}} \rightarrow \mathrm{H_3C-C(SCH_3){=}CH-C{\equiv}CH}\quad \text{XV: c;}\ \text{XVI: t}$$

$$\underset{\text{t}\quad \text{XVII}}{\mathrm{BrC{\equiv}C-CH{=}CH-CO_2CH_3}} \qquad \underset{\text{c}\quad \text{XVIII}}{\mathrm{HC{\equiv}C-CH{=}CH-CO_2CH_3}}$$

$$\mathrm{H_3C-C(SCH_3){=}CH-[C{\equiv}C]_2-CH{=}CH-CO_2CH_3}\quad \text{XIX: t, c;}\ \text{XX: t, t;}\ \text{VI: c, c;}\ \text{VII: c, t}$$

in den entsprechenden Sulfonen. Bedingt durch die größere Wechselwirkung der Sulfongruppe mit dem cis-ständigen Proton ist das betreffende Proton stets weniger stark abgeschirmt. Bei den Thioäthern selbst beobachtet man genau den umgekehrten Effekt (*25*). Auch die Lagen der S-Methyl- und C-Methyl-Signale sind charakteristisch verschieden, so daß die Konfigurationszuordnung eindeutig möglich ist. Gesichert wurden sie durch übersichtliche Synthesen aller Isomeren vom Typ VI (*25*). Ausgehend von XIII erhält man mit Methylmercaptid nach $CO_2$-Abspaltung mit Kupfer-II-salzen (*41*) die beiden isomeren Thioäther XV und XVI, die durch Cadiot-Kupplung mit XVII bzw. in Pyridin mit Kupferacetat mit XVIII alle vier Isomeren (VI, VII, XIX und XX) ergeben.

Biogenetisch entstehen VI und VII aus III, wie durch Fütterungsversuche mit 1-$^{14}$C-Dehydro-matricariaester gezeigt werden kann (*25*). Außerdem bildet sich interessanterweise auch der Thioäther XXI (*11*), so daß angenommen werden kann, daß III vielleicht auf dem folgenden Wege biogenetisch in XXI übergeführt wird:

$$\mathrm{III} \rightarrow \mathrm{H_3CS{-}C}\begin{cases}\mathrm{{=}CH{-}C{\equiv}C{-}CH{=}CH{-}CO_2CH_3} \\ \mathrm{{-}C{\equiv}C{-}CH_3}\end{cases} \quad \mathrm{VIII}$$

$$\downarrow$$

$$\mathrm{H_3CS{-}C}\begin{cases}\mathrm{{=}CH{-}CH{=}C{=}C{=}CH{-}CO_2CH_3} \\ \mathrm{{-}CH{=}CH{-}CH_3}\end{cases}$$

$$\downarrow$$

$$\mathrm{H_3CS{-}C_6H_4{-}C(CH_3){=}CH{-}CO_2CH_3} \quad \mathrm{XXI}$$

Damit wäre erstmals sichergestellt, daß offenkettige Polyine biogenetische Vorstufen von Aromaten sein können.

*c) Lactone.* Neben den Thioäthern und II oder III findet man häufig Butenolid-Derivate wie z.B. das Lacton XXII sowie die isomeren Thioätherlactone XXIII–XXVI (*34*). Das Vorliegen des Butenolid-Ringes gibt sich durch IR-Banden bei 1875, 1790, 1752, 1635, 1107, 1063, 942, 878, 830/cm zu erkennen.

$$\mathrm{H_3C{-}[C{\equiv}C]_2{-}\overset{H}{C}{=}\text{(Butenolid)}{=}O} \quad \mathrm{XXII}\ (t)$$

$$\mathrm{H_3C{-}C(SCH_3){=}CH{-}C{\equiv}C{-}\overset{H}{C}{=}\text{(Butenolid)}{=}O} \quad \mathrm{XXIII}\ (c,\ t),\ \mathrm{XXIV}\ (t,\ t)$$

$$\mathrm{H_3C{-}C{\equiv}C{-}C(SCH_3){=}CH{-}\overset{H}{C}{=}\text{(Butenolid)}{=}O} \quad \mathrm{XXV}\ (c,\ t),\ \mathrm{XXVI}\ (t,\ t)$$

Die Strukturen XXIII–XXVI für die Lactone mit UV-Maxima bei etwa 390 mμ ergeben sich aus den physikalischen Daten, vor allem aus den NMR-Spektren, die auch eine Konfigurationszuordnung erlauben, wenn man die Spektren der zugehörigen Sulfone mit heranzieht (*34*). Alle bisher bekannten natürlichen Lactone dieses Typs weisen eine trans-Enolätherdoppelbindung auf. Das trans-Enolätherproton gibt sich im NMR-Spektrum durch eine im Vergleich zum cis-Proton verstärkte Abschirmung sowie durch eine sehr kleine Spin-Spin-Kopplung mit dem zur Carbonylgruppe α-ständigen Proton zu erkennen, ein Effekt, der für entsprechende Gruppierungen allgemein gültig zu sein scheint.

Neben dem weitverbreiteten Matricarialacton (XXVII) findet man in mehreren Vertretern des *Tribus Astereae* ein weiteres Lacton, bei dem es sich um das erste natürlich vorkommende Kumulen (XXVIII) handelt (*14*). Die Verbindung ist extrem instabil und nur in Lösung zu handhaben. Sie zeigt ein UV-Maximum bei 380 mμ und gibt wie XXVII durch partielle Hydrierung und UV-Isomerisierung das „all"-trans-Lacton XXIX. Die Lage der kumulierten Bindungen folgt aus dem NMR-Spektrum der Dideuteroverbindung XXX, das wie XXVIII für die Methylgruppe ein Doppeldublett zeigt.

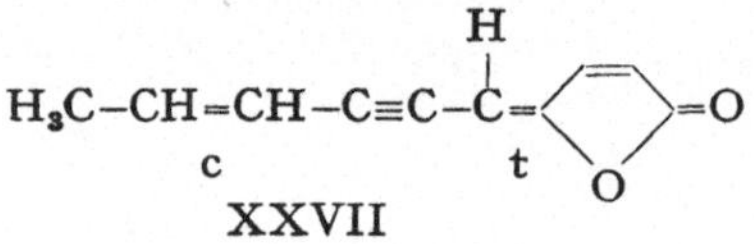

$$H_3C{-}\underset{c}{CH{=}CH}{-}C{\equiv}C{-}\underset{t}{\overset{H}{C}}{=}\text{(Lacton)}{=}O$$

XXVII

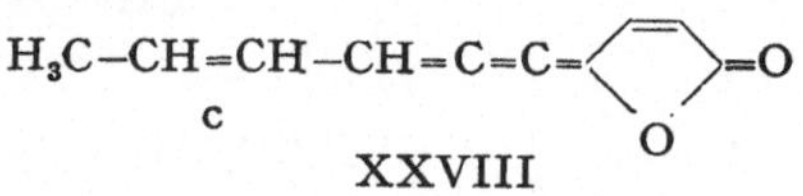

$$H_3C{-}\underset{c}{CH{=}CH}{-}CH{=}C{=}C{=}\text{(Lacton)}{=}O$$

XXVIII

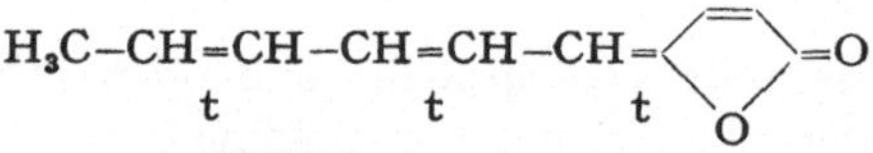

$$H_3C{-}\underset{t}{CH{=}CH}{-}\underset{t}{CH{=}CH}{-}\underset{t}{CH{=}}\text{(Lacton)}{=}O$$

XXIX

$$H_3C{-}\underset{t}{CH{=}CH}{-}\underset{t}{CH{=}CD}{-}\underset{t}{CD{=}}\text{(Lacton)}{=}O$$

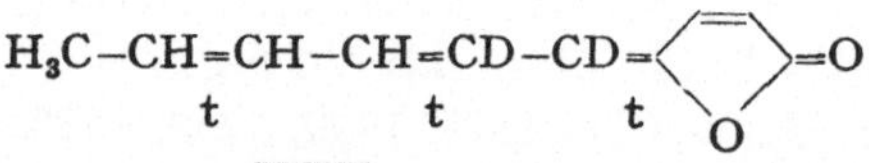

XXX

Biogenetisch dürften alle Lactone aus den entsprechenden cis-Carbonsäuren gebildet werden, eine Reaktion, die auch in vitro sehr leicht abläuft:

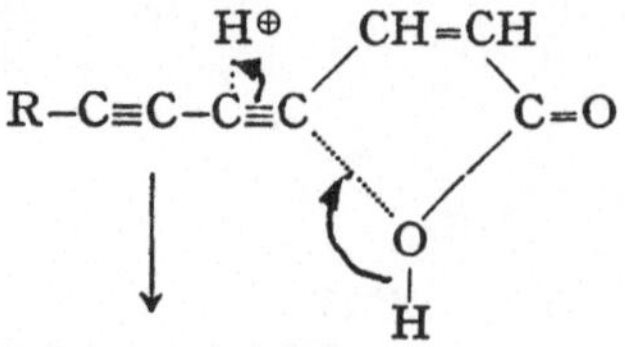

$$R{-}C{\equiv}C{-}C{\equiv}C{-}CH{=}CH{-}C({=}O){-}OH \quad (H^{\oplus}) \;\longrightarrow\; \text{XXII, XXVII}$$

$$R{-}C{\equiv}C{-}C{\equiv}C{-}CH{=}CH{-}C({=}O){-}OH \quad (H^{\oplus}) \;\longrightarrow\; \text{XXVIII}$$

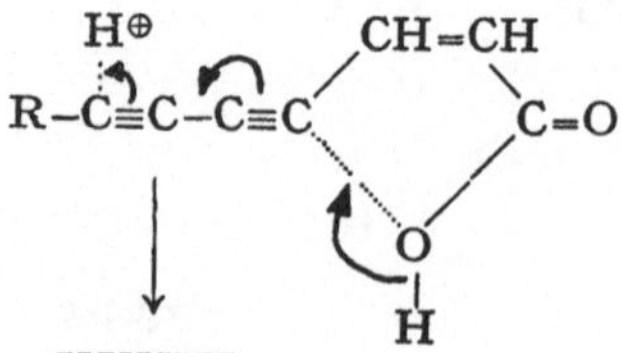

*d) Weitere $C_{10}$-Verbindungen.* Aus *Äthusa cynapium* L. läßt sich in kleiner Menge der Aldehyd XXXII, das Matricarianal, isolieren (*36*), eine Verbindung, die schon lange als Syntheseprodukt bekannt ist und als Reduktionsprodukt des weitverbreiteten Matricariaesters (XXXI) aufgefaßt werden kann. Weitere derartige Verbindungen lassen sich aus *Grindelia*-Arten isolieren (*35*). Das Acetat XXXIII, der Alkohol XXXIV und der Aldehyd XXXV besitzen jedoch nur noch eine Dreifachbindung, so daß, wenn man eine Bildung aus XXXI annimmt, neben der Reduktion auch noch eine biologische Hydrierung einer Dreifachbindung erforderlich ist.

$H_3C{-}\underset{c}{CH{=}CH}{-}[C{\equiv}C]_2{-}\underset{c}{CH{=}CH}{-}R$

XXXI: R = $CO_2CH_3$
XXXII: R = CHO

$H_3C{-}[\underset{t\,t}{CH{=}CH_2}]{-}C{\equiv}C{-}\underset{t}{CH{=}CH}{-}R$

XXXIII: R = $CH_2OCOCH_3$
XXXIV: R = $CH_2OH$
XXXV: R = CHO

Die Strukturen sind durch Synthese sichergestellt (*35*).

Ein weiteres Acetat sowie der entsprechende Alkohol kommen in den oberirdischen Teilen von *Chrysanthemum Maximum* vor. Wiederum sind es weniger ungesättigte $C_{10}$-Verbindungen mit den Strukturen XXXVI und XXXVII (*42*):

$H_3C{-}\underset{c}{CH{=}CH}{-}[C{\equiv}C]_2{-}CH_2CH_2CH_2OR$

XXXVI: R = Ac
XXXVII: R = H

Es handelt sich somit um Reduktionsprodukte des bereits bekannten 2,3-Dihydromatricariaesters.

## 2. $C_{13}$-Verbindungen

Neben $C_{10}$-Verbindungen findet man in höheren Pflanzen besonders häufig Acetylen-Verbindungen mit einem Kohlenstoffgerüst aus 13 C-Atomen. Eine ungewöhnliche Kohlenstoffkette besitzt allerdings der Äther XXXVIII, der aus *Litsea odorifera Val.* (Familie: *Lauraceae*) isoliert wurde (*55*). Die *Lauraceae* sind noch wenig untersucht, so daß nicht bekannt ist, ob hier weitere derartige Verbindungen vorliegen.

$H_3C{-}\underset{OCH_3}{\underset{|}{CH}}{-}(CH_2)_7{-}C{\equiv}CH$ XXXVIII

*a) $C_{13}$-Diine.* Zwei neue $C_{13}$-Diine sind aus *Äthusa cynapium* L. isoliert worden. Neben dem Aldehyd XXXIX, von dem der entsprechende Alkohol schon lange bekannt ist, isoliert man den Alkohol XL (*36*). Die Strukturen sind durch Synthese sichergestellt (*36*).

$H_3C{-}CH_2{-}[CH{=}CH]_2{-}[C{\equiv}C]_2{-}CH{=}CH{-}CHO$ XXXIX
t t t

$H_3C{-}CH_2{-}[CH{=}CH]_2{-}[C{\equiv}C]_2{-}CH_2CH_2CH_2OH$ XL
t t

Einige Verbindungen, die sich von dem lange bekannten $C_{13}$-Kohlenwasserstoff XLI ableiten, finden sich im *Tribus Heliantheae*. Aus *Bidens*-Arten isoliert man das Acetat XLII (*28*) und aus *Dahlia*-Arten den entsprechenden Alkohol XLIII und das Diacetat XLIV (*54*).

$H_3C{-}CH{=}CH{-}[C{\equiv}C]_2{-}[CH{=}CH]_3H$ XLI
t t t

$ROCH_2{-}CH{=}CH{-}[C{\equiv}C]_2{-}[CH{=}CH]_3H$ XLII: R = Ac
t t t XLIII: R = H

$H_3C{-}CH{=}CH{-}[C{\equiv}C]_2{-}CH{=}CH{-}CH(OAc){-}CH(OAc){-}CH{=}CH_2$ XLIV
t t

*b) $C_{13}$-Triine.* Einer der beiden Grundkohlenwasserstoffe dieser Reihe ist das Triin XLV, von dem sich die beiden Polyine XLVI und XLVII aus *Cosmos*-Arten (*16*) ableiten. Das Acetat von XLVI war schon früher aus *Carlina vulgaris* L. isoliert worden, findet sich jedoch auch in den mit der Gattung *Cosmos* eng verwandten Gattungen *Bidens*, *Dahlia* und *Coreopsis*.

$H_3C{-}CH{=}CH{-}[C{\equiv}C]_3{-}CH{=}CH{-}CH{=}CH_2$ XLV
t t

$HOCH_2{-}CH{=}CH{-}[C{\equiv}C]_3{-}CH{=}CH{-}CH{=}CH_2$ XLVI
t t

$OCH{-}CH{=}CH{-}[C{\equiv}C]_3{-}CH{=}CH{-}CH{=}CH_2$ XLVII
t t

$HOCH_2{-}CH{=}CH{-}[C{\equiv}C]_3{-}CH{=}CH{-}CH(OH){-}CH_2OH$ XLVIII
t t

Auch das Triol XLVIII aus *Bidens bipinnatus* L. (*8*) dürfte in enger biogenetischer Beziehung zu XLV bzw. XLVI stehen.

Die beiden aus *Bidens*-Arten isolierten Phenyl-Verbindungen XLIX und L sind als Oxydationsprodukte des entsprechenden Phenylheptatriins aufzufassen, das ebenfalls in *Bidens*-Arten zu finden ist.

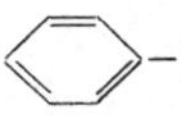

$$C_6H_5-[C\equiv C]_3-CH_2OR \qquad \text{XLIX: } R = Ac \qquad \text{L: } R = H$$

Von dem schon länger bekannten trans,trans-Kohlenwasserstoff LI ist das cis-Isomere LII aus *Dahlia*-Arten isoliert worden (*54*).

$$H_3C-[C\equiv C]_3-CH=CH-CH=CH-CH=CH_2$$

| | | |
|---|---|---|
| t | t | LI |
| t | c | LII |

$$H_3C-[C\equiv C]_3-CH=CH-CH=CH-CH_2CH_2OH$$

t t LIII

In *Chrysanthemum*-Arten kommt neben dem Acetat auch der Alkohol LIII vor (*18*).

*c) $C_{13}$-Tetraine.* In der Reihe der $C_{13}$-Tetrain-Kohlenwasserstoffe war bisher nur das En-tetrainen LVI bekannt. Inzwischen hat man aus *Rudbeckia*-Arten das trans-Isomere LIV (*32*) und aus *Dahlia*-Arten das cis-Isomere LV (*54*) isoliert, die auch synthetisch zugänglich sind (*22*). Von diesen beiden Kohlenwasserstoffen leiten sich eine Reihe von Substanzen ab, die z.T. schon länger bekannt sind.

$$H_3C-[C\equiv C]_4-CH=CH-CH=CH_2$$

t LIV
c LV

Zwei Abkömmlinge des En-tetrainens LVI sind aus *Bidens*-Arten isoliert worden (*8*):

$$\underset{t}{H_3C-CH=CH}-[C\equiv C]_4-CH=CH_2 \qquad \text{LVI}$$

$$\underset{t}{H_3C-CH=CH}-[C\equiv C]_4-\underset{OH}{CH}-\underset{OH}{CH_2} \qquad \text{LVII}$$

$$\underset{t}{HOH_2C-CH=CH}-[C\equiv C]_4-\underset{OH}{CH}-\underset{OH}{CH_2} \qquad \text{LVIII}$$

Zweifellos werden LVII und LVIII biogenetisch aus LVI gebildet. Ähnliche Umwandlungen sind bereits mit markierten Substanzen bewiesen worden (*36, 22*).

*d) $C_{13}$-Pentaine und Derivate.* Bei den *Compositen* ist das Pentainen LIX die am weitesten verbreitete Verbindung, wenn auch die Konzentration fast immer sehr gering ist. Sehr häufig findet man daneben Substanzen, die offensichtlich in enger, biogenetischer Beziehung zu diesem äußerst instabilen Kohlenwasserstoff stehen. Eine derartige Verbindung ist das optisch aktive Diol LX, das aus den oberirdischen Teilen von *Bidens dahlioides* isoliert worden ist (*8*). Das instabile, sehr schwer lösliche Diol konnte nur als Diacetat (LXI) näher untersucht werden. Es zeigt das für reine konjugierte Pentaine typische UV-Spektrum mit sehr intensiven Banden im kurzwelligen und sehr niedrigen Banden im längerwelligen Teil des Spektrums.

$$H_3C-[C{\equiv}C]_5-CH{=}CH_2 \qquad \text{LIX}$$

$$H_3C-[C{\equiv}C]_5-\underset{OR}{\underset{|}{CH}}-\underset{OR}{\underset{|}{CH_2}} \qquad \text{LX: } R = H \quad \text{LXI: } R = Ac$$

Das NMR-Spektrum des Diacetats LXI zeigt die charakteristischen Signale eines ABX-Systems, das typisch ist für eine $CH_2X$-Gruppe neben einem asymmetrischen C-Atom [dd 5,65 $\tau$ (J = 11,4 u. 4,7); dd 5,90 $\tau$ (J = 11,4 u. 6,7); dd 4,40 $\tau$ (J = 6,7 u. 4,7)]. LX ist bisher das einzige natürlich vorkommende reine Pentain, obwohl zu vermuten ist, daß in Analogie zu den Derivaten von XLV, LIV und LVI weitere derartige Pentaine vorkommen.

$$\underset{\text{LXII}}{H_3C-[C{\equiv}C]_2-CH_2Br} \xrightarrow{^{\ominus}SCH_3} \underset{\text{LXIII}}{H_3C-[C{\equiv}C]_2-CH_2SCH_3} \rightarrow$$

$$\underset{\text{LXIV}}{H_3C-[C{\equiv}C]_2-\underset{SCH_3}{\underset{|}{CH}}-Cl} \rightarrow \underset{\text{LXV}}{H_3C-[C{\equiv}C]_2-\underset{SCH_3}{\underset{|}{CH}}-CH_2-C{\equiv}CH} \rightarrow$$

$$\underset{\text{LXVI}}{H_3C-[C{\equiv}C]_2-\overset{Cl}{\overset{|}{\underset{SCH_3}{\underset{|}{C}}}}-CH_2-C{\equiv}CH} \rightarrow$$

$$H_3C-[C{\equiv}C]_2-\underset{H_3CS}{\underset{|}{C}}{=}CH-C{\equiv}CH \;\; \begin{matrix} c & \text{LXVII} \\ t & \text{LXVIII} \end{matrix} \;+\; \underset{\text{LXIX}}{BrC{\equiv}C-CH{=}CH_2} \;\downarrow$$

$$H_3C-[C{\equiv}C]_2-\underset{H_3CS}{\underset{|}{C}}{=}CH-[C{\equiv}C]_2-CH{=}CH_2 \;\; \begin{matrix} c & \text{LXX} \\ t & \text{LXXI} \end{matrix}$$

Die beiden cis,trans-isomeren Thioäther LXX und LXXI werden biogenetisch ebenfalls aus LIX gebildet (*22*). Sie sind bisher nur in den Gattungen *Flaveria* und *Guizotia* aufgefunden worden (*27*). Die Strukturen und Konfigurationen sind durch Synthese sichergestellt (*39*). Ausgehend vom Thioäther LXIII erhält man durch Chlorierung das sehr reaktionsfähige Chlorid LXIV, das mit der aluminiumorganischen Verbindung des Propargylbromids den Thioäther LXV liefert. Erneute Chlorierung und Chlorwasserstoff-Abspaltung ergibt die cis,trans-Isomeren LXVII und LXVIII. Durch Cadiot-Kupplungen erhält man die beiden Thioäther LXX und LXXI, die mit den Naturstoffen völlig identisch sind. Da die Konfigurationen von LXVII und LXVIII eindeutig gesichert werden konnten, sind somit auch die der Naturstoffe geklärt.

### 3. $C_{14}$-Verbindungen

Neben der sehr großen Zahl natürlich vorkommender $C_{13}$-Acetylen-Verbindungen ist die Gruppe der $C_{14}$-Verbindung relativ klein. Außer dem bereits bekannten Acetat LXXII läßt sich aus verschiedenen Vertretern der *Tribus Anthemideae* und *Heliantheae* der entsprechende Alkohol LXXIII isolieren (*24*).

$$H_3C-[C\equiv C]_3-\underset{t\quad t}{[CH=CH]_2}-CH_2-CH_2-CH_2OR$$

LXXII: R = Ac    LXXIII: R = H

Auch die entsprechenden Dihydroverbindungen LXXIV und LXXV kommen natürlich vor.

$$H_3C-\underset{t}{CH=CH}-[C\equiv C]_2-\underset{t\quad t}{[CH=CH]_2}-CH_2-CH_2-CH_2OR$$

LXXIV: R = Ac    LXXV: R = H

Das $C_{14}$-Keton LXXVI, das sog. Artemisiaketon, ist im *Tribus Anthemideae* weit verbreitet. Von diesem Keton leiten sich zwei wasserstoffreichere Verbindungen ab, das Dihydroartemisiaketon LXXVII, das aus Anthemis-Arten isoliert werden kann (*13*), und der optisch aktive Alkohol LXXVIII, der in einer *Anacyclus*-Art vorkommt (*24*).

$$H_3C-[C\equiv C]_3-\underset{t}{CH=CH}-CH_2CH_2COCH_2CH_3 \qquad \text{LXXVI}$$

$$H_3C-\underset{t}{CH=CH}-[C\equiv C]_2-\underset{t}{CH=CH}-CH_2CH_2COCH_2CH_3 \qquad \text{LXXVII}$$

$$H_3C-[C\equiv C]_3-\underset{t}{CH=CH}-CH_2CH_2\underset{OH}{\underset{|}{C}}HCH_2CH_3 \qquad \text{LXXVIII}$$

In letzter Zeit sind eine Reihe von 1,3-disubstituierten $C_{14}$-Verbindungen isoliert worden, die vermuten lassen, daß es sich um Vorstufen einer Reihe anderer Polyine handelt. Aus *Matricaria oreades Boiss.* isoliert man das optisch aktive Diacetat LXXIX (*28*), während in *Echinops*-Arten das entsprechende Diol LXXX vorkommt (*7*).

$$\underset{\text{t t}}{H_3C-[C{\equiv}C]_3-[CH{=}CH]_2}-\underset{OR}{CH}CH_2\underset{OR}{CH_2} \qquad \text{LXXIX: } R = Ac \quad \text{LXXX: } R = H$$

Ausgehend von Dehydromatricarianal (LXXXI) erhält man durch Wittig-Reaktion den völlig als Enol vorliegenden Ketoester LXXXIII, der über einige Zwischenstufen in das racemische Diacetat LXXIX übergeführt werden kann. Das IR-Spektrum des Syntheseprodukts ist identisch mit dem des Naturstoffs (*37*).

$$\underset{\text{LXXXI}}{H_3C-[C{\equiv}C]_3-\underset{\text{t}}{CH{=}CH}-CHO} + \underset{\text{LXXXII}}{Ph_3P{=}CH-COCH_2CO_2C_2H_5}$$

$$\underset{\text{LXXXIII}}{H_3C-[C{\equiv}C]_3-\underset{\text{t t}}{[CH{=}CH]_2}}-C(-O-H\cdots O{=})\,{=}CH-C(OR) \rightarrow$$

$$\underset{\text{LXXXIV}}{H_3C-[C{\equiv}C]_3-\underset{\text{t t}}{[CH{=}CH]_2}-\underset{OR}{CH}CH_2CO_2R} \longrightarrow \text{LXXIX}$$

Ein analoges Paar von 1,3-disubstituierten Polyinen kommt auch in *Dahlia*-Arten vor, eine Gattung, die sehr viele Acetylen-Verbindungen enthält (*54*).

$$H_3C-\underset{\text{t}}{CH{=}CH}-[C{\equiv}C]_2-[CH{=}CH]_2-\underset{OR}{CH}CH_2\underset{OR}{CH_2}$$

$$\text{LXXXV: } R = H \qquad \text{LXXXVI: } R = Ac$$

## 4. $C_{16}$-Verbindungen

Es waren bisher noch keine Verbindungen mit $C_{16}$-Kette bekannt. Inzwischen sind jedoch aus *Dahlia merckii Lehm.* einige derartige Verbindungen in kleiner Menge isoliert worden (*29*, *54*). Es handelt sich um schwer trennbare Alkohole, die z. T. erst in Form von Derivaten getrennt werden konnten. Ihre Strukturen sind im wesentlichen durch die physikalischen Daten sichergestellt worden.

$$H_3C-[CH=CH]_2-C\equiv C-[CH=CH]_2-CH_2CH_2CH_2CH_2CH_2OR$$
tt tt

LXXXVII: R = H LXXXVIII: R = Ac

$$H_3C-CH=CH-[C\equiv C]_2-[CH=CH]_2-CH_2CH_2CH_2CH_2CH_2OH$$
t tt

LXXXIX

$$H_3C-CH=CH-[C\equiv C]_2-CH_2-CH=CH-CH_2CH_2CH_2CH_2CH_2CH_2OH$$
t c

XC

$$H_3C-[CH=CH]_2-C\equiv C-CH_2-CH=CH-CH_2CH_2CH_2CH_2CH_2CH_2OH$$
tt c

XCI

Eine weitere $C_{16}$-Verbindung ist der aus *Chrysanthemum*-Arten isolierte Kohlenwasserstoff XCII (*18*, *61*), der eine $CH_2$-Gruppe weniger enthält, als das schon lange bekannte Centaur $X_3$ (XCIII). Seine Struktur ist durch Synthese sichergestellt (*42*).

$$H_3C-[C\equiv C]_3-[CH=CH]_2-CH_2CH_2CH_2-CH=CH_2 \qquad \text{XCII}$$
tt

$$H_3C-[C\equiv C]_3-[CH=CH]_2-CH_2CH_2CH_2CH_2-CH=CH_2 \qquad \text{XCIII}$$
tt

5. $C_{17}$-Verbindungen

Von dem oben erwähnten Centaur $X_3$ (XCIII) kommen in *Dahlia*-Arten (*54*) zwei Derivate vor, das Acetat XCIV und der entsprechende Alkohol XCV:

$$H_3C-[C\equiv C]_3-[CH=CH]_2-\underset{OR}{\underset{|}{C}}HCH_2CH_2CH_2-CH=CH_2$$
tt

XCIV: R = Ac XCV: R = H

Auch vom Centaur $X_4$ (XCVI) leiten sich mehrere sauerstoffhaltige Derivate ab, die aus sehr verschiedenen Vertretern der *Compositen* isoliert wurden. Aus *Tridax trilobata* gewinnt man das Acetat XCVII, den entsprechenden Alkohol XCVIII, das cis-Isomere XCIX und die cis, trans-isomeren Aldehyde C und CI (*30*). XCVIII kommt auch in einer *Isostigma*-Art (*15*) und C in *Carduus*-Arten vor.

$$\underset{\phantom{X}}{H_3C-\underset{t}{CH=CH}-[C\equiv C]_2-\underset{tt}{[CH=CH]_2}-CH_2CH_2CH_2CH_2-CH=CH_2}\qquad \text{XCVI}$$

$$ROCH_2-CH=CH-[C\equiv C]_2-[CH=CH]_2-CH_2CH_2CH_2CH_2-CH=CH_2$$

| | | | |
|---|---|---|---|
| t | tt | XCVII: | R = Ac |
| t | tt | XCVIII: | R = H |
| c | tt | XCIX: | R = H |

$$OCH-CH=CH-[C\equiv C]_2-[CH=CH]_2-CH_2CH_2CH_2CH_2-CH=CH_2$$

| | | |
|---|---|---|
| C | t | tt |
| CI | c | tt |

Die Strukturen sind durch Synthese sichergestellt (*38*).

Aus *Artemisia campestris* läßt sich neben dem Dehydrofalcarinon das sehr instabile Diketon CII isolieren (*42*), während in einer *Araliaceae*, *Panax Ginseng*, eine weitere derartige Vinyl-Verbindung (CIII) vorkommt (*63*):

$$H_2C=CH-(CH_2)_5-\underset{c}{CH=CH}-CH_2CO-[C\equiv C]_2-CO-CH=CH_2 \qquad \text{CII}$$

$$H_3C(CH_2)_6-[CH=CH]_2-CH_2-C\equiv C-\underset{OH}{\underset{|}{CH}}-CH=CH_2 \qquad \text{CIII}$$

$$H_3C(CH_2)_6-\underset{c}{CH=CH}-CH_2-[C\equiv C]_2-CO-CH=CH_2 \qquad \text{CIV}$$

Eine gewisse Ähnlichkeit von CIII mit dem in anderen *Aralia*- und *Umbelliferen*-Vertretern vorkommenden Falcarinon CIV ist unverkennbar.

## 6. $C_{18}$-Ketoacetat

Aus den oberirdischen Teilen von *Cosmos hybridus* läßt sich eine biogenetisch interessante Acetylen-Verbindung mit einer $C_{18}$-Kohlenstoffkette isolieren. Es handelt sich um das Dien-in-dien CV (*42*):

$$H_3C-\underset{t\ \ t}{[CH=CH]_2}-C\equiv C-\underset{t\ \ t}{[CH=CH]_2}-CH_2CH_2CH_2CH_2COCH_2CH_2OAc \qquad \text{CV}$$

Die Struktur ergibt sich aus dem NMR-Spektrum sowie aus dem Massenspektrum des Hydrierungsproduktes CVI. Neben dem Molpeak bei 326 Me erkennt man starke Peaks bei 266 Me ($-CH_3COOH$), 239 Me ($-CH_2CH_2OCOCH_3$) und 130 Me, dem nur das Fragment CVII entsprechen kann:

$$H_3C-(CH_2)_{11}-CH(CH_2-CH_2-C(=O)-CH_2CH_2OAc) \; (CVI) \longrightarrow CH_2{=}C(-\overset{\oplus}{O}H)-CH_2CH_2OAc \; (CVII, 130)$$

$$H_3C-(CH_2)_{14}-C{\equiv}\overset{\oplus}{O} \; (239) \qquad H_3C(CH_2)_{14}-C(=\overset{\oplus}{O})-CH{=}CH_2 \; (266)$$

CV ist die erste $C_{18}$-Acetylenverbindung, die keine Fettsäure darstellt. Der aus der Gattung *Dahlia* isolierte Alkohol LXXXIX könnte biogenetisch leicht aus CV durch oxydativen Abbau gebildet werden. Ein analoger Abbau würde zu LXXIII führen.

## III. Heterocyclisch substituierte Verbindungen

### 1. Derivate von Sauerstoff-Heterocyclen

Schon bei der Abfassung der letzten Zusammenfassung hatte es sich gezeigt, daß in höheren Pflanzen auch viele Acetylen-Verbindungen mit heterocyclischen Ringen vorkommen. Die Zahl derartiger Substanzen hat sich in den letzten drei Jahren stark vermehrt. Neben dem Dihydrofuran-Derivat CVIII, das, wie inzwischen gezeigt wurde, eine cis-Doppelbindung enthält (*24*), isoliert man aus einigen *Chrysanthemum*-Arten (*24*) das Furan-Derivat CIX, dessen Struktur auch synthetisch sichergestellt wurde (*24*).

$$H_3C-[C{\equiv}C]_3-\underset{c}{CH{=}CH}-(\text{Dihydrofuryl}) \qquad \text{CVIII}$$

$$H_3C-[C{\equiv}C]_3-\underset{t}{CH{=}CH}-(\text{Furyl}) \qquad \text{CIX}$$

Ein weiteres Furanderivat aus *Chrysanthemum*-Arten ist CX (*61*):

$$(\text{Furyl})-CH_2-[C{\equiv}C]_2-CH{=}CH-CH{=}CH_2 \qquad \text{CX}$$

Ebenfalls in dieser Gattung findet man den Furanaldehyd CXI (*24*), der mit den Spiroketaläthern (s.u.) in enger biogenetischer Beziehung stehen dürfte. Der entsprechende Thioäther CXII (*6*) leitet sich von CXI durch Eliminierung der endständigen Methylgruppe und Methylmercaptan-Anlagerung ab.

$$H_3C-[C\equiv C]_2-CH_2-\text{(Furan)}-\underset{t}{CH=CH}-CHO \qquad \text{CXI}$$

$$H_3CS-\underset{c}{CH=CH}-C\equiv C-CH_2-\text{(Furan)}-\underset{t}{CH=CH}-CHO \qquad \text{CXII}$$

Aus einer ganz anderen Pflanze, *Vicia faba*, ist ein Ketoester mit der wahrscheinlichen Struktur CXIII isoliert worden *(54)*.

$$H_3CO_2C-\underset{t}{CH=CH}-\text{(Furan)}-CO-C\equiv C-\underset{c}{CH=CH}-CH_2CH_3 \qquad \text{CXIII}$$

Auch das aus *Anacyclus radiatus Lois.* isolierte Keton CXIV ist als Furanderivat anzusehen *(26)*. Die enge biogenetische Beziehung zum Artemisiaketon (LXXVI) ist offensichtlich.

$$H_3C-[C\equiv C]_2-CH=\text{(Dihydrofuran)}=CH-CO-CH_2CH_3 \qquad \text{CXIV}$$

Die Tetrahydropyran-Derivate CXV bis CXVIII findet man in den oberirdischen Teilen verschiedener Dahlia-Arten *(54)*.

$$H_3C-[C\equiv C]_3-\underset{t}{CH=CH}-\text{(Tetrahydropyran, 3-OR)} \qquad \text{CXV: } R = H \qquad \text{CXVI: } R = Ac$$

$$H_3C-\underset{t}{CH=CH}-[C\equiv C]_2-\underset{t}{CH=CH}-\text{(Tetrahydropyran, 3-OR)} \qquad \text{CXVII: } R = H \qquad \text{CXVIII: } R = Ac$$

Diese Verbindungen dürften biogenetisch aus den in den gleichen Pflanzen vorkommenden Alkoholen LXXIII und LXXV über die noch nicht bekannten Epoxyde nach folgendem Schema entstehen:

$$R-CH=CH-\underset{\overset{|}{HO-CH_2-CH_2-CH_2}}{CH}\!\overset{O}{-}\!CH \;\longrightarrow\; R-CH=CH-\text{(Tetrahydropyran, 3-RO)}$$

Ein Dihydropyran-Derivat kommt in den Wurzeln von *Anaphalis margaritaceae* vor (*4*). Das Chlorderivat CXIX dürfte biogenetisch aus dem Chlorhydrin CXX entstehen. Bisher ist jedoch nur das trans-Isomere von CXX isoliert worden.

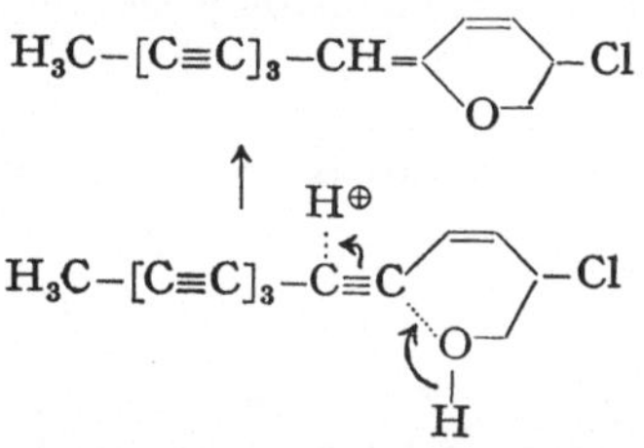

$H_3C-[C\equiv C]_3-CH=$ (Dihydropyran-Ring, O) $-Cl$ CXIX

↑ $H^{\oplus}$

$H_3C-[C\equiv C]_3-C\equiv C$ (Ring, O–H) $-Cl$ CXX

Für die Strukturaufklärung von CXIX war das NMR-Spektrum eine wichtige Hilfe, da sowohl das UV- als auch das IR-Spektrum nur wenig Aufschluß über den Bau dieser Verbindung geben. Die evtl. noch mögliche Struktur CXXI läßt sich ausschließen, da das durch Acetolyse erhaltene Acetat CXXII im NMR-Spektrum sofort erkennen läßt, daß nur das Signal für e i n Proton im Acetat verschoben wird. Außerdem ist die Kopplungskonstante der olefinischen Ringprotonen nur mit einem Sechsring vereinbar, da entsprechende Fünfringprotonen stets kleinere Kopplungen aufweisen:

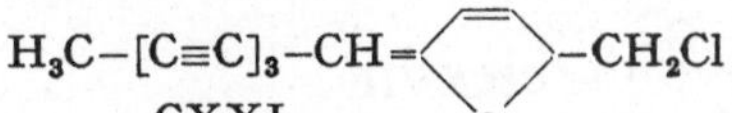

$H_3C-[C\equiv C]_3-CH=$ (Ring, O) $-CH_2Cl$ CXXI

$H_3C-[C\equiv C]_3-CH=$ (Ring, O) $-OAc$ CXXII

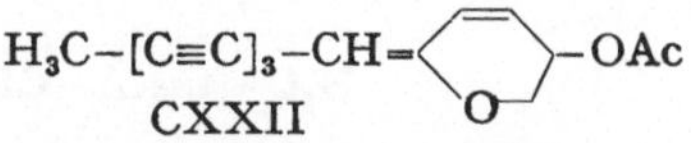

Die Biogenese des Furan-Ringes wurde am Beispiel des lange bekannten Carlinaoxyds (CXXV) geklärt (*42*). Verfüttert man das tritium-markierte Acetat CXXIII an *Carlina acaulis* L., so erhält man aktives Carlinaoxyd. Wie durch Abbau gezeigt wird, findet sich die Gesamtaktivität nach wie vor im Phenyl-Ring.

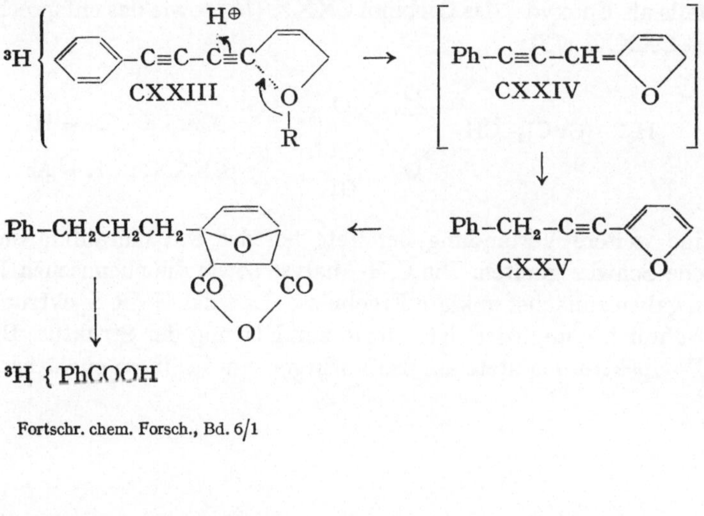

$^3H$ { (Phenyl) $-C\equiv C-C\equiv C$ (Ring, O–R) } CXXIII, $H^{\oplus}$ → [ $Ph-C\equiv C-CH=$ (Ring, O) ] CXXIV

↓

$Ph-CH_2-C\equiv C-$ (Furan, O) CXXV

←

$Ph-CH_2CH_2CH_2-$ (O-verbrücktes Addukt, CO–O–CO)

↓

$^3H$ { PhCOOH

Das offenbar primär gebildete Isomere CXXIV muß sich also zum Furan-Derivat CXXV isomerisieren.

Aus der Alge *Lauretia glandulifera* haben japanische Autoren (*52*) eine interessante Bromverbindung, das Laurencin isoliert, dem die Struktur CXXVI zukommt. Auch hier ist das Kohlenstoffgerüst unverzweigt.

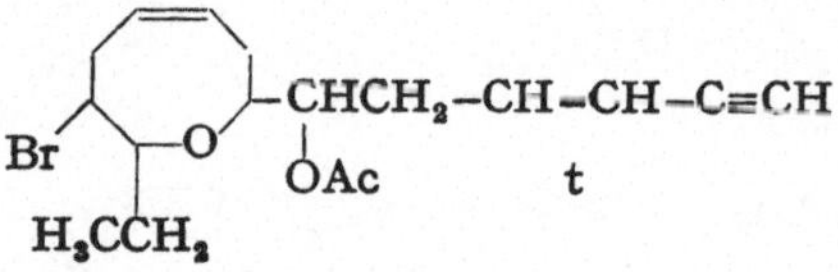

Br, $H_3CCH_2$, O, $-CHCH_2-CH{=}CH-C{\equiv}CH$ (OAc; t) CXXVI

2. Spiroketalenolätherpolyine

Im *Tribus Anthemideae* sind Verbindungen mit einem neuartigen bicyclischen Ringsystem vom Typ CXXVII sehr verbreitet. Neben den bereits bekannten Vertretern dieser Klasse sind eine Reihe weiterer derartiger Substanzen aufgefunden worden. Aus *Chrysanthemum*-Arten sind zwei Verbindungen isoliert, die im Gegensatz zu den normalen Verbindungen dieses Typs das UV-Spektrum eines einfachen Diin-en-enoläthers aufweisen. Die NMR-Spektren zeigen zusammen mit den Elementaranalysen, daß es sich nur um die Epoxyde CXXVIII (*18*) und CXXIX (*6*) handeln kann:

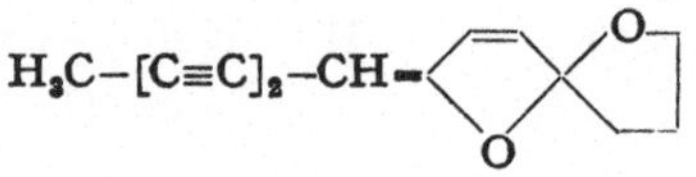

$H_3C-[C{\equiv}C]_2-CH{=}$ (O, O) CXXVII

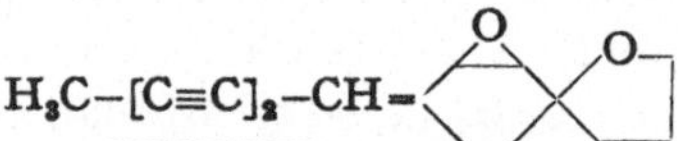

$H_3C-[C{\equiv}C]_2-CH{=}$ (O, O, O) CXXVIII

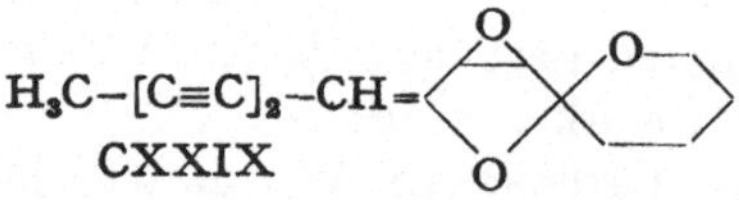

$H_3C-[C{\equiv}C]_2-CH{=}$ (O, O, O) CXXIX

Zwei andere Verbindungen aus *Chrysanthemum*-Arten erwiesen sich ebenfalls als Epoxyde, das Carbinol CXXX (*18*) sowie das entsprechende Acetat CXXXI (*13*):

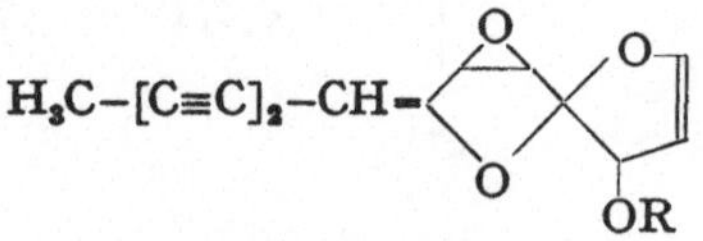

$H_3C-[C{\equiv}C]_2-CH{=}$ (O, O, O, OR)

CXXX: R = H

CXXXI: R = Ac

Eine weitere Verbindung bereitete bei der Strukturaufklärung erhebliche Schwierigkeiten. Die C,H-Analyse sowie die chemischen Reaktionen gaben zunächst unklare Ergebnisse. Erst das NMR-Spektrum, das ungewöhnlich kompliziert ist, führte zur Klärung der Struktur. Bereits das UV-Spektrum deutete auf das Vorliegen eines Diin-en-enoläthers hin, so daß ein weiteres Epoxyd wahrscheinlich war. Das IR-Spektrum läßt eine ungesättigte Estergruppe erkennen. Das NMR-Spektrum ist unter Berücksichtigung aller anderen Daten nur mit Struktur CXXXII vereinbar (*18*).

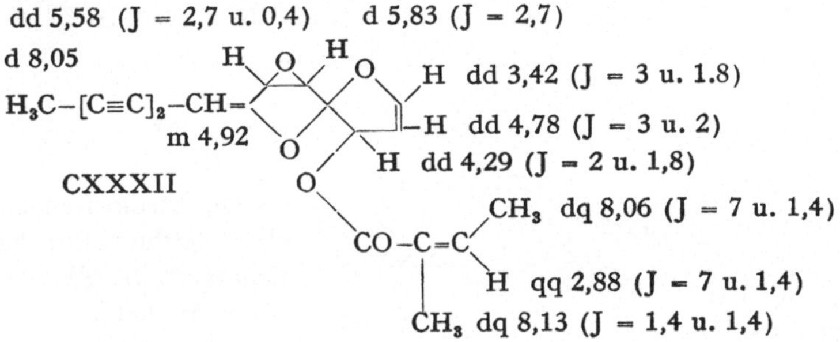

dd 5,58 (J = 2,7 u. 0,4)   d 5,83 (J = 2,7)
d 8,05
$H_3C-[C{\equiv}C]_2-CH=$
m 4,92
CXXXII
H dd 3,42 (J = 3 u. 1.8)
H dd 4,78 (J = 3 u. 2)
H dd 4,29 (J = 2 u. 1,8)
$CH_3$ dq 8,06 (J = 7 u. 1,4)
$CO-C=C$
H qq 2,88 (J = 7 u. 1,4)
$CH_3$ dq 8,13 (J = 1,4 u. 1,4)

Durch Synthese, ausgehend von CXXX, ist die Struktur endgültig gesichert (*18*).

Zwei weitere Ester, ebenfalls aus *Chrysanthemum*-Arten, erwiesen sich als Acetate (CXXXIII und CXXXIV). Die Strukturen ergeben sich aus den NMR-Spektren und konnten durch Synthese sichergestellt werden (*18, 24*).

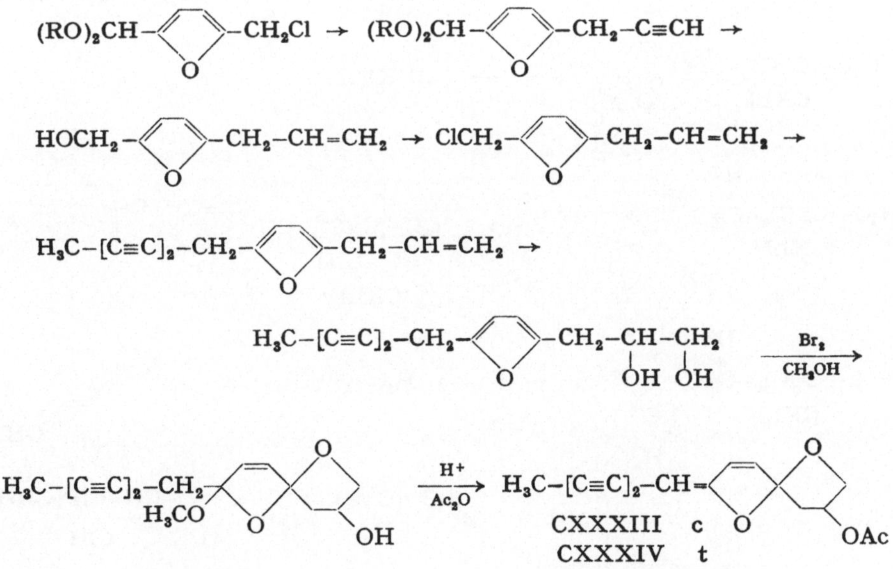

$(RO)_2CH-$⟨furan⟩$-CH_2Cl \rightarrow (RO)_2CH-$⟨furan⟩$-CH_2-C{\equiv}CH \rightarrow$

$HOCH_2-$⟨furan⟩$-CH_2-CH=CH_2 \rightarrow ClCH_2-$⟨furan⟩$-CH_2-CH=CH_2 \rightarrow$

$H_3C-[C{\equiv}C]_2-CH_2-$⟨furan⟩$-CH_2-CH=CH_2 \rightarrow$

$H_3C-[C{\equiv}C]_2-CH_2-$⟨furan⟩$-CH_2-CH(OH)-CH_2OH \xrightarrow[CH_3OH]{Br_2}$

$H_3C-[C{\equiv}C]_2-CH_2(H_3CO)$-⟨spiroketal⟩-OH $\xrightarrow[Ac_2O]{H^+}$ $H_3C-[C{\equiv}C]_2-CH=$⟨spiroketal⟩-OAc

CXXXIII c
CXXXIV t

Auf analogem Wege lassen sich auch die Grundkörper vom Typ CXXVII darstellen (*17, 23*).

Eine Reihe von schwefelhaltigen Vertretern dieser Gruppe wurden aus *Chrysanthemum coronarium* L. isoliert. Wiederum waren die NMR-Spektren eine entscheidende Hilfe. Es handelt sich um die cis-trans-isomeren Thioäther und Sulfoxyde CXXXV–CXXXVIII (*6*):

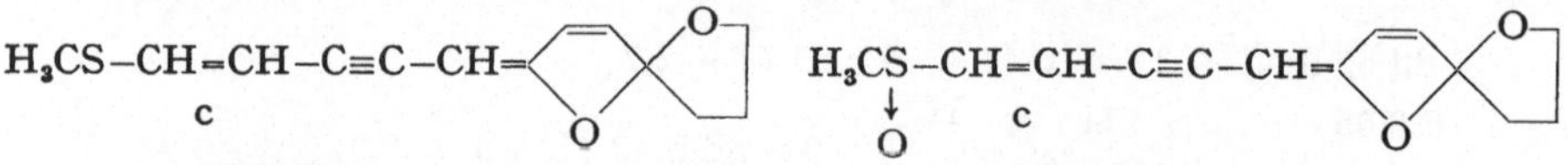

$H_3CS{-}CH{=}CH{-}C{\equiv}C{-}CH{=}$ (c) — CXXXV c, CXXXVI t

$H_3CS(\rightarrow O){-}CH{=}CH{-}C{\equiv}C{-}CH{=}$ (c) — CXXXVII c, CXXXVIII t

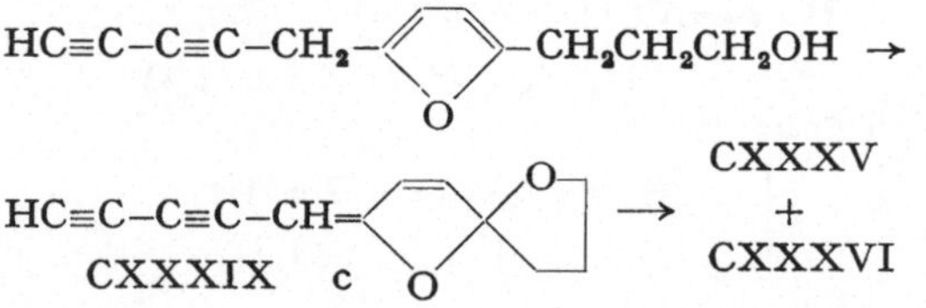

$HC{\equiv}C{-}C{\equiv}C{-}CH_2{-}$(Furan)$-CH_2CH_2CH_2OH \rightarrow$

$HC{\equiv}C{-}C{\equiv}C{-}CH{=}$ — CXXXIX c, CXL t $\longrightarrow$ CXXXV + CXXXVI

Die Strukturen sind ebenfalls durch Synthese sichergestellt (*37*), wobei ein ähnlicher Weg wie bei CXXXIII zur Darstellung von CXXXIX und CXL eingeschlagen wurde, die durch Methylmercaptid-Anlagerung die racemischen Thioäther CXXXV und CXXXVI liefern, deren IR-Spektren mit denen der Naturstoffe identisch sind. Durch Persäure-Oxydation erhält man die Sulfoxyde CXXXVII und CXXXVIII.

Die Biogenese der Spiroketalenolätherpolyine ist noch nicht völlig geklärt. Ein plausibles Schema wäre das folgende:

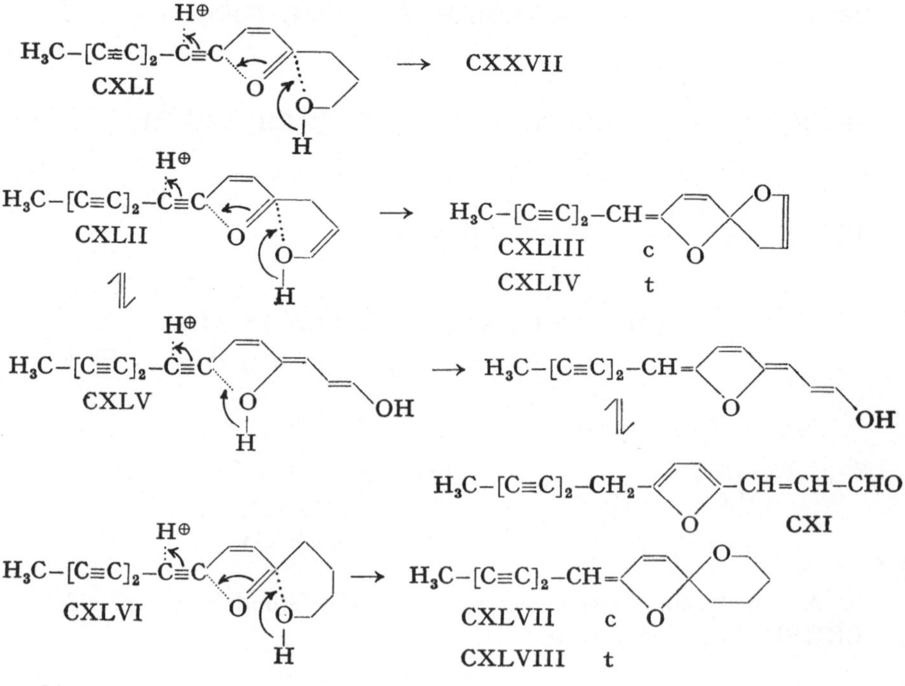

$H^{\oplus}$ — $H_3C{-}[C{\equiv}C]_2{-}C{\equiv}C$ — CXLI $\longrightarrow$ CXXVII

$H^{\oplus}$ — $H_3C{-}[C{\equiv}C]_2{-}C{\equiv}C$ — CXLII $\longrightarrow$ $H_3C{-}[C{\equiv}C]_2{-}CH{=}$ — CXLIII c, CXLIV t

$\rightleftharpoons$

$H^{\oplus}$ — $H_3C{-}[C{\equiv}C]_2{-}C{\equiv}C$ — CXLV (OH) $\longrightarrow$ $H_3C{-}[C{\equiv}C]_2{-}CH{=}$ (OH)

$\rightleftharpoons$

$H_3C{-}[C{\equiv}C]_2{-}CH_2{-}$(Furan)$-CH{=}CH{-}CHO$ — CXI

$H^{\oplus}$ — $H_3C{-}[C{\equiv}C]_2{-}C{\equiv}C$ — CXLVI $\longrightarrow$ $H_3C{-}[C{\equiv}C]_2{-}CH{=}$ — CXLVII c, CXLVIII t

Dieses Schema würde die Biogenese der Grundkörper und auch die des mit ihnen vorkommenden Furan-Derivats CXI erklären. Durch Synthese des trans-Isomeren von CXLVI konnte gezeigt werden, daß derartige Verbindungen in der Tat sehr leicht in die cis,trans-Isomeren CXLVII und CXLVIII übergehen (*42*):

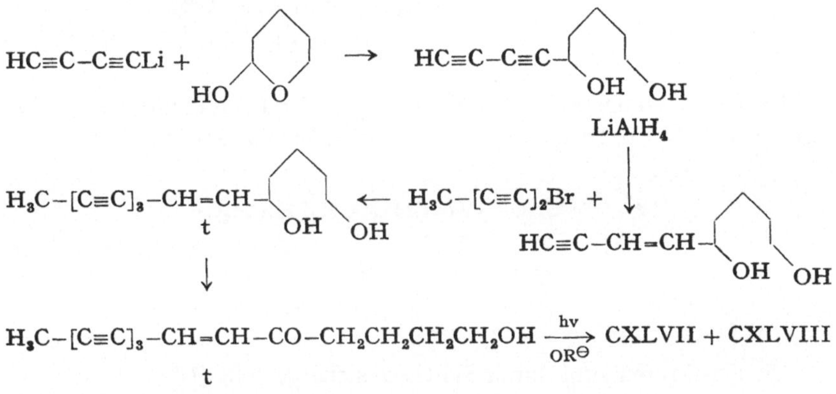

HC≡C–C≡CLi + (2-Hydroxytetrahydropyran, HO, O) → HC≡C–C≡C–CH(OH)–CH₂CH₂CH₂–OH

↓ $LiAlH_4$

HC≡C–CH=CH–CH(OH)–CH₂CH₂CH₂–OH

+ $H_3C–[C≡C]_2Br$ ←

$H_3C–[C≡C]_3–CH{=}CH–CH(OH)–CH_2CH_2CH_2–OH$ (t)

↓

$$H_3C–[C{\equiv}C]_3–\underset{t}{CH{=}CH}–CO–CH_2CH_2CH_2CH_2OH \xrightarrow[OR^{\ominus}]{h\nu} \text{CXLVII} + \text{CXLVIII}$$

Entsprechend lassen sich auch CXLIII und CXLIV darstellen. Mit markierten Verbindungen läßt sich zeigen, daß auch in der Pflanze dieser Weg beschritten wird (42).

Für die Bildung aller Derivate der Grundkörper wären nur noch bekannte Biogeneseschritte notwendig. Untersuchungen mit markierten Substanzen müssen zeigen, ob das diskutierte Schema von der Pflanze benutzt wird.

### 3. Thiophen-Derivate

Schon bei der Abfassung der letzten Zusammenfassung zeigte es sich, daß neben einfachen Polyinketten häufig Verbindungen gefunden werden, die aus diesen durch eine formale $H_2S$-Addition entstanden sind, wie folgende Paare zeigen mögen:

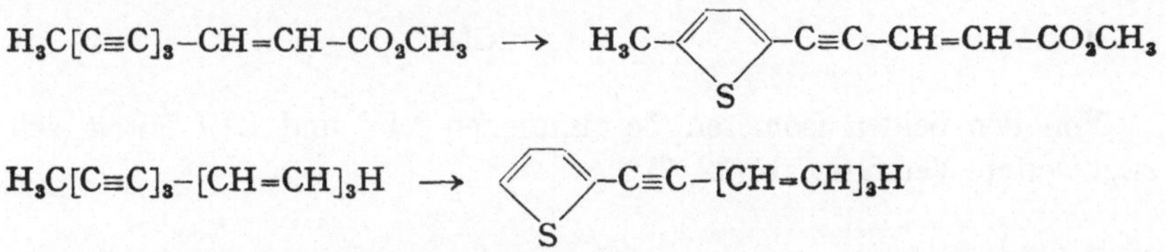

$$H_3C[C{\equiv}C]_3–CH{=}CH–CO_2CH_3 \longrightarrow H_3C–(\text{2,5-Thienylen})–C{\equiv}C–CH{=}CH–CO_2CH_3$$

$$H_3C[C{\equiv}C]_3–[CH{=}CH]_3H \longrightarrow (\text{2-Thienyl})–C{\equiv}C–[CH{=}CH]_3H$$

Das letzte Beispiel zeigt, daß bei den entsprechenden Thiophen-Derivaten häufig die endständige Methyl-Gruppe fehlt. In letzter Zeit ist die Zahl der natürlich vorkommenden Thiophen-Verbindungen sehr stark angewachsen.

*a) Monothiophen-Derivate.* Die bisher einfachste, natürlich vorkommende Thiophen-Verbindung ist das 2-Acetylthiophen CXLIX, das aus *Bidens pilosa L.* isoliert wurde (*15*). Der mögliche Grundkörper CL ist hier noch unbekannt:

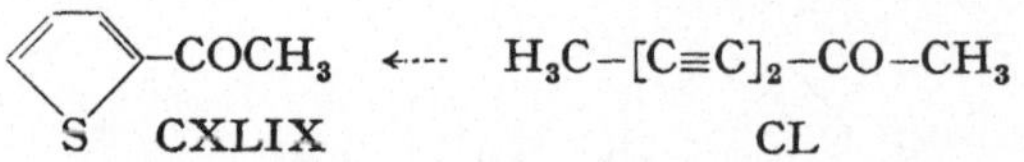

$$\text{(2-Thienyl)}-COCH_3 \longleftarrow H_3C-[C{\equiv}C]_2-CO-CH_3$$

CXLIX CL

Dagegen sind die wahrscheinlichen Vorstufen LXXII und LXXIII zu den beiden Thiophen-Derivaten aus *Xeranthemum*-Arten (*32*) bekannt.

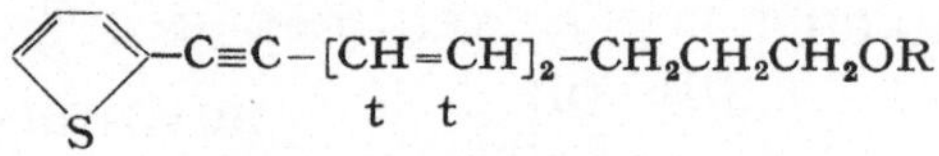

$$\text{(2-Thienyl)}-C{\equiv}C-[CH{=}CH]_2-CH_2CH_2CH_2OR \quad (t\ t)$$

CLI: R = Ac

CLII: R = H

Die Strukturen sind durch Synthese sichergestellt (*17*).

Aus *Anthemis fuscata Brot.* läßt sich der bereits früher synthetisch dargestellte Thiophenester CLIII isolieren (*24*). Bei diesem zweifellos mit Dehydro-matricariaester (III) in enger biogenetischer Beziehung stehendem Ester fehlt wieder die endständige Methyl-Gruppe.

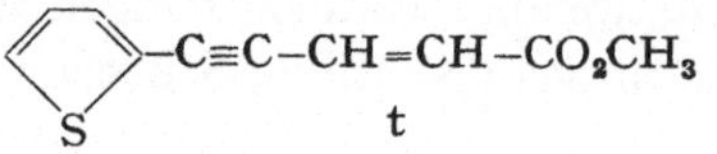

$$\text{(2-Thienyl)}-C{\equiv}C-CH{=}CH-CO_2CH_3 \quad (t) \qquad \text{CLIII}$$

Eine Reihe von sehr ähnlichen Thiophen-Kohlenwasserstoffen findet man in vielen Vertretern der *Tribus Heliantheae, Helenieae* und *Cynareae*. Als Folgeprodukt des Pentainens (LIX) sind die Thiophene CLIV und CLV anzusehen (*32, 62*):

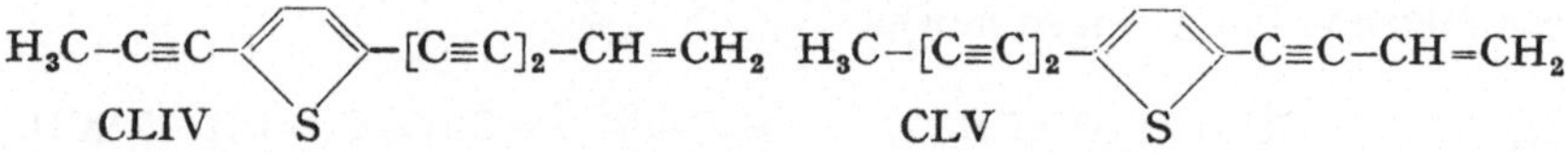

$$H_3C-C{\equiv}C-\text{(2,5-Thienylen)}-[C{\equiv}C]_2-CH{=}CH_2 \quad \text{CLIV}$$

$$H_3C-[C{\equiv}C]_2-\text{(2,5-Thienylen)}-C{\equiv}C-CH{=}CH_2 \quad \text{CLV}$$

Von den beiden isomeren Tetraindienen LIV und LVI leiten sich zwei weitere Vertreter ab (*32, 2*):

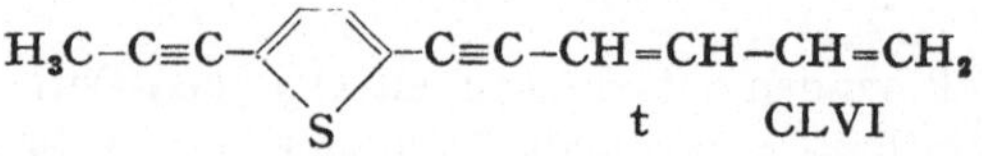

$$H_3C-C{\equiv}C-\text{(2,5-Thienylen)}-C{\equiv}C-CH{=}CH-CH{=}CH_2 \quad (t) \quad \text{CLVI}$$

$$H_3C-CH{=}CH-C{\equiv}C-\text{(2,5-Thienylen)}-C{\equiv}C-CH{=}CH_2 \quad (t) \quad \text{CLVII}$$

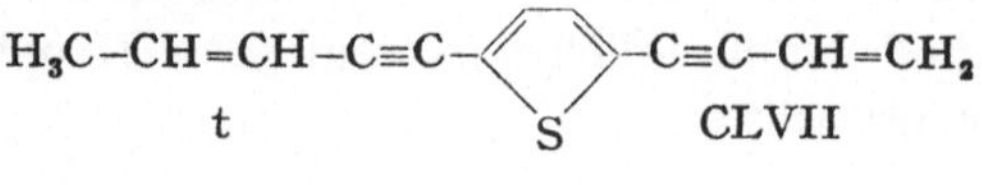

Für die Strukturaufklärung waren wiederum die NMR-Spektren sehr wesentlich. Für die Entscheidung zwischen CLIV und CLV wurden jedoch auch die Massenspektren der hydrierten Thiophene herangezogen, da n-Hexyl-n-propylthiophen gaschromatographisch nicht von n-Amyl-n-butylthiophen zu unterscheiden ist *(32)*.

Von den Thiophen-Kohlenwasserstoffen CLV und CLVII leiten sich mehrere Derivate ab. Aus *Bidens-*, *Lasthenia-* und *Serratula-*Arten isolierte man die Thiophene CLVIII–CLX *(32)*:

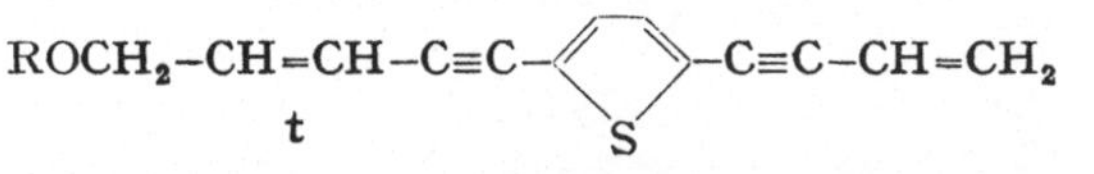

$ROCH_2{-}CH{=}CH{-}C{\equiv}C{-}$(Thiophen-2,5-diyl, S)$-C{\equiv}C{-}CH{=}CH_2$ (t)  CLVIII: R = H; CLIX: R = Ac

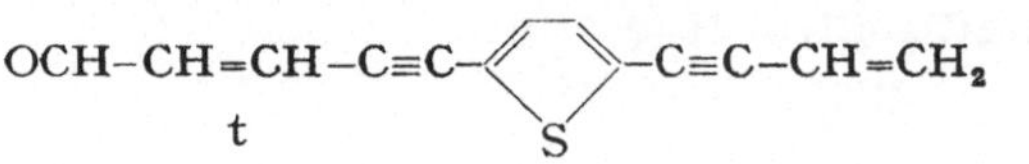

$OCH{-}CH{=}CH{-}C{\equiv}C{-}$(Thiophen-2,5-diyl, S)$-C{\equiv}C{-}CH{=}CH_2$ (t)  CLX

In verschiedenen *Echinops*-Arten findet man die Thiophen-Derivate CLXI–CLXVII (*7*), die offenbar alle über CLV aus LIX gebildet werden, wie Versuche mit $^3$H–LIX zeigen *(21)*:

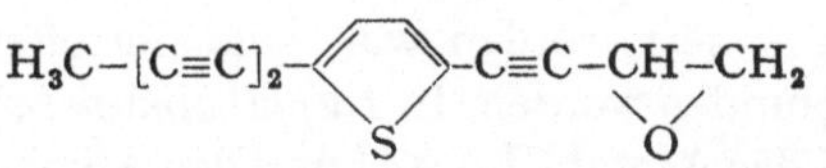

$H_3C{-}[C{\equiv}C]_2{-}$(Thiophen-2,5-diyl, S)$-C{\equiv}C{-}CH{-}CH_2$ (Epoxid, O)  CLXI

$H_3C{-}[C{\equiv}C]_2{-}$(Thiophen-2,5-diyl, S)$-C{\equiv}C{-}CH(R){-}CH_2(R')$

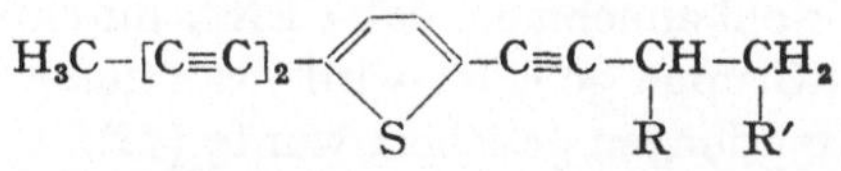

| | | | |
|---|---|---|---|
| CLXII: | R = H, R' = OH | CLXIII: | R = H, R' = OAc |
| CLXIV: | R = R' = OAc | CLXV: | R = R' = OH |
| CLXVI: | R = Cl, R' = OAc | CLXVII: | R = Cl, R' = OH |

Aus einer auf Mallorca heimischen *Santolina*-Art läßt sich eine offensichtliche biogenetische Vorstufe zu dem bereits früher in *Santolina*- und anderen Arten des *Tribus Anthemideae* aufgefundenen Thiophen-furan-Derivat CLXVIII isolieren. Neben CLXVIII findet man in relativ kleiner Menge das Acetat CLXIX *(42)*:

(Thienyl, S)$-C{\equiv}C{-}CH{=}CH{-}$(Furyl, O) (c)

CLXVIII

$AcOCH_2{-}$(Thiophen-2,5-diyl, S)$-C{\equiv}C{-}CH{=}CH{-}$(Furyl, O) (c)

CLXIX

Damit ist ein weiteres Beispiel für die wahrscheinlich oxydative Methylgruppen-Eliminierung gegeben.

Biogenetisch dürften derartige Furan-Derivate über die Dihydrofuran-Derivate gebildet werden. So findet man neben CVIII CIX und interessanterweise auch CXLIII und CXLIV, die aus CXLII entstehen sollten. Die Vorstufe zu CXLII dürfte der entsprechende Alkohol sein, so daß der Übergang in den cyclischen Enoläthern leicht verständlich wäre:

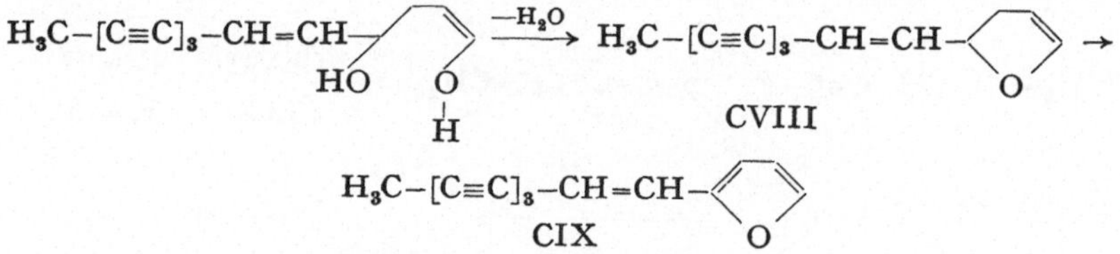

$H_3C-[C{\equiv}C]_3-CH{=}CH-$ (HO, O–H) $\xrightarrow{-H_2O}$ $H_3C-[C{\equiv}C]_3-CH{=}CH-$ (O) →

CVIII

$H_3C-[C{\equiv}C]_3-CH{=}CH-$ (O)

CIX

Aus CIX sollte dann nach Thiophenringbildung und Eliminierung der Methylendgruppe CLXVIII gebildet werden.

*b) Dithiophen-Derivate.* Neben Monothiophenen findet man bei den *Compositen* auch mehrere Dithiophene, die sich zum größten Teil vom Pentainen LIX bzw. Monothiophen CLV ableiten. Während CLXX schon aus *Tagetes*-Arten isoliert worden war, sind die offensichtlichen Vorstufen erst jetzt aufgefunden worden. In *Buphthalmum salicifolium L.* findet man neben CLXXI das Acetat CLXXII und den Alkohol CLXXIII (*10*). Man darf also wohl annehmen, daß CLXX durch oxydative Eliminierung der Methyl-Gruppe gebildet wird, was durch Untersuchungen mit markierten Verbindungen gesichert wurde (*42*).

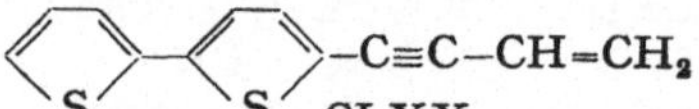

(S)(S)$-C{\equiv}C-CH{=}CH_2$ CLXX

$H_3C-$(S)(S)$-C{\equiv}C-CH{=}CH_2$ CLXXI

$ROCH_2-$(S)(S)$-C{\equiv}C-CH{=}CH_2$

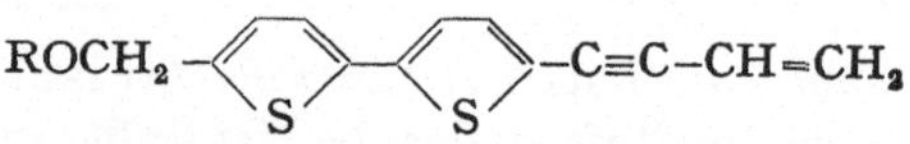

CLXXII: R = Ac CLXXIII: R = H

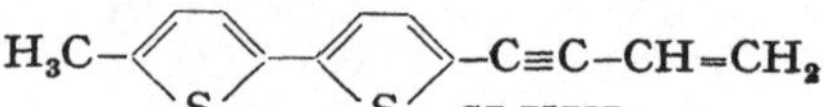

Auch die Derivate von CLXX, die vor allem aus *Echinops*-Arten isoliert wurden (*7*), werden in der Pflanze aus LIX gebildet (*21*).

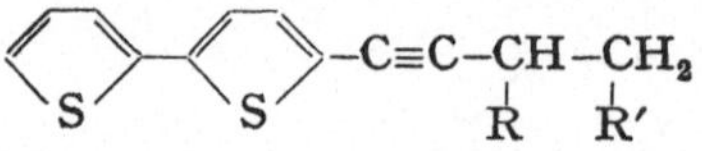

(S)(S)$-C{\equiv}C-CH(R)-CH_2(R')$

CLXXIV : R = H, R′ = OH
CLXXV : R = H, R′ = OAc
CLXXVI : R = R′ = OH
CLXXVII: R = R′ = OAc
CLXXVIII: R = OH, R′ = OAc
CLXXIX : R = OAc, R′ = OH
CLXXX : R = OH, R′ = Cl

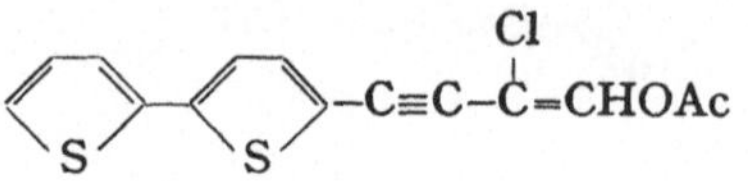

(S)(S)$-C{\equiv}C-C(Cl){=}CHOAc$ CLXXXI

CLXXX, das aus *Tagetes*-Arten isoliert worden ist, soll die ungewöhnliche Substitution mit endständigem Chlor besitzen (*3*). CLXXXI hat man aus einer *Berkheya*-Art isoliert (*42*). Vom Entetrainen LVI abgeleitet ist bisher nur das Dithiophen-Derivat CLXXXII aus *Bidens connatus* (*8*) bekannt. Evtl. ist diese Verbindung identisch mit einer schon früher aus *Bidens radiatus* isolierten Verbindung, für die die Struktur CLXXXIII angegeben wurde (*53*). CLXXXIII kommt jedoch in *Rudbeckia*-Arten vor (*42*).

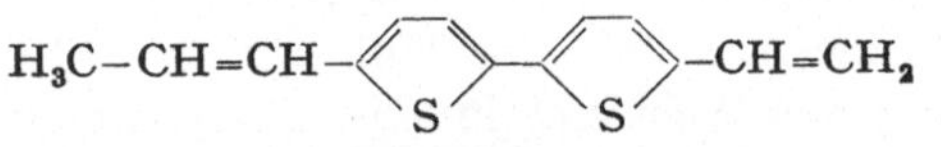

$H_3C{-}CH{=}CH{-}$(Thiophen)(Thiophen)$-CH{=}CH_2$

CLXXXII

$H_3C-$(Thiophen)(Thiophen)$-CH{=}CH{-}CH{=}CH_2$

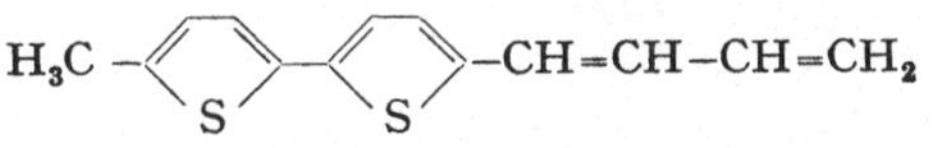

CLXXXIII

Die Struktur CLXXXII folgt eindeutig aus dem NMR-Spektrum und wurde durch Synthese gesichert (*42*).

Mit $^3H$-LVI konnte gezeigt werden, daß LVI in den Pflanzen in CLXXXII sowie CLVII übergeht (*42*).

*c) Dithio-Verbindungen.* Neben den Thiophen-Derivaten CLIV bis CLVI findet man häufig sehr instabile, intensiv rotgefärbte Verbindungen, die zwei Schwefelatome enthalten und sehr leicht unter Abspaltung von elementarem Schwefel in die entsprechenden Thiophene übergehen (*31*). Die spektralen Daten der Dithio-Verbindungen entsprechen weitgehend denen der Thiophene; in den IR-Spektren sind jedoch die C≡C-Banden wesentlich intensiver und in den NMR-Spektren tritt an die Stelle der β-Thiophen-Protonensignale ein AB-Quartett bei ca. 3,5 τ. Damit in Einklang stehen am besten die Strukturen CLXXXIV bis CLXXXVI, während die evtl. möglichen valenztautomeren cyclischen

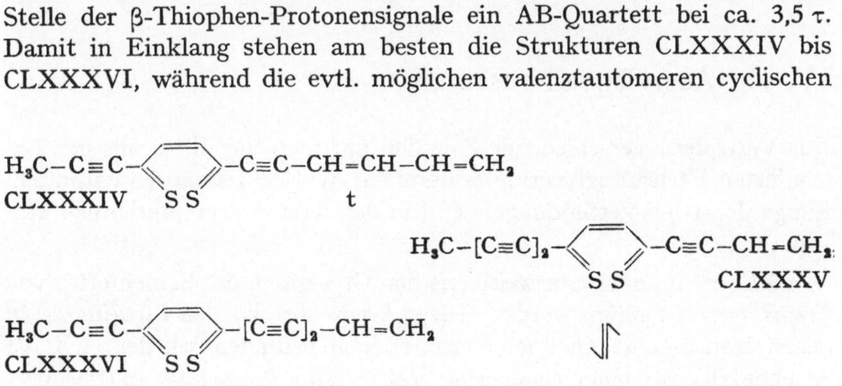

$H_3C{-}C{\equiv}C{-}$(S S)$-C{\equiv}C{-}CH{=}CH{-}CH{=}CH_2$ (t)

CLXXXIV

$H_3C{-}[C{\equiv}C]_2{-}$(S S)$-C{\equiv}C{-}CH{=}CH_2$

CLXXXV

$H_3C{-}C{\equiv}C{-}$(S S)$-[C{\equiv}C]_2{-}CH{=}CH_2$

CLXXXVI

⇅

$H_3C{-}[C{\equiv}C]_2{-}$(S–S)$-C{\equiv}C{-}CH{=}CH_2$

CLXXXVII

Disulfid-Formeln (*58*) (z.B. CLXXXVII) weniger wahrscheinlich sind, da nur für Thioketone ein langwelliger n-$\pi^*$-Übergang bei ca. 490 m$\mu$ bekannt ist.

Der zweifellos nicht ebene Disulfid-Ring sollte als 8$\pi$-Elektronensystem kaum eine derartige Bande zeigen.

Der leichte Übergang der Dithio-Verbindungen in die Thiophene könnte evtl. auch für die Biogenese von Bedeutung sein. Formal ist zwar nur eine $H_2S$-Anlagerung an eine Diin-Gruppierung notwendig, jedoch ist diese Reaktion sterisch schwer verständlich. Einleuchtender wäre die primäre Bildung eines Disulfids, das dann über die Dithio-Verbindungen unter Abspaltung von Schwefel in das Thiophen-Derivat übergehen könnte.

R–C≡C–C≡C–R′ → R–C(SH)=CH–C≡C–R′ (CLXXXVIII) → R–(Thiophen, S)–R′

R–C(S–S–H)=CH–C≡C–R′ (CLXXXIX) → R–(S–S-Ring)–R′ ⇌ R–(Ring, S, S)–R′ → R–(Thiophen, S)–R′

Möglicherweise könnte CLXXXIX auch aus CLXXXVIII und Schwefel gebildet werden. Die bisher ausgeführten Untersuchungen mit markierten Verbindungen erlauben noch keine eindeutige Entscheidung über diese Frage. Gesichert ist lediglich, daß die Thiophen-Derivate in der Pflanze aus den entsprechenden offenkettigen Polyinen gebildet werden (*21*, *25*, *60*).

## IV. $C_{18}$-Acetylencarbonsäuren

Aus Vertretern verschiedener Familien hat man vor allem aus den Samenfetten Fettsäureglyceride isoliert, die Acetylenfettsäuren enthalten. Einige derartige Verbindungen sind in den letzten drei Jahren neu aufgefunden.

CXCI ist interessanterweise aus den Glyceriden des Samenfettes von *Crepis foetida* isoliert worden. Diese Art gehört zu den *Liguliflorae*, in denen bisher keine Acetylen-Verbindungen gefunden wurden. CXCVI ist ebenfalls aus einer *Composite, Helichrysum bracteatum* (*59*), isoliert worden, während CXCII–CXCV in *Santalum acuminatum DC.* aufgefunden wurden.

| | | |
|---|---|---|
| CXC | $CH_3-(CH_2)_7-C{\equiv}C-(CH_2)_7-COOH$ | *(51)* |
| CXCI | $CH_3-(CH_2)_4-C{\equiv}C-CH_2-\underset{c}{CH{=}CH}-(CH_2)_7COOH$ | *(56)* |
| CXCII | $CH_3CH_2-[CH{=}CH]_2-[C{\equiv}C]_2-(CH_2)_7COOH$ | *(47, 48)* |
| CXCIII | $CH_3CH_2-CH{=}CH-[C{\equiv}C]_3-(CH_2)_7COOH$ | *(47)* |
| CXCIV | $CH_2{=}CH-CH{=}CH-[C{\equiv}C]_3-(CH_2)_7COOH$ | *(47)* |
| CXCV | $CH_3CH_2-CH{=}CH-[C{\equiv}C]_3-\underset{OH}{CH}(CH_2)_6COOH$ | *(47)* |
| CXCVI | $CH_3-(CH_2)_4-C{\equiv}C-CH{=}CH-\underset{OH}{CH}-(CH_2)_7COOH$ | *(59)* |
| CXCVII | $CH_3-(CH_2)_5-[C{\equiv}C]_2-(CH_2)_7COOH$ | *(50, 57)* |
| CXCVIII | $CH_3-(CH_2)_5-[C{\equiv}C]_2-\underset{OH}{CH}-(CH_2)_6COOH$ | *(50, 57)* |

Die Gruppe der $C_{18}$-Acetylencarbonsäuren ist biogenetisch sehr interessant, da hier die Frage auftaucht, ob nicht evtl. alle Acetylen-Verbindungen durch Dehydrierung einfacher Fettsäuren und anschließenden oxydativen Abbau vom Carboxylende der Kette gebildet werden *(43)*.

## V. Polyine aus Mikroorganismen

Auf der Suche nach weiteren Acetylen-Verbindungen aus den Kulturflüssigkeiten von Pilzkulturen sind drei neue Verbindungen isoliert worden. Das Diatretin 3 erwies sich als Hydroxysäure der Struktur CXCIX *(1)*. Der Ester CC und das sehr polare Tetrol CCI sind weitere neue Vertreter *(54)*.

$$\underset{\text{CXCIX}}{HOOC-CH{=}CH-[C{\equiv}C]_3-CH_2OH} \qquad \underset{\text{CC}}{HC{\equiv}C-C{\equiv}C-C{\equiv}C-CH{=}CH-COOCH_3}$$

$$H_3C-[C{\equiv}C]_4-\underset{OH}{CH}-\underset{OH}{CH}-\underset{OH}{CH}-\underset{OH}{CH_2} \quad \text{CCI}$$

Das Tetrain CCI ist interessant, da es mit den aus *Compositen* isolierten Tetraindien LIV strukturell nahe verwandt ist.

Obwohl bereits zahlreiche Polyine aus Mikroorganismen synthetisch dargestellt worden sind, gibt es mehrere Vertreter deren Synthese ungewöhnliche Schwierigkeiten bereitet. Ein Beispiel dafür ist das Mycomycin (CCIV). Bisher gelang nur die Darstellung des trans-Isomeren CCIII, wobei folgendes Schema benutzt wurde *(40)*:

$$HC{\equiv}C{-}C{\equiv}C{-}C{\equiv}C{-}[CH{=}CH]_2{-}CHO + Ph_3P{=}CHCOOR \rightarrow$$

tt

$$HC{\equiv}C{-}C{\equiv}C{-}C{\equiv}C{-}[CH{=}CH]_3{-}COOR \quad \text{CCII} \quad \xrightarrow{NaHg}$$

$$HC{\equiv}C{-}C{\equiv}C{-}CH{=}C{=}CH{-}[CH{=}CH]_2{-}CH_2COOR$$

tt CCIII

ct CCIV

Die partielle chemische Reduktion zum Allen-Diin-System gelingt mit überraschend guter Ausbeute, gibt jedoch keine Möglichkeit, das natürliche cis,trans-Isomere darzustellen.

## VI. Biochemie der natürlichen Acetylen-Verbindungen

An mehreren Beispielen konnte gezeigt werden, daß die Acetylen-Verbindungen aus Acet- und Malonat-Einheiten aufgebaut werden (*44*, *45*, *46*). Obwohl bisher keine experimentelle Stütze erarbeitet wurde, ist es wahrscheinlich, daß die Biogenese ein Nebenweg der Fettsäurebiogenese darstellt. Für die Bildung der Dreifachbindung kommen zwei Möglichkeiten in Betracht. Sie könnte etwa nach folgendem Schema entstehen:

$$R{-}\underset{\underset{O}{\|}}{C}{-}CH(COO^{\ominus})(COSCoA) \rightarrow R{-}\underset{O-Ⓟ-Ⓟ}{C}{=}C(C{=}O,\ O^{\ominus})(COSCoA) \rightarrow R{-}C{\equiv}C{-}CO_2H$$

In vitro kann gezeigt werden, daß die Enoltosylate von Acylmalonsäurehalbestern bereits mit Natriumhydrogencarbonat in Acetylencarbonsäuren übergehen (*49*), so daß angenommen werden darf, daß auch das obige Schema biogenetisch möglich ist.

Der zweite Weg bestünde in einer Dehydrierung weitgehend gesättigter Fettsäuren (*43*). Da bekannt ist, daß Ölsäure durch Dehydrierung von Stearinsäure gebildet wird, ist eine weitere Dehydrierung zur Dreifachbindung nicht auszuschließen. Wie das Beispiel der Crepis-Säure (CXCI) zeigt, gibt es wahrscheinlich auch Enzym-Systeme, die Ölsäure in β-Stellung dehydrieren. Durch anschließende oxydative Hydroxylierung unter Allylumlagerung könnte aus CXCI die Hydroxysäure CXCVI gebildet werden. Weitere Dehydrierung zu stark ungesättigten Säuren, wie z.B. CXCIII und anschließender oxydativer Abbau könnten dann die entsprechenden Säuren mit 10–16 C-Atomen liefern, die entweder durch Decarboxylierung ungeradzahlige oder durch Reduktion der endständigen Carboxyl-Gruppe geradzahlige C-Ketten ergeben würden. Wenn man die Strukturen einiger ungesättigter Fettsäuren mit denen anderer natürlicher Acetylenverbindungen vergleicht, lassen sich rein theoretisch durchaus derartige Möglichkeiten ablesen, wie das folgende Schema zeigen möge:

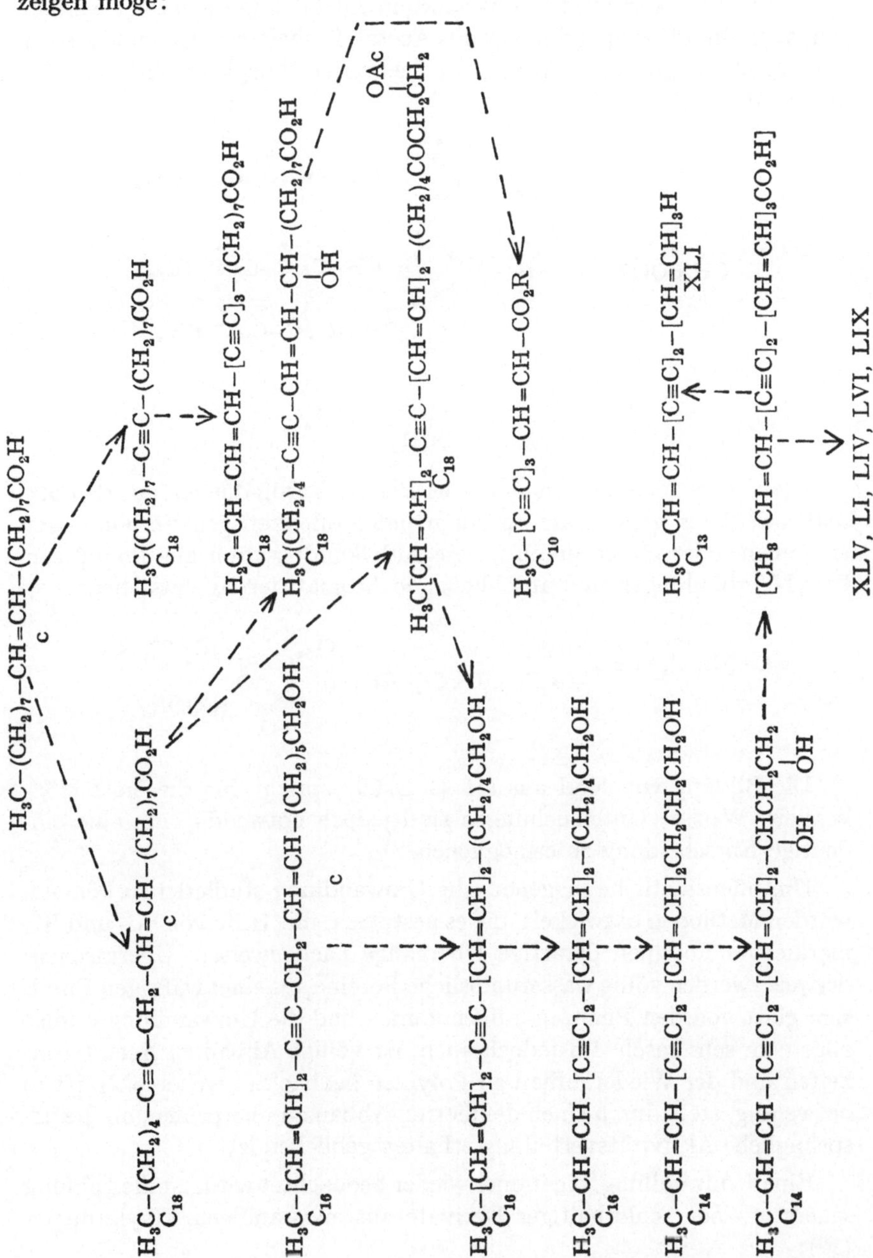

Die Zukunft wird zeigen, welcher der beiden denkbaren Biogenesewege von der Pflanze beschritten wird, oder ob evtl. auch beide Wege am Aufbau der Polyine beteiligt sind.

Durch Fütterung mit $^{14}$C-markiertem Acetat konnte gezeigt werden, daß auch die Phenylpolyine nur aus Acetat-Einheiten aufgebaut werden, wie durch sorgfältigen Abbau an mehreren Beispielen sichergestellt wurde (*42*):

$$CH_3\overset{*}{C}OO^{\ominus} \longrightarrow \begin{cases} C_6H_5^{*}-\overset{*}{C}\equiv C-\overset{*}{C}\equiv C-\overset{*}{C}\equiv C-CH_3 \\ C_6H_5^{*}-CH(OAc)-C\equiv\overset{*}{C}-C\equiv\overset{*}{C}-CH_3 \\ C_6H_3^{*}(OCH_3)(COOCH_3)-CH_2-C\equiv\overset{*}{C}-C\equiv\overset{*}{C}-CH_3 \end{cases}$$

Offen ist jedoch die Frage, ob die Phenyl-Verbindungen aus den oftmals mit ihnen gemeinsam vorkommenden offenkettigen Verbindungen entstehen, oder ob sie durch innere Aldolkondensation aus Poly-β-carbonyl-Verbindungen und anschließende Aromatisierung entstehen:

$$\text{C}\equiv\text{C}-[\text{C}\equiv\text{C}]_2-\text{CH}_3 \dashrightarrow \text{Ph}-[\text{C}\equiv\text{C}]_3-\text{CH}_3 \dashleftarrow \text{O=}\ldots-[\text{C}\equiv\text{C}]_3-\text{CH}_3\ \ \text{O}\ \ \text{COOR}\ \ \text{O}$$

Die Bildung von XXI aus III (s. S. 69) spricht für die erste Möglichkeit. Weitere Untersuchungen sind jedoch notwendig, um eine eindeutige Entscheidung zu ermöglichen.

Um offensichtliche biogenetische Umwandlung studieren zu können, wurden Methoden entwickelt, die es gestatten, mit Hilfe von $^{14}$C- und $^{3}$H-markierten Polyinen derartige Übergänge nachzuweisen. Überraschenderweise werden völlig wasserunlösliche Polyine aus einer wäßrigen Emulsion glatt von den Pflanzen aufgenommen und die Umwandlung erfolgt allgemein sehr rasch. Da jedoch auch der völlige Abbau zu Acetat-Einheiten und der Wiederaufbau zu Polyinen beobachtet wurde (*42*), ist es notwendig, stets durch einen definierten Abbau zu überprüfen, ob die ursprüngliche Aktivitätsverteilung erhalten geblieben ist.

Eine Umwandlung, die immer wieder beobachtet wird, ist die Bildung sauerstoff- oder chlorhaltiger Derivate aus endständigen Vinylgruppen (*20*):

$$R{-}CH{=}CH_2 \rightarrow R{-}\underset{\diagdown O \diagup}{CH{-}CH_2} \begin{array}{l} \nearrow R{-}CH_2CH_2OR' \\ \searrow R{-}\underset{X}{\underset{|}{C}}H{-}\underset{Y}{\underset{|}{C}}H_2 \end{array} \qquad \begin{array}{l} X = OH, OAc, Cl \\ Y = OH, OAc \end{array}$$

Weiterhin ist die Eliminierung einer endständigen Methylgruppe sehr häufig festzustellen:

$$R{-}CH_3 \rightarrow R{-}CH_2OH \rightarrow RCOOH \rightarrow R{-}H$$

Auch die Bildung von Thioenoläthern aus den entsprechenden Polyinen scheint ein allgemeines Biogeneseprinzip zu sein:

$$R{-}C{\equiv}C{-}R' \rightarrow R{-}CH{=}\underset{SCH_3}{\underset{|}{C}}{-}R'$$

Das gleiche gilt für die Biogenese der Thiophen-Derivate (s. S. 85). Furanderivate werden offensichtlich aus In-en-olen oder über Dihydrofurane gebildet (s. S. 81 und 88).

$$-C{\equiv}C{-}C{\equiv}C- \rightarrow -\text{(Thiophen-2,5-diyl)}-$$

$$-C{\equiv}C{-}CH{=}CH{-}CH_2OH \rightarrow -\underset{|}{\overset{|}{C}}-\text{(2-Furyl)}$$

Die Isomerisierung einer trans-Doppelbindung in die cis-Konfiguration erfolgt ebenfalls sehr rasch (*42*), so daß hier in der Pflanze ein Gleichgewicht vorzuliegen scheint, da häufig beide möglichen Isomeren vorkommen. Erste Anhaltspunkte sprechen dafür, daß auch die biologische Hydrierung einer Dreifachbindung zur Doppelbindung möglich ist (s. S. 71).

## VII. Ausblick

Obwohl heute bereits über 300 natürlich vorkommende Acetylen-Verbindungen isoliert und aufgeklärt sind, ist anzunehmen, daß die Entwicklung auf diesem Gebiet noch keineswegs abgeschlossen ist, da bisher nur ein sehr kleiner Bruchteil der Pflanzen untersucht werden konnte. Jedoch zeichnen sich schon jetzt, insbesondere bei den *Compositen*, gewisse Gesetzmäßigkeiten ab, die zweifellos für die Pflanzensystematik wertvoll sind. Bis heute sind etwa 900 Arten dieser Familie untersucht.

In allen zwölf Tribus der *Tubuliflorae* findet man Acetylen-Verbindungen, und zwar in zehn Tribus das Pentainen LIX, meistens zusammen mit biogenetischen Folgeprodukten sehr unterschiedlicher Struktur. Im Tribus *Astereae* findet man dagegen nur die $C_{10}$-Ester und ihre Derivate, während im Tribus *Anthemideae* ebenfalls das Pentainen fehlt, dafür findet man jedoch neben $C_{10}$-Verbindungen sehr viele, teilweise für bestimmte Gattungen recht spezifische, außerordentlich stark strukturell variierende Acetylen-Verbindungen. Die meisten Verbindungen besitzen in diesem Tribus ein $C_{13}$-Kohlenstoffskelett, jedoch sind auch $C_{14}$-, $C_{16}$- und $C_{17}$-Verbindungen vorhanden. Bei vielen großen Gattungen erscheint eine erneute botanische Untersuchung unter Hinzuziehung der oft recht unterschiedlichen Inhaltsstoffe sinnvoll. Wieweit an Hand der Acetylen-Verbindungen erkennbare verwandtschaftliche Beziehungen phylogenetisch bedeutungsvoll sind, bedarf ebenfalls der Überprüfung von der Seite der Botanik. Bemerkenswert ist, daß bestimmte Acetylen-Verbindungen, die in der Familie *Compositae* vorkommen auch bei den *Umbelliferae* und *Araliaceae* gefunden werden.

Die Untersuchungen mit markierten Polyinen haben ergeben, daß diese Substanzen sehr rasch umgewandelt werden und somit im zentralen Stoffwechsel stehen müssen. Es ist daher relativ wahrscheinlich, daß die natürlichen Acetylen-Verbindungen energiereiche, äußerst reaktionsfähige Ausgangsstoffe zum Aufbau noch unbekannter, pflanzenphysiologisch wichtiger Verbindungen darstellen. Jedoch sind offenbar viele Acetylen-Verbindungen auch also solche für die Pflanze als Schutzstoffe gegen Befall durch Mikroorganismen bedeutungsvoll, da z. T. beachtliche Wirkungen gegen die verschiedensten Mikroorganismen zu beobachten sind. Über pharmakologische Wirkungen ist noch nicht sehr viel bekannt, jedoch zeichnen sich auch hier gewisse Aspekte ab.

Deutsche Pflanzennamen für einige Gattungen der Familie Compositae (Korbblütler), die Acetylenverbindungen enthalten.

| | | |
|---|---|---|
| *Achillea L.* | = | Schafgarbe |
| *Anthemis L.* | = | Hundskamille |
| *Arnica L.* | = | Wohlverleih |
| *Artemisia L.* | = | Beifuß |
| *Aster L.* | = | Sternblume |
| *Bidens L.* | = | Zweizahn |
| *Buphthalmum L.* | = | Ochsenauge |
| *Calendula L.* | = | Ringelblume |
| *Carduus L.* | = | Distel |
| *Carlina L.* | = | Eberwurz |
| *Centaurea L.* | = | Flockenblume |
| *Chrysanthemum L.* | = | Wucherblume (Marguerite) |
| *Cirsium Miller em. Scop.* | = | Kratzdistel |
| *Coreopsis L.* | = | Mädchenauge |

| | | |
|---|---|---|
| *Cotula L.* | = | Laugenblume |
| *Dahlia L.* | = | Dahlie |
| *Echinops L.* | = | Kugeldistel |
| *Erigeron L.* | = | Berufskraut |
| *Eupatorium L.* | = | Wasserdost |
| *Galinsoga Ruiz et Pavon* | = | Franzosenkraut |
| *Helianthus L.* | = | Sonnenblume |
| *Inula L.* | = | Alant |
| *Matricaria L.* | = | Kamille |
| *Onopordon L.* | = | Eselsdistel |
| *Rudbeckia L.* | = | Sonnenhut |
| *Santolina L.* | = | Cypressenkraut |
| *Saussurea DC.* | = | Alpenscharte |
| *Serratula L.* | = | Scharte |
| *Solidago L.* | = | Goldrute |
| *Tagetes L.* | = | Sammetblume |
| *Xanthium L.* | = | Spitzklette |
| *Xeranthemum L.* | = | Spreublume |

# Literatur

1. *Anchel, M.:* Metabolic Products of Clitocybe diatreta. III. Characterization of diatretyne 3 as trans-10-hydroxy-dec-2-en-4,6,8-trynoic acid. Arch. Bioch. Biophys. *85,* 569 (1959).
2. *Atkinson, R. E.* and *R. F. Curtis:* Thiophene Derivatives from Centaurea and Rudbeckia Spp. Tetrahedron Letters *1965,* 297.
3. – – and *G. T. Phillips:* Bithienyl Derivatives from Tagetes Minuta L. Tetrahedron Letters *1964,* 3159.
4. *Bohlmann, F.* und *C. Arndt:* Polyacetylenverbindungen. LXXVII. Mitt. Über einen neuen Polyintyp aus Anaphalis margaritacea B. et H. Chem. Ber. *98,* 1416 (1965).
5. – – *H. Bornowski* und *K.-M. Kleine:* Polyacetylenverbindungen. XLVIII. Mitt. Die Polyine der Gattung Anthemis L. Chem. Ber. *96,* 1485 (1963).
6. – – – – und *P. Herbst:* Polyacetylenverbindungen. LVI. Mitt. Neue Acetylenverbindungen aus Chrysanthemum-Arten. Chem. Ber. *97,* 1179 (1964).
7. – – *K.-M. Kleine* und *H. Bornowski:* Polyacetylenverbindungen. LXIX. Mitt. Die Acetylenverbindungen der Gattung Echinops L. Chem. Ber. *98,* 155 (1965).
8. – – – und *M. Wotschokowsky:* Polyacetylenverbindungen. LXXV. Mitt. Neue Inhaltsstoffe aus Bidens-Arten. Chem. Ber. *98,* 1228 (1965).
9. – – und *J. Starnick:* Polyacetylenverbindungen. L. Mitt. Zuordnung isomerer Enoläther durch NMR-Spektroskopie. Tetrahedron Letters *1963,* 1605.
10. – und *E. Berger:* Polyacetylenverbindungen. LXXIII. Mitt. Die Polyine der Gattung Buphthalmum L. Chem. Ber. *98,* 883 (1965).
11. – *D. Bohm* und *C. Rybak:* Polyacetylenverbindungen. LXXXVII. Mitt. Über die Struktur und Biogenese eines aus Anthemis-Arten isolierten Thioäthers. Chem. Ber. *98,* 3087 (1965).

12. – *H. Bornowski* und *C. Arndt:* Natürlich vorkommende Acetylenverbindungen. Fortschr. chem. Forsch. *4,* 138 (1962).
13. – – – Polyacetylenverbindungen. XLIX. Mitt. Weitere Polyine aus dem Tribus Anthemideae L. Liebigs Ann. Chem. *668,* 51 (1963).
14. – – – Polyacetylenverbindungen. LXXX. Mitt. Über das erste natürlich vorkommende Kumulen. Chem. Ber. *98,* 2236 (1965).
15. — — und *K.-M. Kleine:* Polyacetylenverbindungen. LXIII. Mitt. Über neue Polyine aus dem Tribus Heliantheae. Chem. Ber. *97,* 2135 (1964).
16. – – und *S. Köhn:* Polyacetylenverbindungen. LXIV. Mitt. Die Polyine der Gattung Cosmos. Chem. Ber. *97,* 2583 (1964).
17. – *B. Dietrich, W. Gordon, L. Fanghänel* und *J. Schneider:* Synthesen einiger natürlich vorkommender Acetylenverbindungen. Tetrahedron Letters *1965,* 1385.
18. – *L. Fanghänel, K.-M. Kleine, H. Kramer, H. Mönch* und *J. Schuber:* Polyacetylenverbindungen. LXXXI. Mitt. Über neue Polyine der Gattung Chrysanthemum L. Chem. Ber. *98,* 2596 (1965).
19. – und *G. Grau:* Polyacetylenverbindungen. LXXXIII. Mitt. Synthese und Bestimmung der absoluten Konfiguration des Angelicasäureesters aus Aster Novi Belgii L. Chem. Ber. *98,* 2608 (1965).
20. – und *U. Hinz:* Polyacetylenverbindungen. LI. Mitt. Biogenetische Beziehungen zwischen natürlich vorkommenden Polyinen. Chem. Ber. *97,* 520 (1964).
21. – – Polyacetylenverbindungen. LXXII. Mitt. Über biogenetische Umwandlungen des Tridecen-pentains. Chem. Ber. *98,* 876 (1965).
22. – – *A. Seyberlich* und *J. Repplinger:* Polyacetylenverbindungen. LIV. Mitt. Über biogenetische Umwandlungen natürlicher Polyine. Chem. Ber. *97,* 809 (1964).
23. – *H. Jastrow, G. Ertingshausen* und *D. Kramer:* Polyacetylenverbindungen. LIII. Mitt. Synthese natürlicher Acetylenverbindungen aus dem Tribus Anthemideae L. Chem. Ber. *97,* 801 (1964).
24. – *W. v. Kap-herr, L. Fanghänel* und *C. Arndt:* Polyacetylenverbindungen. LXXVI. Mitt. Über einige neue Inhaltsstoffe aus dem Tribus Anthemideae. Chem. Ber. *98,* 1411 (1965).
25. – – *C. Rybak* und *J. Repplinger:* Polyacetylenverbindungen. LXXIX. Mitt. Synthese und Biogenese von Anthemis-thioäthern. Chem. Ber. *98,* 1736 (1965).
26. – und *K. M. Kleine:* Polyacetylenverbindungen. XLVI. Mitt. Die Polyine aus Anacyclus radiatus Lois. Chem. Ber. *96,* 588 (1963).
27. – – Polyacetylenverbindungen. XLVII. Mitt. Die Polyine aus Flaveria repanda Lag. Chem. Ber. *96,* 1229 (1963).
28. – – Polyacetylenverbindungen. LVII. Mitt. Über zwei neue Polyinacetate. Chem. Ber. *97,* 1193 (1964).
29. – – Polyacetylenverbindungen. LXXI. Mitt. Über die Inhaltsstoffe von Dahlia Merckii Lehm. Chem. Ber. *98,* 872 (1965).
30. – – Polyacetylenverbindungen. LXXIV. Mitt. Die Polyine aus Tridax trilobata Hemsl. Chem. Ber. *98,* 1225 (1965).
31. – – Polyacetylenverbindungen. LXXXVI. Mitt. Über rotgefärbte natürliche Schwefelacetylenverbindungen. Chem. Ber. *98,* 3081 (1965).
32. – – und *C. Arndt:* Polyacetylenverbindungen. LXII. Mitt. Über natürlich vorkommende Thiophenacetylenverbindungen. Chem. Ber. *97,* 2125 (1964).

33. – – – Polyacetylenverbindungen. LXVIII. Mitt. Über einen Polyinester aus Aster Novi Belgii L. Chem. Ber. *97*, 3469 (1964).
34. – – – und *S. Köhn:* Polyacetylenverbindungen. LXXVIII. Mitt. Neue Inhaltsstoffe der Gattung Anthemis L. Chem. Ber. *98*, 1616 (1965).
35. – – und *H. Bornowski:* Polyacetylenverbindungen. LXX. Mitt. Die Acetylenverbindungen der Gattung Grindelia W. Chem. Ber. *98*, 369 (1965).
36. – *H.-J. Koch, S. Köhn* und *W. Herfurt:* Polyacetylenverbindungen. LXVI. Mitt. Die Polyine aus Aethusa cynapium L. Chem. Ber. *97*, 2598 (1964).
37. – *H. Kramer* und *G. Ertingshausen:* Polyacetylenverbindungen. LXXXII. Mitt. Synthesen natürlicher Acetylenverbindungen aus dem Tribus Anthemideae. Chem. Ber. *98*, 2605 (1965).
38. – *U. Niedballa* und *J. Schneider:* Polyacetylenverbindungen. LXXXIV. Mitt. Synthesen natürlich vorkommender $C_{17}$-Polyine. Chem. Ber. *98*, 3010 (1965).
39. – und *A. Seyberlich:* Polyacetylenverbindungen. LXXXV. Mitt. Synthesen der cis,trans-isomeren Thioenolätherpolyine aus Flaveria repanda Lag. Chem. Ber. *98*, 3015 (1965).
40. – und *W. Sucrow:* Polyacetylenverbindungen. LIX. Mitt. Synthese des trans.trans-Mycomycins. Chem. Ber. *97*, 1846 (1964).
41. – – und *I. Queck:* Polyacetylenverbindungen. LXV. Mitt. Über den Aufbau von Polyinen mit endständiger Dreifachbindung. Chem. Ber. *97*, 2586 (1964).
42. – und Mitarbeiter: Unveröffentlicht.
43. *Bu'Lock, J. D.:* Anniversary Meeting of the Chemical Society, Glasgow 1965.
44. – *D. C. Allport* and *U. B. Turner:* The Biosynthesis of Polyacetylenes. Part III. Polyacetylenes and Triterpenes in Polyporus anthracophilus. J. Chem. Soc. (London) *1961*, 1654.
45. – and *H. Gregory:* Biosynthesis of Polyacetylenic Antibiotics. Biochem. J. *74*, 322 (1959).
46. – and *H. M. Smalley:* The Biosynthesis of Polyacetylenes. Part V. The Role of Malonate Derivatives, and the Common Origin of Fatty Acids, Polyacetylenes, and "Acetate-derived" Phenols. J. Chem. Soc. (London) *1962*, 4662.
47. – and *G. N. Smith:* Acetylenic Fatty Acids in Seeds and Seedlings of Sweet Quandong. Phytochemistry *2* (3), 289 (1963); Biochem. J. *85*, 35 (1962).
48. *Crombie, L.* and *J. C. Williams:* Lipids. Part VIII. Syntheses of cis-13- and trans-Octadec-13-ene-9,11-diynoic Acids, and Octadeca-cis-13,trans-15- and -trans-13,trans-15-diene-9,11-diynoic Acids: Their Status in Nature. J. Chem. Soc. (London) *1962*, 2449.
49. *Fleming, I.* and *J. Harley-Mason:* Enol Elimination Reactions. Part I. A New Synthesis of Acetylenic Acids. J. Chem. Soc. (London) *1963*, 4771.
50. *Gunstone, F. D.* and *A. J. Sealy:* Fatty Acids. Part XII. The Acetylenic Acids of Isano (Boleko) Oil. J. Chem. Soc. (London) *1963*, 5772.
51. *Hopkins, C. Y.* and *M. J. Chrisholm:* Occurrence of Stearolic Acid in a Seed Oil. Tetrahedron Letters *1964*, 3011.
52. *Irie, T., M. Suzuki*, and *T. Masamune:* Laurencin, a Constituent from Laurencia Species. Tetrahedron Letters *1965*, 1091.

53. *Jensen, L.* and *N. A. Sörensen:* Studies Related to Naturally Occurring Acetylene Compounds, XXIX. Preliminary Investigations in the Genus Bidens: 1. Bidens radiatus Thuill. and Bidens ferulaefolia DC. Acta Chem. Scand. *15,* 1885 (1961).
54. *Jones, Sir E.:* Privatmitteil.
55. *Mathews, W. S., G. B. Pickering,* and *A. T. Umok:* Acetylenic Ethers in the Essential Oil from Litsea odorifera Val. Chem. and Ind. *1963,* 122.
56. *Mikolajczak, K. L., C. R. Smith, M. O. Bagby,* and *I. A. Wolff:* A New Type of Naturally Occurring Polyunsaturated Fatty Acid. J. Org. Chem. *29,* 318 (1964).
57. *Morris, L. J.:* The Oxygenated Acids of Isano (Boleko) Oil. J. Chem. Soc. (London) *1963,* 5779.
58. *Mortensen, J. T., J. S. Sörensen,* and *N. A. Sörensen:* Studies Related to Naturally Occurring Acetylene Compounds. XXXII. A Preliminary Note on a Red Acetylenic Pigment in Eriophyllum caespitosum Dougl. Acta Chem. Scand. *18,* 2392 (1964).
59. *Powell, R. G., C. R. Smith, C. A. Glass,* and *I. A. Wolff:* Helichrysum Seed Oil. II. Structure and Chemistry of a New Enynolic Acid. J. Org. Chem. *30,* 610 (1965).
60. *Schulte, K. E., G. Rücker* und *W. Meinders:* The Formation of Methyl Propynylthienylacrylate from Dehydromatricaria Ester in Chrysanthemum vulgare. Tetrahedron Letters *1965,* 659.
61. *Sörensen, N. A.:* Chemical Plant Taxonomy, S. 238 Academic Press (London und New York) (1963).
62. *Sörensen, J., J. Mortensen,* and *N. A. Sörensen:* Studies Related to Naturally Occurring Acetylene Compounds XXXI. A Preliminary Note on the Acetylenic Constituents of Calocephalus citreus Less. Acta Chem. Scand. *18,* 2182 (1964).
63. *Takahashi, M.* and *M. Yoshikura:* Studies on the Components of Panax Ginseng C. A. Meyer. III. On the Etheral Extract of Ginseng Radix Alta (3) On the Structure of a New Acetylene Derivative "Panaxynol". J. pharm. Soc. *84,* 752, 757 (1964).

(Eingegangen am 14. Juni 1965)

# Recent Developments in Lignin Chemistry

**By Dr. John M. Harkin***

**Forschungsinstitut für die Chemie des Holzes und der Polysaccharide, Organisch-Chemisches Institut der Universität Heidelberg**

**Contents**



## A. The scope of this article

Work on lignin has now been going on for one-and-a-quarter centuries, and consequently the amount of information available on this natural material is now immense. The powerful new techniques of organic and physical chemistry and biochemistry introduced since the second world war that have brought so much progress in every other field of science have made their mark in lignin research too. For economic and academic reasons that will become apparent below, interest in lignin has been increasing of late; several hundred articles related directly or indirectly to lignin and involving almost every discipline of science appear annually in general or specialized scientific journals throughout the world.

Almost every year, international symposia on wood or lignin chemistry are held in some part of the globe and the transactions recorded in journals or in book form. Recent meetings include those at Atlantic City

* Address after July 1, 1966: Division of Wood Chemistry, Forest Products Laboratory, Madison, Wisconsin 53705, USA.

in 1965[1], Grenoble in 1964 [cf. (*10*)], Toronto and London[2] in 1963, Harvard Forest [cf. (*153*)] and Eberswalde [cf. (*106*)] in 1962, Helsinki and Montreal[3] in 1961, Seattle in 1960, and Vienna in 1958 [cf. (*94*)]. In addition, many meetings are also held at a national level, e.g. the annual meetings of the Trade Association of the Pulp and Paper Industries (Tappi) in the USA.

Progress in the lignin field is so rapid and so broad that some of the opinions or data given in older or even relatively recent publications or reviews are now outdated or known to be erroneous. Moreover, for lack of sufficient experimental facts, there is still some controversy about certain aspects of ligninology. It is therefore clear that any short review of lignin chemistry cannot give anything approaching complete coverage or criticism of the subject or convey a complete picture.

Many outstanding reviews (*1–3, 23, 24, 33, 41–46, 80, 91–93, 118, 120, 121, 129*) and books on lignin (*10, 20, 21, 94, 98, 132, 152, 153*) have appeared within the last decade and several other monographs or surveys on the subject are at present in preparation or projected. Because the field has become so expansive, the tendency has arisen for authors to review only their own special aspect of lignin research.

In view of these general developments, the following article is not intended to give an exhaustive treatment of research on lignin, but rather to give a somewhat superficial general picture of the present status of knowledge in this field and to indicate what sort of problems are being worked on at the moment. It would be futile to attempt to give a complete list of references; instead, an endeavor has been made to give the first and some recent leading references to each phase of the subject and to indicate the typical kinds of investigations that are currently being carried out in the principles centres of lignin research. It is hoped that this approach will provide openings for the interested but uninitiated reader to trace his way back into more specific literature on the topic of his concern.

If in this article too the work of the Heidelberg school appears to feature as a main theme, this is merely the result of the author's greater familiarity with these aspects of lignin and is not intended to emphasize the importance of this work or to neglect or deprecate the valuable contributions that have been made from different approaches by other groups, for our current knowledge of lignins has been the outcome of an

[1] The transactions of the Atlantic City "Symposium on Lignin Reactions" will appear in the Advances in Chemistry Series in 1966.

[2] The papers on the "Degradation of Lignin in Geological Environments" appeared in a special issue of Geochimica et Cosmochimica Acta.

[3] The lectures presented at the IUPAC meeting in Montreal were published in the Journal of Pure and Applied Chemistry.

abundance of collateral effort. The chemical mechanistic rather than the biochemical side of the process of lignification has been stressed. Nonetheless, the whole may appear to be more of a review of reviews than a straight review of original papers.

Almost comprehensive and largely unbiased references to original publications and patents in lignin chemistry up until about 1959 can be found in the books by *Brauns* (and wife) (*20, 21*); more recent papers are listed almost in full in the annual reviews of lignin by *Pearl* (*120, 121*).

## B. The nature and importance of lignin

The chemistry of lignin is an important aspect of the chemistry of wood; in fact, one might go so far as to say it is the chemistry of wood, for no plant cell or tissue can be described as being woody unless it contains lignin, a lot of lignin. The word "lignin" itself, coined by the French chemist *Anselme Payen* in 1839 to describe this material that makes wood what it is, finds its etymology in the neuter Latin noun "lignum" meaning simply "wood". It is lignin, in close association with cellulose, which confers upon the tissues of plants the properties which we associate essentially with wood: its hardness and rigidity, coupled with elasticity, and even its basic color and appearance. Even more characteristic properties of wood are due to its lignin content. Wood craftsmen from the artisans and boatbuilders of old to the modern furniture designer have known and applied the facts that wood softens on steaming and retains on recooling any new form into which it has been constrained while still warm and pliant. The explanation for this phenomenon is to be found in the thermoplasticity of lignin: lignin is merely softened by the mild heat and can be remolded into a new shape which it maintains on cooling because it resets to its original hardness. Similar plasticity is also obtained with liquid ammonia (*133*).

However, lignin is not only present in materials that are conventionally regarded as wood in the everyday sense of the word; it also occurs in reeds and in the stalks of grasses, grain cereal plants, and ferns. Bamboos, sugar canes, and straws contain large amounts of lignin, although only bamboo is used as a constructional material because of its "woody" properties. Even root crops such as beets, turnips, and radishes, vegetables such as asparagus shoots, or fruit such as pears can have the undesireable properties of being "woody". This is due to the formation of lignified "stone cells". Stone cells also occur in the barks of trees [cf. (*97*)].

However, it is not only considerations such as these that have aroused the interest of scientists in lignin, but much more practical matters. The vast amount of lignin that is produced annually in the pulp and paper industry of the world in the form of lignosulfonates makes it a material of astounding potential economic importance. Currently almost 75 million tons of wood pulp are produced annually in the world, hence about 40–50 million tons of "lignin" are simultaneously produced as a by-product. This is mainly in the form of sulfonated derivatives polluted with carbohydrate residues. This is more of a bane than a boon to industry, for the lignosulfonates discharged from pulping plants still represent a waste product that presents immense disposal problems.

Because lignin cannot be used, it must be disposed of as safely and economically as possible. It is now no longer permissibly to merely "throw it away" by releasing the effluent from pulping mills into the local waterways. Lignin contains much carbon and hydrogen, and has thus a high oxygen requirement for biodegradation. Even if lignosulfonate solutions are adjusted to a physiological pH before dumping into rivers, the biological oxidation of the lignin proceeds extremely slowly, especially when it is chemically altered by pulping processes. It therefore acts as a sort of cumulative poison, and repeated additions of even relatively small amounts exhaust the oxygen content in rivers and streams and hence asphyxiate not only all fish but also all water insect and aerobic microbial life. The legislature in most industrialized – and hence densely populated – countries prohibits water pollution of this kind, hence the pulp manufacturer has to resort to other methods to dispose of his unwanted lignosulfonates. Nowadays, for example, the bulk of the lignosulfonates is precipitated from the liquors discharged from the pulping digesters by addition of lime to pH 10.5–12.2 and filtered off and converted into neutral sodium or magnesium lignosulfonate by treatment with sulfuric acid plus sodium or magnesium sulfate – provided some market is available for the product. Some of the few uses to which lignin can be put will be mentioned later. Normally, however, the concentrated liquor is merely evaporated to dryness and burnt, e.g. in a Tomlinson furnace, the heat produced being used to evaporate further batches of liquor and to make electricity and steam for the energy requirements of the pulping plant. The chemicals required for the pulping cook are largely recovered in the combustion residues. Both of these approaches are far from ideal, for in both, apart from the technical difficulties involved, residual solutions are obtained that are too dilute to warrant economical processing. Such dilute residues must still be disposed of and this means extra costs and inconveniences for pulping firms.

Lignin thus represents one of the greatest enigmas of applied chemical research: despite over a century of study, it is still impossible to apply more than a trifling fraction of the world output of lignosulfonates for useful purposes. The man of perspicacity who discovers a useful application for lignin has the prospect of agglomerating more money from it than Andrew Carnegie did from steel or Alfred Nobel from dynamite.

The main reason that a useful outlet for lignin could not be found was that far too little was known about the chemical structure and properties of the unmodified, natural material. The ordinary methods used for isolating and identifying natural products all failed when applied to lignin, but it is only looking back in retrospect from the present-day knowledge of lignin that the reasons for this state of affairs can be recognized. Lignin is a high polymer of a most unusual type. The native molecule is apparently completely amorphous and is highly branched. In addition, it is a graft polymer in intimate physical admixture and chemical combination with the cellulose and hemicelluloses in plants. In this respect the function of lignin in the plant cell can be compared with that of the polyester resins used in making boats, car bodies, or gliders from fiberglass. The network of cellulose fibres in the plant cell wall is comparable with the glass-fibre textile which is modelled into the desired shape (matrix) before being impregnated with the polyester in order to solidify it. Similarly lignin stops up the spaces between the cellulose fibrils and solidifies the structure of the plant cell. Moreover, in the plant cell the lignin molecule probably intertwines among the cellulose fibrils like a climbing plant in a trelliswork. Just as many such climbing plants attach themselves to the trellis frame with tendrils, so lignin adheres to the cellulose framework with its chemical bonds. Some of the lignin molecules may later become stretched out under slight tension between the cellulose fibrils owing to these bonds when the cell stretches. In other words, the lignin molecule may perhaps become slightly orientated in the plant. The lignin would then no longer merely stop up the spaces between the cellulose fibres like the polyester resin in fiberglass but would play a structural role more similar to that of honeycomb paper reinforcement between laminated board. The intrinsic dichroism of lignin in cell walls (*63*), although thought to be due merely to form anisotropy of the lignin, might perhaps be interpreted as being caused in part by orientation of this kind.

No matter what its state is in the cell wall *in vivo*, when the lignin molecule is released from its attachment to the cellulose matrix, either by breaking its tendril-like bonds (e.g. by pulping) or destruction of the cellulose matrix (e.g. by hydrolysis with acids or enzymes), it rolls up to a globular entangled mass something like tumbleweeds.

This situation makes lignin extremely difficult to isolate from plants for purposes of chemical investigation. The normal physicochemical methods used for separating other natural polymers from the mixtures in which they occur fail when applied to lignin, owing to its intimate admixture and chemical combination with the plant polysaccharides. If chemical methods are applied to split the bonds between the carbohydrates and the lignin, the latter undergoes drastic changes which alter its structure and properties, e.g. its solubility is greatly reduced and its thermoplasticity disappears. However, this is not the main difficulty encountered in trying to discover what lignin is. Even when isolated, unlike other natural polymers, lignin cannot be broken down by hydrolysis into smaller units which are easier to identify. Its molecule does not contain a relatively weak bond at periodic intervals. Polysaccharides are generally made up of one or two simple sugars that are joined up together by anhydro bonds which can be split again by hydrolysis with chemical reagents or enzymes. Proteins are made up of a larger-number of different monomer units, the 18 natural amino acids, but these are all linked together by one type of bond, the peptide bond, which can again be broken by hydrolysis with acids or enzymes. It is now known that lignin is also made up of only two or three extremely similar monomers but these are joined together in such a variety of ways that efficient degradation of the molecule cannot be achieved simply by hydrolysis.

These complications proved to be the greatest deterrents to identification of the structure of lignin. Without knowledge of the make-up of lignin, it is clear that little promise could be expected from empirical studies directed at finding useful applications for it. In view of this situation, there has been a great intensification in fundamental research on the structure and properties of lignin in the hope that a better scientific foundation could be laid for future applied research.

Completely new methods of approach, especially biochemical methods, had to be adopted, but these have enjoyed a large measure of success over the past twenty years. However, the picture is still not entirely complete and rapid progress is still being made.

## C. Isolation of lignin

It is extremely difficult to extract lignin from wood. The reason for this is not merely that it is so intimately mixed with cellulose or even encased in cellulose membranes like starch granules. The reverse is truer: the cellulose is embedded in a paste of lignin. The lignin is actually attached to the polysaccharides in plants by chemical bonds. Evidence for such lignin-carbohydrate bonds up to 1960 has been reviewed by *Mere-*

*wether* (*110*). The linkages in question may hydrogen bonds, acetal (*19*) or ester groupings, and ether linkages. Hence any method for the separation of lignin from plant polysaccharides (cellulose, hemicelluloses) must involve cleavage of these lignin-carbohydrate bonds. The greater the number of such bonds that are broken, the better the separation of the lignin and carbohydrates. Most methods that provide efficient cleavage of these bonds unfortunately cause vast alterations or degradations of the lignin and/or carbohydrates. Milder methods liberate only minute amounts of the separate components and even these fractions are already partially degraded.

In pulping processes (*26, 115, 127, 128, 138, 150, 151*), large yields of gnin-free but undegraded cellulose fibres are desired. Pulping strivesli to achieve this aim by *delignification*. The quality of the pulp and of the paper made from it – newsprint, book, tissue, or paperboard – depends to a large extent on its residual lignin content, and a comprise must be made between the amount of fiber liberation and the purity of the cellulose (*141*). The yield of pulp can constitute 30–90% of the dry weight of the wood, and its lignin and hemicellulose content varies accordingly. Groundwood pulps are made by merely grinding white softwoods with a rotating stone and contain almost all of the lignin in the original wood. When mixed with better quality chemical pulps, these are used for newsprint because of their cheapness and suitability for fast printing. The fast absorption of printing ink, the low wet strength, and the yellowing in sunlight of newsprint are all probably results of its high lignin content. In semichemical pulping, a little lignin is removed from wood chips by the methods used for chemical pulping (see below) before the cellulose fibres are released mechanically. The resultant pulps are of slightly higher grade and can be used for boards, newsprint, magazine and tissue paper. Darker softwoods, hardwoods, and even straw can be processed in this way.

In chemical pulping, wood chips are treated in one or more stages with reagents in solution that are designed to remove some or most of the lignin from the wood, generally in an altered form. Heat and pressure accelerate the reactions involved and aid penetration of the chemicals into the wood. Most of the reactions used are unfortunately of low selectivity: the removal of lignin is incomplete and degradation of the plant fibres occurs.

Lignin contains phenolic and a few carboxylic acid groups; it therefore dissolves in sodium hydroxide. Soda pulping is based on this fact. Here, at the high temperatures used, ester bonds are hydrolyzed, and some of the carbohydrate-lignin ether bonds are split. Cold caustic soda is used for semichemical processes.

The quality and yield of pulp is improved by inclusion of certain sulfur compounds in the cooking liquors used for pulping. In the kraft process (*151*), sodium sulfide is added. This process is sometimes called sulfate pulping because sulfate is reduced to sulfide under the conditions used and produces the same effect. The sulfide helps to break ether bonds between cellulose fibers and lignin and within the lignin molecule itself. The ungrafted, partially degraded lignin molecules then dissolve more readily in the alkali. Sulfite and bisulfite pulping (*150*) involves cooking of wood chips with sulfurous acid or magnesium or calcium sulfite or bisulfite and depends upon cleavage of the same ether bonds with conversion of the liberated lignin into lignosulfonates which dissolve in water or the alkaline cooking liquor.

It is the lignin derived from these processes that presents the current problems in disposal or economical utilization that have boosted the interest in lignin. Because of the residues of lignin left in the pulps even after chemical pulping, the pulps have to be bleached, e.g. with chlorine, hypochlorite, chlorine dioxide, or hydrogen peroxide. Intermittent extraction with alkali may even remove more lignin during bleaching. Attempts have even been made to evolve pulping processes based on oxidative degradation of lignin with $Cl_2$, $ClO_2$, or $HNO_3$ and subsequent extraction of the wood with alkali. Despite the use of cheap nitric acid and extraction of the nitrolignin with ammonia for use as a fertilizer, even this method has had only minor economic success to date.

Even the mildest pulping process, hydrotropic extraction, i.e. repeated extraction with concentrated aqueous solutions of organophilic electrolytes such as sodium xylenesulfonate or cymenesulfonate, has failed because of an outlet for the extracted lignin, which is precipitated by mere dilution of the solution. Other methods based on hydrolysis of the wood with acids, e.g. HCl, $HNO_3$, $AlCl_3$, acetic acid, acetyl chloride, $SO_2$, or phenol, are merely of laboratory interest.

Methods for the *extraction of lignin* from wood are invariably based upon destruction of its polysaccharides and are intended to leave a residue of lignin for chemical investigation or quantitative assay. Short reviews of these methods are available (*20, 21, 45, 132*). The methods that ensure complete breakdown of the cellulose, e.g. hydrolysis with 72% sulfuric acid (Klason lignin) or cold fuming hydrochloric acid (Willstätter lignin), or oxidation with sodium periodate (Purves periodate lignin), defeat their own purpose by altering the lignin beyond recognition by self-condensation or oxidation. Even milder treatment with dioxan/HCl in the cold (Freudenberg dioxan lignin) or hot (Pepper dioxan lignin) or thioglycolic acid plus an acidic catalyst (Holmberg thioglycolic acid lignin) yield modified lignins that also contain chlorine or carboxymethylthio groupings. Clever attempts to remove the lignin by dissolution of the plant cellulose with cuprammonium hydroxide after hydrolysis of the hemicelluloses with dilute sulfuric acid (Freudenberg's cuproxam lignin) or to digest the cellulose with microorganisms (brown rots) which contain cellulases (Nord's enzymatically liberated lignins) also proved ineffective. Extensive degradation of the lignin occurred by oxidation owing to the presence of the copper ions or oxidases, and the removal of cellulose was incomplete. Extraction of wood with neutral organic solvents removes a small amount of lignin (Brauns' soluble lignin) together with other extraneous phenolic materials (lignans, etc.) (*46, 71*). This lignin is obviously not attached to polysaccharides and is of relatively low molecular weight (*33*); it must be a mixture of the end fractions of the polymerization process that leads to lignin, i.e. molecules that are still at an early stage in the growth process or fractions of mature molecules that have already begun to decompose by enzymatic overoxidation of the lignin (see Section J).

Much of the preliminary information on lignin structure was obtained with these preparations, so they have nevertheless been of great value in lignin research. A relatively unchanged lignin preparation has now become available, however, and has gradually ousted all of the above preparations for research purposes. When cellulose is ground in a high-speed vibrating ball-mill, its fibers are extensively degraded because the high mechanical energies cause rupture within the crystalline regions of the cellulose chains. This fact was subtly applied by *Björkman* (*17*) to release lignin from wood. Dry wood meal was ground in a non-polar medium, e.g. toluene, to prevent swelling of the fibres. Most of the cellulose is thereby degraded because it is partially crystalline, but the spongy, amorphous lignin is largely unaltered and can then be extracted with harmless solvents without catalysts, e.g. dioxan/water. Naturally some of the lignin molecules are still attached to residues of cellulose or hemicellulose: even if the milling were complete tiny non-crystalline pieces of the polysaccharide molecules would still be left adhering to the lignin. In practice, the milling is not carried to completion and only some of the lignin is extracted. It can be freed from the material still containing carbohydrate residues (so-called lignin-carbohydrate complex, LCC) by simple polymer fractionation (*71*). The sugar-free material is termed milled-wood lignin (MWL) or Björkman lignin and contains unaltered representative portions of the lignin molecule (molecular weight ~11,000) such as it occurs in wood.

## D. The location of lignin in plant cells

Knowledge of the exact distribution of lignin in the xylem cells of wood is very important for a number of reasons. For instance, it is important for pulping technology in connection with questions regarding the penetration of cooking liquors and release of undegraded cellulose fibres. Again, it determines partially the physical architecture of the plant cell. Lignin distribution also affects the mechanical properties of wood, and irregularities in the normal distribution due to the formation of reaction wood are deleterious for the use of the wood for woodworking, veneering, or even pulping purposes. Tension wood has less and compression wood has more lignin than normal wood. The lack of lustre in compression wood may be due in part to its high lignin content. The number of layers in wood tracheids is also abnormal in reaction wood.

Studies of cell morphology using physical methods not only gave information on the lignin distribution in normal and reaction wood cells, but also proved that lignin is a *genuine natural product of aromatic nature* and not an artifact as claimed even comparatively recently (*134*). Several detailed reviews of work on this topic are available (*27, 30, 62, 126, 146, 148*).

The first work aimed at finding the whereabouts of lignin in plant cells was based on the ultraviolet absorption of lignin: owing to its aromatic structures lignin absorbs ultraviolet light more strongly than any other cell component, having an absorption maximum at 280 mμ. The preliminary studies of *Bailey* (*13*) led to more directed investigations by *Lange* (*99*), who set up complex distribution curves which indicated a maximum concentration of lignin (60–90 %) at the middle lamella – a layer about 0.1 mμ thick lying between the wood tracheids. The lignin concentration fell off through the S1, S2, and S3 cell layers (~15 %) to zero in the empty xylem cell lumen. The intercellular spaces also contain high concentrations of lignin. Essentially similar results were obtained by Austrian workers (*147*) who confirmed the aromatic nature of lignin in thin wood sections using infrared spectroscopy.

In more recent approaches to cell morphology, interference microscopy, x-ray diffractional analysis, and especially electron miscroscopy have been used. Improved methods of sectioning, preparation and staining, and examination of cells in wood partially degraded by chemical procedures (e.g. with HF) or partially decayed by microorganisms have thus given indications that the organization and variation in plant cells are actually much more complex than was thought from these first experiments; this applies not only from species to species or tree to tree, but even from tissue to tissue within a given plant. It would lead too far to discuss these matters here; the interested reader is referred to more specialized publications (*30*, *62*, *126*, *146*).

Precise studies have been carried out by Australian workers of the process of lignification in tree cells (*148*, *149*). It was hoped in this way to find out more about the nature and source of the lignin precursors in the growing plant. There is an increasing gradient in the lignin content of the cells in trees from the cambium inward to the mature xylem. This may be occasioned by centripetal diffusion of lignin precursors inward from the cambium, coupled with the degree of maturity of the cells. The results of single and double ring-barking (ring-debarking) experiments suggested however that the lignin precursor can also come from the endoplasm of the cell. Perhaps both processes are in operation in the healthy, unmodified plant.

Within the individual cells, it was observed that the front of polysaccharide synthesis and the location of the oxidase enzymes responsible for lignification (see Section G) both advance inward within the cell slightly before the front of lignification, i.e. there is a time lag between the construction of the cellulose matrix and the subsequent deposition of lignin. Lignin is first deposited in the corners of the primary cell wall where several cells adjoin and then spreads out bilaterally through the intercellular layer. The lignin stops up the spaces between the cellulose microfibrils, but some penetration of the fibrils is thought to occur. Evidence for this is also given by the fact that the higher the lignin content of any layer, the lower the degree of crystallization of the cellulose microfibrils. As the cell becomes older, and formation of the secondary and tertiary walls occurs, this process of embedding the cellulose in lignin continues, but less lignin is deposited in the inner layers.

Additional information on such topics is expected from studies of plant tissue cultures (*14*, *78*, *80*, *89*, *125*, *147 a*), where lignification appears to proceed almost normally. The methoxyl content of tissue culture lignins is lower than that of natural lignins from plants of the same species but the efficient utilization of lower lignin precursors and the conversion of a syringyl-type compound to a guaiacyl-type lignin (*78*) does however suggest that here too lignification proceeds by way of endoplasmic processes and not by simple centripetal diffusion of lignin precursor into the cell. It is known that the methoxyl content of the lignin in bamboo (*79*) and spruce (*71*) increases with the maturity of the plant, so plant tissue cultures are perhaps comparable with younger tissues in the immature plant. The methoxyl content of reaction wood is also abnormal (*148*). It is perhaps interesting to note in this connection that the lignin content of plant tumors (*136*) and calluses (*16*), like that of compression wood, is greater than normal.

## E. The biogenesis of lignin

Since lignin contains only carbon, hydrogen and oxygen, it must be biosynthesized by the plant from carbon dioxide and water. Lignin is definitely *an end product of the plant metabolism* and cannot be remobilized for nutritive purposes. Unlike the proteins, the structural material in animal tissues, lignin is not involved in a dynamic process of degradation and regeneration in the plant organism. Once lignin has been deposited in a plant it remains there quiescent – except perhaps for very slow minor changes – as long as the plant is alive and healthy, i.e. unattacked by microbial, fungal, or insect marauders and still actively growing. Nature has provided a means for recycling the elemental components of lignin from dead vegetation via its degradation to constituents of the humic acids in the soil (see Section J).

Although the biogenesis of lignin is a unified concerted process in the plant, it is preferable for a better understanding of the mechanisms of lignification to divide up the process into portions, i.e. to consider separate stretches of the overall course.

The lower precursors of lignin are formed by the same mechanisms as are involved in the photosynthetic formation of carbohydrates (and polysaccharides) in the plant. The first stretch of lignification can thus be considered to be the formation from atmospheric carbon dioxide of the last of a series of simple sugars from which lignin is subsequently derived. The second stretch of lignification might then be considered to be the formation from this aliphatic sugar of the last of series of simple (monomeric) aromatic compounds from which the lignin polymer is made. The third stretch is then the conversion of the ultimate aromatic lignin monomers via dimers, trimers, tetramers, ... oligomers called lignols (monolignols, dilignols, etc.) into the polymer lignin.

The first stretch of lignification is actually more closely related to photosynthesis and glycolysis than to lignification and has received less attention from lignin researchers; it will therefore be considered only briefly here in combination with work on the second stretch. It is however expedient in our discussion here to treat the work done by lignin scientists on the second and third stretches of lignification separately, for the information garnered on the second stage was procured by pure biochemical techniques whereas the data on the third stretch was the outcome of more organic chemical work.

## F. Biosynthesis of lignin precursors

The routes followed by plants in the biosynthesis of lignin have been widely studied using tracer techniques, principally with radiocarbon. By comparing the specific activities of the precursors fed to plants with the specific activity of the resultant lignin or its degradation products, some idea is gained of the efficiency of the compound administered as a lignin precursor. It can then be judged whether each precursor is an obligatory intermediate [cf. (109)] of lignification or merely a possible intermediate. If the radioactive return is low, the compound tested has been degraded by the plant and the radioactivity distributed in all the plant products, not only the lignin, starting from much simpler compounds produced by

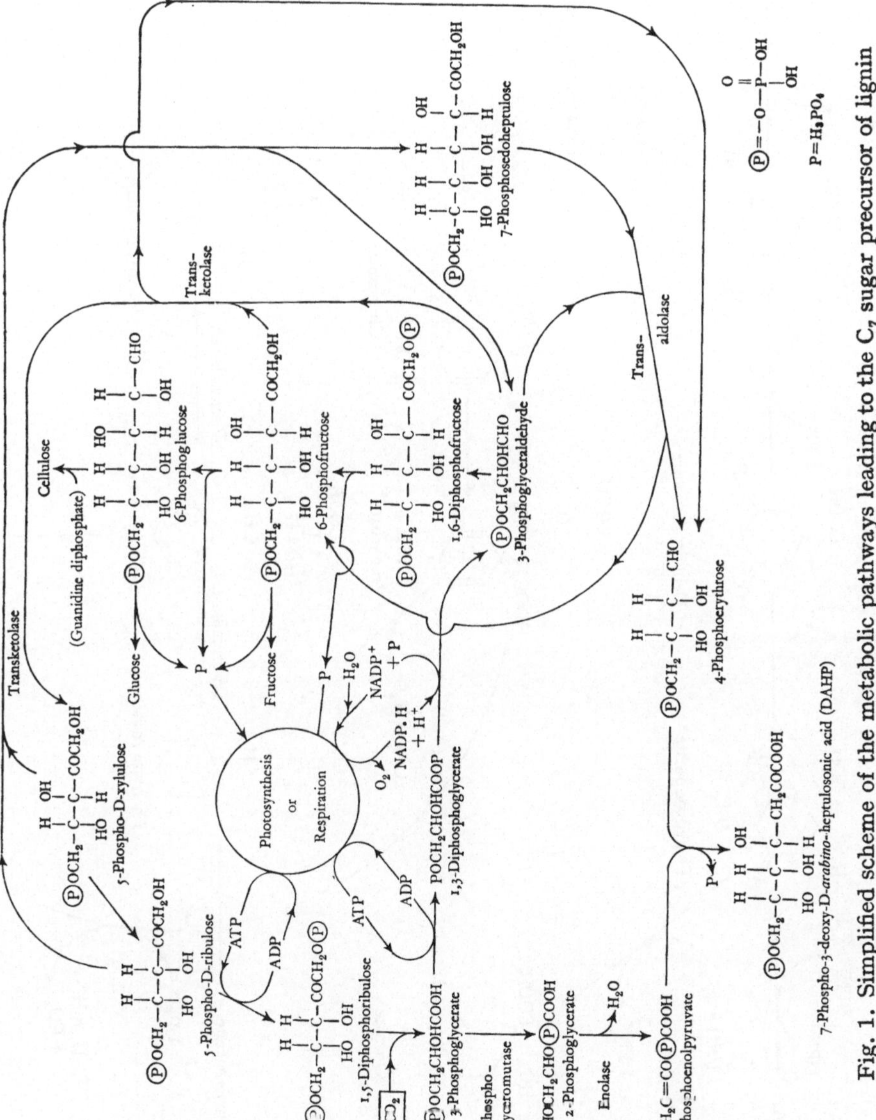


Fig. 1. Simplified scheme of the metabolic pathways leading to the $C_7$ sugar precursor of lignin

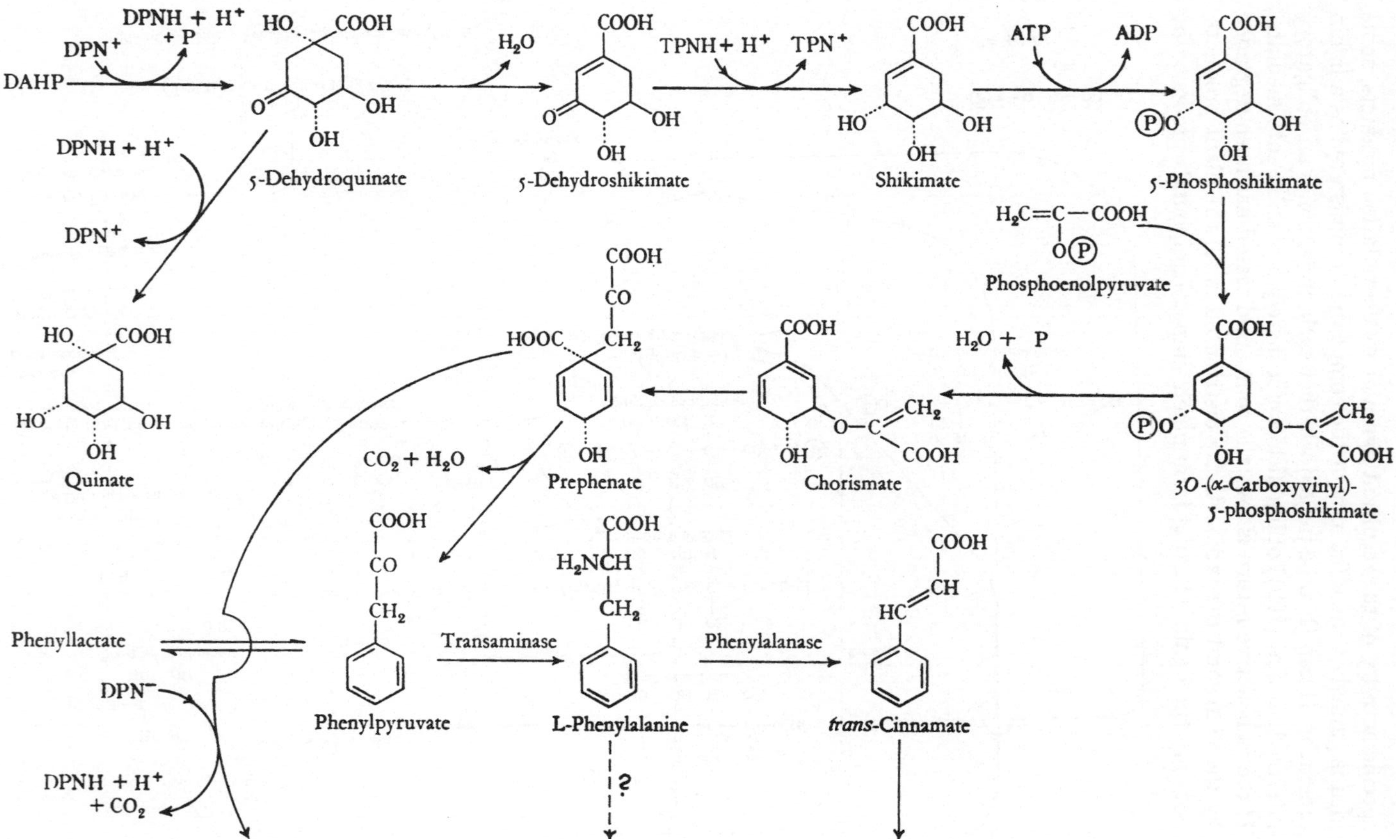

DAHP
DPN+
DPNH + H+ + P
5-Dehydroquinate
DPNH + H+
DPN+
Quinate
H2O
5-Dehydroshikimate
TPNH + H+
TPN+
Shikimate
ATP
ADP
5-Phosphoshikimate
Phosphoenolpyruvate
3O-(α-Carboxyvinyl)-5-phosphoshikimate
H2O + P
Chorismate
Prephenate
CO2 + H2O
Phenylpyruvate
Transaminase
L-Phenylalanine
Phenylalanase
trans-Cinnamate
Phenyllactate
DPN−
DPNH + H+ + CO2

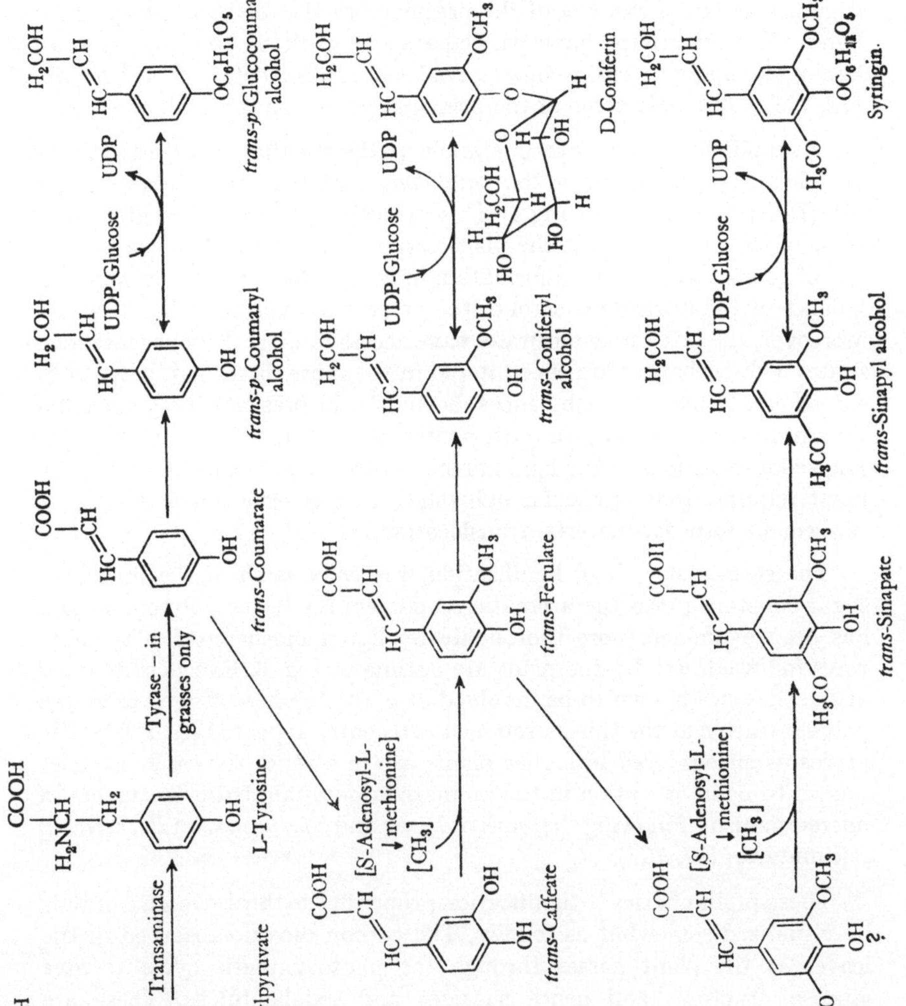

*p*-Hydroxyphenyllactate

$COOH-CO-CH_2$ — *p*-Hydroxyphenylpyruvate

Transaminase

$COOH-H_2NCH-CH_2$ — L-Tyrosine

Tyrase – in grasses only

$COOH-CH=CH$ — *trans*-Coumarate

$H_2COH-CH=CH$ — *trans*-*p*-Coumaryl alcohol

UDP-Glucose → UDP

$H_2COH-CH=CH$, $OC_6H_{11}O_5$ — *trans*-*p*-Glucocoumaryl alcohol

$COOH-CH=CH$, OH, OH — *trans*-Caffeate

[*S*-Adenosyl-L-methionine] ↓ $[CH_3]$

$COOH-CH=CH$, OH, $OCH_3$ — *trans*-Ferulate

$H_2COH-CH=CH$, OH, $OCH_3$ — *trans*-Coniferyl alcohol

UDP-Glucose → UDP

$H_2COH-CH=CH$, $OCH_3$, glucose ($H_2COH$, H, HO, H, H, O, H, OH, H) — D-Coniferin

$COOH-CH=CH$, HO, OH ?, $OCH_3$

[*S*-Adenosyl-L-methionine] ↓ $[CH_3]$

$COOH-CH=CH$, $H_3CO$, OH, $OCH_3$ — *trans*-Sinapate

$H_2COH-CH=CH$, $H_3CO$, OH, $OCH_3$ — *trans*-Sinapyl alcohol

UDP-Glucose → UDP

$H_2COH-CH=CH$, $H_3CO$, $OC_6H_{11}O_5$, $OCH_3$ — Syringin catabolism of the tracer. If the radioactivity yield is high, a rough clue is gained of the proximity of the precursor to the anabolic end-product lignin. Various groups have participated in work on the precursors of lignin, and again several reviews have been published (*24, 81–83, 91, 93, 112, 113, 132*). Only some of the principal points can be dealt with here.

A simplified version of the metabolic pathways that may lead from atmospheric carbon dioxide to the simple terminating sugar precursor of lignin (DAHP) is shown in Fig. 1. This primitive planar representation of some of the processes that the plant carries on in three dimensions does not of course convey any information in the complex energy or material balance or the intricate control of the processes involved in lignification. Moreover, the plant may naturally have access to more devious metabolic routes if disturbances are encountered in the more direct pathways indicated here. Some of the substances shown may be present in only extremely minute concentrations in both photosynthesizing and lignifying cells. High concentrations of any lignin precursor will only be encountered if the plant requires that particular substance as a reserve nutrient or as a convenient form for material translocation.

The second stretch of lignification, the conversion of the first non-sugar substance into the aromatic monomers ready for polymerization, has been examined more thoroughly by lignin biochemists. The pathways followed here by the plant are outline in Fig. 2. Excellent reviews of the enzymes known to be involved at each step here as well as in the polymerization at the third stretch have recently appeared (*28 a, 82*). The processes encountered in higher plants are in essence the same as those known to be in operation in the aromatization of aliphatic precursors in microorganisms following the work of *Davis* and *Sprinson* with *Escherichia coli* mutants (*32, 101*).

These preliminaries to lignification proper in the third stretch can thus be visualized somewhat as follows. The carbon dioxide absorbed in the leaves of the plant passes through the photosynthesis cycle to give glucose, fructose (and hence sucrose) and sedoheptulose. These are probably the main forms in which the plant transfers its nutrients from the zones of photosynthesis in the leaves through its vascular system to the zones of lignification in the stem, branches and trunk (*114*). In the plasma of the living cells in the regions where lignification is taking place, some of the processes shown in Fig. 1 may occur in reverse with respiration, giving rise to the $C_3$ and $C_4$ units from which the $C_7$ entity DAHP is formed – a change which represents entry into the one-way street of lignification. Glycolysis according to the Embdem-Meyerhof-Parnas route can give rise to phosphoenolpyruvate ($C_3$) directly, while erythrose phosphate ($C_4$) can be formed either by the pentose phosphate route via xylulose-5-

phosphate and ribulose-5-phosphate and thence to sedoheptulose-7-phosphate and glyceraldehyde phosphate or from 3-phosphoglyceraldehyde and 6-phosphofructose from glycolysis, with formation of 5-phosphoxylulose as by-product.

Some of the evidence obtained from tracer experiments that supports this scheme might be presented briefly here. In the first experiments aimed at deriving information about lignification in this way, it was found that radiocarbon dioxide was converted in part into the lignin of plants and that lignin appeared to be a metabolic end-product in the plant (*141a*). After it had been demonstrated that the shikimic acid route (Fig. 2) was in operation in higher plants (*25, 33a*) as well as in bacteria (*32, 101*), it was shown that [1-$^{14}$C]- and [6-$^{14}$C]glucose were both converted readily into lignin with little randomization of the labelled carbons (*95a, 132a*). It was recently shown that glucose, sucrose and sedoheptulose are the materials most probably translocated in the plant from the site of photosynthesis to the sites of lignification (*114*). It has even been shown that radioactive glucose is transformed into radioactive shikimic acid and thence into lignin in *Eucalyptus nitens* (*75*). Radioactive pentoses are also converted into radioactive lignin (*96a, 131*). It has even been suggested that cellulose can be remobilized to provide raw materials for pathogenetic lignification (*16*, cf. *107a*). The fact that other feasible lignin progenitors such as acetate (*33a*) or even non-phosphorylated pyruvate (*29*) are not incorporated well lends further support to the type of scheme proposed.

The study of the second stage of lignification by introducing non-sugar precursors into plants began with the administration of shikimic acid to wheat (*25*) and sugar cane (*33a*). High conversions into lignin were found and little randomization of the labels was observed when the whereabouts of the radiocarbon was traced in products of chemical degradation of the radioactive lignin.

In the meantime, all of the higher intermediates shown in Fig. 2 have been tested and numerous comprehensive surveys of this work have appeared (*24, 81–83, 91, 93, 112, 113, 132*). Some of these simultaneously describe the formation of secondary aromatic substances in wood, i.e. lignans, tannins, flavonoids, etc., which arise by essentially similar routes coupled with acetate metabolism. A few outstanding recent developments may bear repetition here.

Various groups have found that D-coniferin is converted extremely readily into lignin (*59, 91*) although it is not necessarily an obligatory intermediate of lignification. Little is known with certainty about the purpose of the β-D-glucopyranosides of the *trans-p*-coumaryl alcohols which are encountered in certain plants [cf. (*54*)], sometimes in high concentrations. Not much is known about their distribution in the vegetable kingdom simply because enough studies to obtain information of this kind have not yet been made, but they do not appear to be ubiquitous. The glucose may be attached to the coumaryl alcohols transiently to detoxify or protect the phenolic function for transportation in the plant or to form a reserve nutrient. Although coniferin is less soluble in water (0.53 % at 20 °C) than coniferyl alcohol (~1 %), this need not be so in cell sap. Coniferin is much more soluble in sugar solutions (*71*). It is conceivable that the coniferin present so abundantly in the cambial sap of conifers is there as "iron rations" to satisfy the immediate lignification needs of the freshly produced cells on the xylem side of the cambium during the "embryonic" stages of their development. This one substance could provide coniferyl alcohol for lignification and glucose for cellulose synthesis directly in the young cell. Later lignification may proceed from precursors derived from endoplasmic sources, e.g. glucose, by the routes outlined in Figs. 1 and 2. The facts that L-coniferin is not a good lignin precursor (*59*) and that coniferin is utilized better when applied by infusion rather than by implantation (*91*) lend support to this concept. It has been observed several times that infused radioactive L-phenylalanine gives rise to radioactive *p*-glucocoumaryl alcohol (*143*) and coniferin (*58b, 143*) in young spruce saplings; however, the syringin found is not strongly radioactive (*143*).

It has also been observed that syringyl-type precursors are transformed in part into guaiacyl-type lignin (*78, 90, 91*), i.e. a demethoxylation, not merely a demethylation has taken place. It has also been found that sweet almond emulsin hydrolyses syringin only extremely slowly (*143*) and that pure peroxidase does not oxidize sinapyl alcohol well (*71*). The metabolism of the sinapyl component of lignin is perhaps not quite as simple as the analogy between its *p*-coumaryl and coniferyl components suggests.

Another very important finding was the observation of the inability of species other than Gramineae to utilize tyrosine as a lignin precursor [cf. (*24, 112, 113*)]. This is now known to be due to the presence or absence of the enzyme tyrase [cf. (*81, 82*)].

The Canadian school has recently shown that the production of the higher lignin precursors, i.e. the *p*-coumaryl alcohols or their glucosides, does not proceed via the simple acids shown in Fig. 2 but actually via insoluble esters of same. The esters are probably activated esters of coenzyme A, but esters of quinic acid analogous to chlorogenic acid are also feasible in this role (*35*).

First attempts have now been made using a trapping technique to trace the formation of the more advanced intermediates of lignification, e.g. the monolignols coniferyl alcohol and coniferaldehyde (VII) and the dilignols pinoresinol (IV) and dehydrodiconiferyl alcohol (II), i.e. intermediates encountered only at the third stage of lignification (*24a*); again satisfactory incorporations of radioactivity were detected.

Several groups have identified non-radioactive metabolic intermediates of lignification in cambial sap or sapwood extracts (*54, 58b, 68*). The compounds detected agree well with the schemes for the biosynthesis of lignin precursors set forth in Figs. 1 and 2 and with the data described later for the third stretch of lignification.

## G. The polymerization process in lignification

This is perhaps the most complicated part of the overall process of lignification, for the changes that take place in the monomer units during their polymerization to lignin are no longer of a straightforward biochemical nature. It is now known that the polymerization is initiated by a simple enzymatic phenolic dehydrogenation that leads to a vast variety of complicated chemical structures.

Since these reactions occur simultaneously in competition with each other, the resultant polymer has a highly complex primary structure. Although originally derived from very similar monomers, namely free or methoxylated *trans-p*-coumaryl alcohols, the appearance, stereochemistry, and environment of each individual unit afterwards in lignin show much greater variety. The types of bonds linking the units together are highly diverse. In the schematic formula designed by *Freudenberg* (*42, 43, 43a, 54a*) to portray a representative section of a spruce lignin molecule (see Fig. 9), only two units, viz. Nos. 2 and 4, happen to be identical and identically bonded, even though a few structures of minor importance were neglected and a recently discovered major structure [cf. (XII)] (*48, 105, 116, 117*) could not be included. Since lignin has no ordered primary structure – unlike proteins it is not molded to a set pattern by genetic information – reshuffling of the same or similar monomeric residues could lead fortuitously to other portions of lignin molecules with less or more randomness of structure and bonding. *Freudenberg*'s scheme was drafted from knowledge of the mechanisms and intermediates of lignification and from analytical data on lignin (*41*). The mechanisms involved in the growth of the lignin molecule were inferred from the structures of the lignols isolated from *in vitro* experiments in which lignification was simulated using coniferyl alcohol as sole progenitor.

Nevertheless, it had to be known beforehand that lignin is in fact derived from the *p*-coumaryl alcohols and this information was not in fact accrued from the biochemical work on lignin precursors. Actually the reverse was true. The work on the structure of lignin revealed that it must have originated from the *p*-coumaryl alcohols and hence it was the task of the biochemist to elucidate how they are formed in the plant. It is therefore perhaps worthwhile to retrace a few of the results that have brought us to this knowledge of the structure of lignin.

Knowledge of the elemental composition of conifer lignin and of the abundant occurrence of coniferin in the cambial region of spruce led *Klason* (*87*) to suggest (among many other theories) that lignin was derived from coniferyl alcohol – the aglycon of coniferin – by oxidation, for lignin has slightly less hydrogen and slightly more oxygen than coniferyl alcohol. After elucidating the structure of dehydrodiisoeugenol, a compound obtained from isoeugenol by enzymatic dehydrogenation (*31*), *Holger Erdtman* saw in this a model for lignification and correctly suggested that the process involved was not merely an oxidation, but more specifically, a dehydrogenation (*36*). It was later shown that the same enzymes did in fact produce crude lignin-like polymers from coniferyl alcohol, which at that time was available only with difficulty from natural sources (*59a*). When coniferyl alcohol became more readily accessible by synthesis using complex hydrides (*8*), it became possible to study the processes involved in this polymerization. This represented not only a major breakthrough in lignin chemistry but also a novel approach to the chemistry of natural high polymers. Previously the primary structures of natural polymers had been elucidated by degrading the natural products and separating and identifying the small degradation products obtained. The structure of lignin was gradually evolved by the reverse route, namely by identifying the oligomeric intermediates of its polymerization. This might have proved a futile task had it not been for the vast amount of empirical information about lignin that was agglomerated simultaneously by analytical and other approaches, for it might be safely said that lignin is the most complicated natural product ever encountered.

Because the methoxyl content of spruce lignin was found to be approximately 1.0 per $C_9$ (phenylpropanoid) unit – the isolation, purification and analysis of lignins are difficult and the limits of error correspondingly large – it was initially thought that conifer lignin was derived exclusively from coniferyl alcohol (or coniferin). Besides, because of the economic importance of conifers, softwood lignin is the lignin that has always been most widely studied.

However, degradation experiments showed that conifer lignin must contain not only coniferyl, but also *p*-coumaryl and sinapyl components as well [cf. for example (*100*)]. It has now been shown that spruce cambium contains not only coniferin, but also small amounts of gluco-*p*-coumaryl alcohol and syringin as well (*54*). This indicates the first complication in the structure of lignin – it is not merely a homopolymer, but is a copolymer produced from either a mixture of *p*-coumaryl and coniferyl alcohols or a mixture of *p*-coumaryl, coniferyl, and sinapyl alcohols, i.e. monomers that differ only by a single or twin methoxyl group. No primitive lignin derived from *p*-coumaryl alcohol alone nor a higher lignin containing no units derived from *p*-coumaryl alcohol has ever been encountered. However, as a rule, the more primitive the plant, the lower its content of units derived from the methoxylated coumaryl alcohols.

Qualitative knowledge of the types of units contained in any lignin can be obtained by degrading it with nitrobenzene and alkali at 170 °C (*57*) and separating the mixture (*96, 100*) of aldehydes produced (*p*-hydroxybenzaldehyde, vanillin, and syringaldehyde). The yields of aldehydes do not indicate the relative proportions of the three monomers in the original lignin, for the extent of their condensation into the lignin depends upon their methoxylation pattern, and this in turn determines the amounts of aldehydes produced in the degradation. The yield of syringaldehyde reflects an exaggeratedly high content of sinapyl-type monomer in the lignin, because, owing to its two methoxyl groups, sinapyl component in lignin forms preferentially end groups or is condensed in by phenyl ether groups; these structures readily yield the simple aldehyde on degradation whereas more highly condensed structures cannot. This degradation first showed that conifer lignin is not derived merely from coniferyl alcohol (*100*) but it would go too far here to review all of the finer applications it has had since.

Strong support for the theory that lignin was derived from coniferyl alcohol liberated from coniferin was the discovery that there is a β-glucosidase in the zone of lignification in conifers [cf. (*44, 59*)]. Other observations have suggested that coniferin and the β-glucosidase are however not essential for lignification. For instance, lignification still proceeds in singly or doubly ring-debarked trees (*149*), even though the supply of coniferin is thus interrupted. The parasite mistletoe is highly lignified but contains no β-glucosidase although it appears to withdraw its lignin precursors from the host plant (*71*). Mistletoe even contains a substance that inhibits β-glucosidases (*76a*).

Since numerous degradations of lignin, e.g. ethanolysis according to *Hibbert* (*77*) or hydrogenation with a variety of catalysts (*72, 77, 119, 135*), had shown that it is in fact made up largely of phenylpropanoid units, it seemed that the theory of its origin from the three *p*-coumaryl alcohols could be considered reliable. It remained therefore to establish the nature of the processes involved in the polymerization.

The reaction is now known to be in fact a *dehydrogenative polycondensation*. The enzymes that can affect the dehydrogenation of the *p*-coumaryl alcohols are now known to be laccase (*55, 76b, 78, 79*) and peroxidase. These are electron transferases (*109*); with laccase molecular oxygen, with peroxidase any hydroperoxide serves as electron acceptor. Either enzyme abstracts a single electron from the phenoxide form of the (ionized) *p*-coumaryl alcohols to form free phenoxyl radicals. It was recently shown that the free radicals derived from coniferyl alcohol are metastable, having a half-life of 45 secs in 50% aqueous dioxan (*48*). Although the alcohols are styrene derivatives, lignification does not occur by a radical-initiated styrene-type polymerization. Actually, coniferyl alcohol will inhibit free-radical polymerizations (*71*): it acts as a radical scavenger and is dehydrogenated by more active free radicals to give the metastable phenoxyl radicals which then pass on through the slow process of lignification. Only after a ligninlike polymer has been formed does the free radical polymerization start to proceed. Coniferyl alcohol can in fact be dehydrogenated by other stable, free radicals, e.g. the tri-*t*-butylphenoxyl radical (*46, 53*); in this reaction it is a hydrogen atom and not an electron that is transferred.

The question is, therefore, what happens to the phenoxyl radicals produced from the *p*-coumaryl alcohols when they disappear.

Studies of the enzymatic dehydrogenation of coniferyl alcohol alone *in vitro* gave the answer to this poser. If coniferyl alcohol was left in contact with laccase and air for a long time, it was found that an amorphous ligninlike polymer was formed (*59a*). When the reaction medium was investigated before the high polymer had formed, it was found to contain numerous intermediates of relatively low molecular weight [cf. (*58*)]. Isolation and identification of these intermediates [cf. (*41, 43a, 46*)] afforded information on the principles involved in the growth of the lignin polymer. This work culminated in the publication of schematic formulae for typical portions of spruce lignin molecules (*42, 43, 43a, 54a*) which were able to explain quantitatively most of the analytical data and known reactions of lignin (cf. Fig. 9).

By adapting the conditions of the dehydrogenation, e.g. by working in anhydrous solvents with inorganic oxidizing agents such as copper salts or manganese dioxide instead of enzymes, the yields of specific intermediate lignols could be increased and their isolation thus facilitated.

However, the first four products identified (*44*), viz. dehydrodiconiferyl alcohol (II), DL-pinoresinol (IV), guaiacylglycerol-β-coniferyl ether (VI) and coniferaldehyde (VII) (*60a*) already revealed the nature of most of the secondary reactions taking place after formation of the free phenoxyl radicals by the enzymes, although this was not immediately realized. The *p*-coumaryl alcohols, exemplified by coniferyl alcohol in Fig. 3, have an extended $\pi$-electron system, and the unpaired electron created on the phenolic oxygen by the electron-transfer action of the phenol oxidases immediately becomes "smeared" over the whole molecule, with paticularly high electron densities on the atoms dotted in the mesomeric limiting structures $R_a$–$R_d$ (Fig. 3). A high electron density

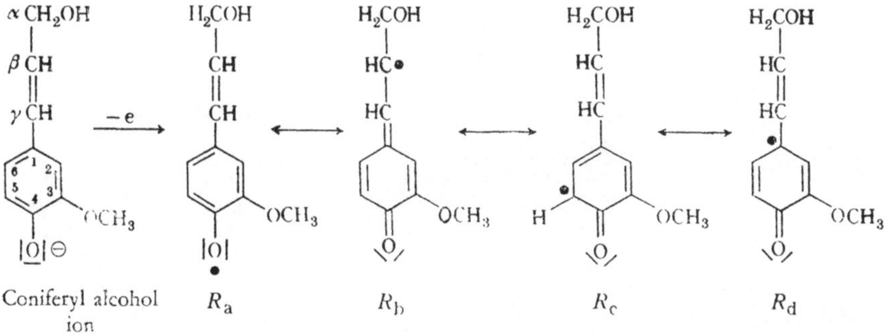

Fig. 3. Dehydrogenation of coniferyl alcohol to a highly mesomeric free radical

should also be expected by mesomerism at C-3, the point of attachment of the methoxyl group, but no evidence for the participation of a radical of this type in lignification has yet been obtained. Since no elimination of methoxyl groups is observed during degradations of lignin or lignin model compounds with laccase or peroxidase (*38, 39, 55*) radical reactions at C-3 seem to be impossible. No attention has been paid to stereochemistry in the formulae in Fig. 3. Although the *trans*-configuration of coniferyl alcohol may be largely retained during the subsequent reactions of the free radicals, the structures of some of the lignols, e.g. *cis*-ferulic acid (*50*) and DL-epipinoresinol (*58*), indicate that at least some inversion to *cis*-forms must occur.

The main reaction that causes disappearance of the free radicals is their pairing off in various combinations of the forms $R_a$–$R_d$. For example, coupling of a radical in the $R_b$ form with another in the $R_c$ form yield the labile double quinone methide (I) (see Fig. 4). Deprotonation of C-5 in the upper *o*-quinone methide moiety of (I) allows it to rearomatize to a phenoxide ion which launches a nucleophilic attack on the (benzyl) $\gamma$-carbon atom of the lower *p*-quinone methide moiety, which thereby rearomatizes to the phenoxide ion of dehydrodiconiferyl alcohol. Reprotonation at the lower phenolic oxygen then affords (II). The whole is probably a fast concerted reaction and hence the *trans*-orientation of the hydrogens on C-$\beta$ and C-$\gamma$ in the coniferyl alcohol is probably largely retained in both the hydroxypropenyl side chain and the coumaran ring of (II). Exclusively *trans*-disposition of these hydrogens was found in the analogous compound dehydrodiisoeugenol prepared from *trans*-isoeugenol (*12*). It has been estimated that 18 % of the $C_9$-units in lignin are involved in structures of the phenylcoumaran type [cf. Units 17/18 in Fig. 9] (*5*).

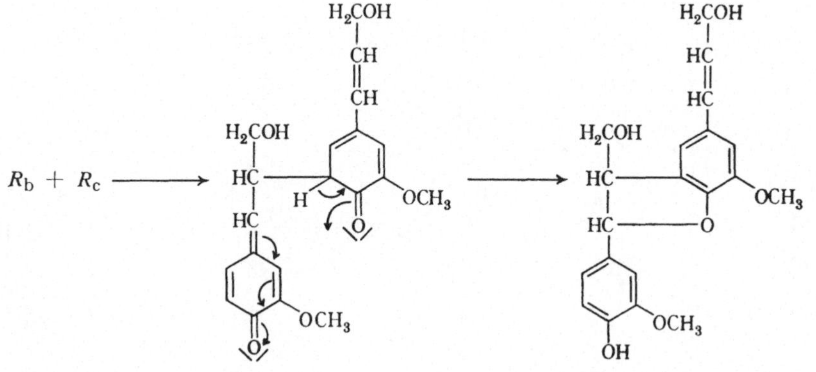

$R_b + R_c \longrightarrow$ (I) $\longrightarrow$ (II) Dehydrodiconiferyl alcohol

Fig. 4. Mechanism of the formation of dehydrodiconiferyl alcohol

In the formation of this one dimeric intermediate we can already recognize some of the typical general features involved in the formation of the lignin polymer. First we see the formation of a carbon-carbon $\sigma$-bond which is naturally non-hydrolysable; here this bond is between an alkyl and an aryl residue. The presence of such interunitary C—C bonds explains why lignin cannot be entirely degraded by hydrolysis. Second we see the formation of an alkyl aryl ether bond by nucleophilic addition – here intramolecularly – of a phenol residue onto a *p*-quinone methide; this ether is a cyclic benzyl aryl ether. Third we see that (II) contains two asymmetric carbons, namely C-2 and C-3 in the coumaran ring, but like all the other intermediates of lignification and like lignin itself, (II) is optically inactive. This means that (II) is a diracemate and that the activity of the enzymes ceases after removal of an electron from the phenoxide ion of the two coniferyl alcohol units. The oxidases do not exert any steric influence on the subsequent reactions of the free radicals they create. Fourth we see that (II) is again a phenol which can ionize and be oxidized by laccase or peroxidase, i.e. be dehydrogenated to a free phenoxyl radical which can again condense with other free radicals even though its possibilities for modification and stabilization by mesomerism are more restricted than in the case of coniferyl alcohol.

Combination of two $R_b$ forms of coniferyl radicals (Fig. 5) gives rise to the transient double *p*-quinone methide (III). Here nucleophilic attack on the γ-carbon of the *p*-quinone methide by the hydroxyl oxygen

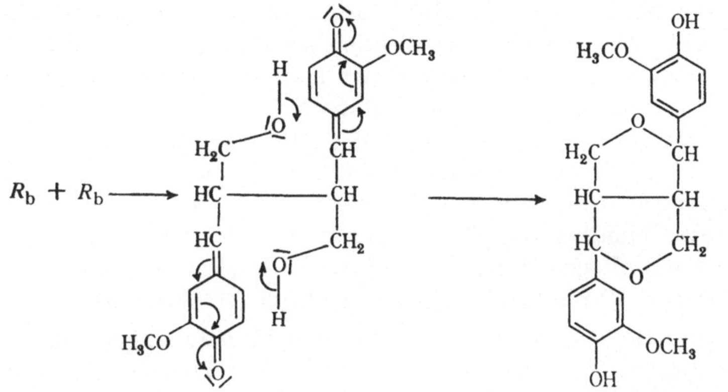

(III) (IV) DL-Pinoresinol

Fig. 5. Mechanism of the formation of DL-pinoresinol

of the primary alcohol group with simultaneous elimination of a proton and reformation of the phenolic aromatic system then occurs at both ends of the molecule. Reprotonation of the two phenoxide ions affords the dilignol DL-pinoresinol (IV) [cf. Units 8/9 in Fig. 9] (*44*). The two bridgehead hydrogens, i.e. those on the β-carbons, must be in *cis*-relationship for both tetrahydrofuran rings to close. The same situation is encountered in the analogous formation of DL-syringaresinol from sinapyl alcohol (*55*). Again the hydrogens on C-β and C-γ in each half of the molecule (IV), like those in coniferyl alcohol, are *trans*-disposed (*60 b*). The lignol (IV) has four asymmetric carbon atoms but again only racemates are formed during lignification. The *lignan* pinoresinol found in the resin extruded from damaged bark by spruce is optically active [cf. (*60, 60b*)], being the D-form, and must therefore be formed by a different mechanism from that involved in lignification. However, a little of a diastereomer of DL-pinoresinol, viz. DL-epipinoresinol (*60 b*) is also produced from coniferyl alcohol during simulated lignification *in vitro* (*46, 58*). Here the hydrogens on C-β and C-γ are *cis*-oriented in one half of the molecule. Further characteristics of the process of lignification can be recognized from this dimer. We see that the simple act of phenol dehydrogenation has led by subsequent reactions of the free radicals produced to two units joined by three bonds – two dialkyl ether bonds and a carbon-carbon bond, this time between two aliphatic residues. Here two phenolic groups have been regenerated for subsequent dehydrogenation and condensation with other free radicals. We also see that even alcohols can add onto the *p*-quinone methide intermediates of lignification to give benzyl alkyl ethers.

Combination of an $R_b$ radical with an $R_a$ radical yields the single *p*-quinone methide dimer (V). Here the quinone methide cannot become stabilized by an intramolecular addition reaction. Instead, nucleophilic attack of its γ-carbon atom occurs by a hydroxyl ion from the medium, for example; aromatization and protonation of the phenoxide ion thus formed give rise to guaiacylglycerol-β-coniferyl ether (VI), again in racemic form despite its two asymmetric carbon atoms. Since attack by the extraneous hydroxyl ion can occur on either side of C-γ of the *p*-quinone methide (V), complete equilibration of the specific *trans*-orientation of the hydrogens from the original coniferyl alcohol moiety in the lower half of (V) presumably occurs (see formulae on p. 131).

In (VI) the two units are held together by only a single alkyl aryl ether bond. This is therefore a relatively weak point for degrading the lignin molecule. This bond is in fact split readily under energetic pulping conditions (*1*, *66*). In addition, this is one of the most frequent types of interunitary linkage in lignin, about 45 % of the units in lignin being held together in this way (*43a*). Cleavage of this type of bond thus explains the high delignification achieved with kraft pulping.

Another important feature of (VI) is its activated benzyl alcohol grouping. This type of group can be induced to undergo condensation reactions with phenols under acidic conditions, especially when heated. This reaction is effectively the same as the curing of phenol-formaldehyde resins by heat and acids. Condensations of this type invariably must occur when attempts are made to release lignin from wood with strong acids because of the free phenolic groups in lignin. Free *p*-hydroxybenzyl alcohol [cf. Unit 13b in Fig. 9] groupings of this kind are present in about 8 % of the units in lignin [cf. (*2*, *7a*)]; the analogous etherified structures [cf. Units 6, 12 and 16] will react similarly but slower.

In this dimer, we recognize yet another important principle involved in the growth of the lignin macromolecule, namely the addition of extraneous substances from the reaction medium onto the quinone methide intermediates. This question will be discussed more fully below.

The fourth intermediate of lignification identified at an early vantage was not a dimer, but also a $C_6$—$C_3$ compound – coniferaldehyde (VII) (*60a*). Its formation from coniferyl alcohol reveals another type of reaction entailed in lignification although it was thought at first that the coniferaldehyde was actually an artifact formed by autoxidation of some coniferyl alcohol during the aeration in simulated lignification *in vitro* (*58*). In reality some radical transfers are taking place as a side reaction to radical combinations: coniferyl radicals abstract hydrogens from the primary alcoholic group of other coniferyl alcohol molecules to form the aldehyde – possibly by disproportionation of non-mesomeric free radicals on C-α – and reform coniferyl alcohol molecules that then undergo renewed dehydrogenation. Analogous dehydrogenation of cinnamyl alcohol by tri-*t*-butylphenoxyl radicals has been observed (*53*). The coniferaldehyde can also undergo dehydrogenation to form phenoxyl radicals which condense, apparently mainly in forms analogous to $R_a$ and $R_c$, with coniferyl radicals and thus also participate in lignification. Dimeric aldehydes analogous to (II) and (VI) have in fact been isolated from incubates of coniferyl alcohol with laccase (*58*). There are only 3% such aldehydic groups in lignin (*4*) [cf. Unit 10 in Fig. 9] but these suffice to give a intense red color with phloroglucinol and concentrated hydrochloric acid, the conventional Wiesner test for lignin.

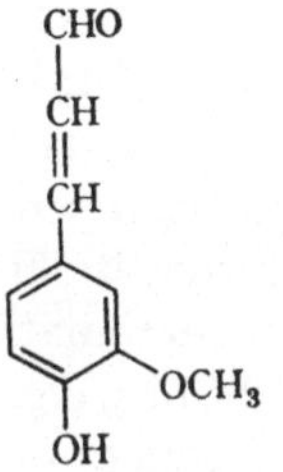

CHO
|
CH
||
CH
$OCH_3$
OH

Coniferaldehyde (VII)

This end-group oxidation by the free coniferyl radicals can proceed even further to produce a little free *cis*- and *trans*-ferulic acid (*50*), which also undergoes dehydrogenative condensations via phenoxyl radicals. Some of the carboxyl and lactone groups in lignin [cf. Unit 13a in Fig. 9] doubtlessly arise in this way. Lactonic dilignols derived from coniferyl and ferulic radicals have also been isolated from lignin produced from coniferyl alcohol alone *in vitro* (*50*). The ferulic acid encountered as a predecessor of coniferyl alcohol during the biosynthesis of the latter (see Fig. 2) is in the form of an insoluble ester (*35*) and therefore cannot get directly involved in lignification like the ferulic acid later produced by hydrogen transfer reactions.

Hydrogen transfer reactions may perhaps take place to a small extent with higher oligolignols or even with lignin itself. This might lead to small amounts of "abnormal" structures, i.e. structures not formed by condensations of dehydrogenated lignols. The isolation of a compound likely to be guaiacylglycerol etherified in both its β- and γ-positions with molecules of sucrose (*53*) suggests that coniferyl radicals can dehydrogenate carbohydrate molecules as well and can then condense in the $R_b$ form with the free carbohydrate radicals produced. The resultant C-β-to-carbohydrate bond can actually be a C–C or an ether bond, depending on whether the hydrogen abstracted from the sugar came from a carbon atom or a hydroxyl group. If such condensations actually occur between lignin and polysaccharide radicals in the plant, strong lignin-to-carbohydrate bonds that would be immune to enzymatic cellulolytic hydrolysis and resistant to chemical hydrolysis would be formed. Acetal bonds between aldehydic groups in lignin and polysaccharide hydroxyls or ester bonds between lignin carboxyl groups and polysaccharide hydroxyls or vice versa are also feasible lignin-carbohydrate junctions (*19, 110*). However, a novel type of lignin-carbohydrate bond formed by additions of sugars onto *p*-quinone methides by an ionic mechanism is discussed below. It is the same mechanism that gives rise to the C-γ-to-sucrose ether bond in the derivative of guaiacylglycerol mentioned above (*53*).

The mixture of quinone methides initially formed by combination of the coniferyl radicals in their various mesomeric forms, i.e. (I), (III), (V), (IX) and others, can be detected by means of their characteristic spectrum with a maximum at about 312 mμ (*52*); the half-life of the mixture in 70 % aqueous dioxan is 1 hour. Those quinone methides that can rearomatize by keto-enol tautomerism, e.g. (IX), or intramolecular additions, e.g. (I) or (III) may become stabilized faster than those of type (V) which rely on addition of a foreign molecule. The quinone methides that rearomatize intramolecularly appear to react exclusively in this way, probably by a concerted mechanism that represents collapse of the activated transition state.

However, the quinone methide (V) allows of a much wider scope of variation. Not only will water (dissociation constant = $10^{-14}$) add onto (V) under the normal conditions of lignification via the ionic mechanism shown in Fig. 5, but coniferyl alcohol itself or other phenolic lignin intermediates (dissociation constants of phenols $\sim 10^{-8}$–$10^{-10}$) will add on as well by an analogous mechanism to give guaiacylglycerol-β,γ-diaryl ethers [cf. Units 4, 7 and 11 in Fig. 9]. This reaction finds its parallel in the intramolecular nucleophilic addition of the phenolic residue encountered in the formation of dehydrodiconiferyl alcohol (II) (Fig. 4). The first adducts of this type observed during lignification *in vitro* were guaiacylglycerol-β,γ-diconiferyl ether (VIII) and guaiacylglycerol-β-coniferyl-γ-dehydroconiferyl ether (*49*). These are formed by addition of coniferyl alcohol and dehydrodiconiferyl alcohol (II), respectively, onto (V). Higher lignols incorporating analogous structures have meantime been isolated [for a survey, see (*41, 43a*)]. The presence of about 10 % of such guaiacylglycerol diethers in spruce lignin has recently been established (*56*). The formation of (VIII) explains the observation made during kinetic studies of the dehydrogenation of coniferyl alcohol by laccase that all the coniferyl alcohol has disappeared from the incubation system after only 80–90 % of it has been dehydrogenated, judging from the oxygen consumption (*55*). The addition of coniferyl alcohol onto (V) to form (VIII) thus illustrates another important principle of lignification, namely the interlinking of units without dehydrogenation through addition of lignols onto *p*-quinone methides by an ionic mechanism. This mechanism leads to non-cyclic benzyl aryl ethers (contrast the cyclic benzyl aryl ethers in the phenylcoumarans, e.g. II or Units 17/18 in Fig. 9).

Hardwoods appear to have a much higher content of such arylglycerol-β,γ-diaryl ethers because of the more restricted possibilities for condensations in the aromatic ring of sinapyl-type units owing to their two methoxyl groups. This is reflected in the greater susceptibility of hardwood lignins to mild hydrolysis (see Section I).

The arylglycerol diethers formed by addition of phenolic lignin intermediates onto *p*-quinone methides analogous to (V) are extremely important for the properties of lignin. First, they represent branching points in lignin: there is a β,γ-dietherified arylglycerol unit in the fork of almost every branch in the lignin molecule [cf. Unit 4 in Fig. 9]. For branching to occur by the dehydrogenation/free-radical combination mechanism, a *p*-coumaryl or coniferyl unit must be dehydrogenated twice and linked to other lignin residues through C-β and an *ortho*-position before a third lignin moiety is attached at the phenolic oxygen, either by enzymatic dehydrogenation and condensation with another free radical or by addition onto a *p*-quinone methide [cf. Unit 12 in Fig. 9]; this is probably a rare occurrence. Second, the γ-aryl ether is a special type of ether, being either a *p*-hydroxybenzyl ether when in end groups [Units 11/12 in Fig. 9] or a *p*-alkoxybenzyl ether when embedded in the fully grown lignin molecule [Units 5/4/3 in Fig. 9], and is the weakest bond in lignin. Such ethers are hydrolysed with great ease by either acids or alkalies, but the comminution of the lignin molecule effected by such a hydrolysis is normally immediately offset by condensations that lead to strong carbon-carbon bonds. For example, hydrolysis with acid – even the weak acidity of the cell sap will do – leads to a benzyl carbonium ion which rapidly causes an electrophilic substitution in one of the highly activated benzene rings of another portion of the lignin molecule [cf. the bonds between Units 3/2 and 15/17 in Fig. 9]. This reaction is similar to that of the free benzyl alcohols of type (VI) with acid mentioned above and compared to the curing of phenol-formaldehyde resins. Alkaline hydrolysis of the benzyl aryl ethers probably proceeds via quinone methides which undergo nucleophilic substitutions with other phenoxide residues in the alkaline medium. The product of the condensation in either case is a diphenylmethane derivative, and like the bakelites, the condensed products are highly insoluble and intensely colored. These reactions explain the dark brittle appearance of lignins liberated from wood by hydrolysis of the polysaccharides with strong acids, e.g. Klason or Willstätter lignins. The condensations of this kind that occur naturally owing to the slightly acidic pH of the wood stabilize the branching points in the lignin by replacing the weak benzyl aryl ether bonds by strong benzylarane C–C bonds.

The intermolecular addition of alcohols analogous to the intramolecular addition encountered in the formation of DL-pinoresinol (IV) is slightly more complicated. Under ordinary lignification conditions, the only alcohols that will add onto (V) or similar *p*-quinone methides are those which are sufficiently strongly ionized. Methanol with a dissociation constant of $10^{-17}$ will add on (*52*), but ethanol with a dissociation constant of $10^{-20}$ will not (*56*). These alcohols are not encountered during lignification ***in vivo*** in any case. Many intermediates of lignification, on the other hand, are not only phenols but often contain free alcohol groups, e.g. the primary hydroxymethyl or cinnamyl alcohol groups of (II) or (VI) or the secondary (benzyl) alcohol group of (VI). It is conceivable that these too might add onto *p*-quinone methides of type (V).

In practice, there is little positive evidence that such an addition can occur. Addition of a benzyl alcohol moiety as an alkoxide ion to C-$\gamma$ of (V) and reprotonation of the resulting phenoxide ion would produce an extremely labile bis-*p*-hydroxybenzyl ether. This is hardly likely to occur. A converse type of addition of a benzyl carbonium ion formed by abstraction of hydroxide from a benzyl alcohol residue by a proton in the slightly acidic lignification milieu onto the oxygen of the quinone methide portion of (V) is perhaps more feasible. Rearomatization would then produce a new benzyl carbonium ion at the carbon end of the quinone methide. This carbonium ion could then add on hydroxide to form a new benzyl alcohol grouping or again condense with another quinone methide. The second alternative would produce the same product as simple polymerization of the *p*-quinone methides (*61*), a reaction considered to be another possible mechanism involved in the growth of the lignin molecule (*41, 42*). The polymerization of quinone methides is accelerated by alkalies (*61*). No evidence for such a polymerization has yet been obtained from the structures of isolated lignols; if it does in fact occur during lignification, it must be to only a limited extent and the degree of polymerization will be much lower than that observed with simple *p*-quinone methide models (*61*).

On the other hand, experiments have been carried out to test the possibility of additions of primary alcoholic groups in lignols onto quinone methides. Most of the results obtained indicate that this cannot occur during lignification under physiological conditions. Lignins produced ***in vitro*** or ***in vivo*** in the presence of $^{14}$C-labelled cinnamyl alcohols with no or blocked phenolic hydroxyl groups were invariably found to be radioinactive (*49a, 56*). Again, polymers were produced from coniferyl alcohol in the absence of water with $MnO_2$ (*49, 56*) or tri-*t*-butylphenoxyl radicals (*71*) in order to prevent the formation of (VI) but with large excess of cinnamyl or dimethoxycinnamyl alcohol present in the system in order to promote the formation of alcohol adducts with

(V). No such adduct was ever observed even when basic solvents such as anhydrous pyridine was used in attempts to catalyse the addition of the alcoholic group onto (V) (*71*). However, addition of alcohol groups onto a quinone methide model was found to be catalysed by acid (*56*). Nevertheless, it appears unlikely that any significant number of aliphatic hydroxyl groups in the lignin molecule add onto *p*-quinone methides of type (V) to give benzyl alkyl ethers within the normal physiological pH range in which lignification can occur by enzymatic dehydrogenation.

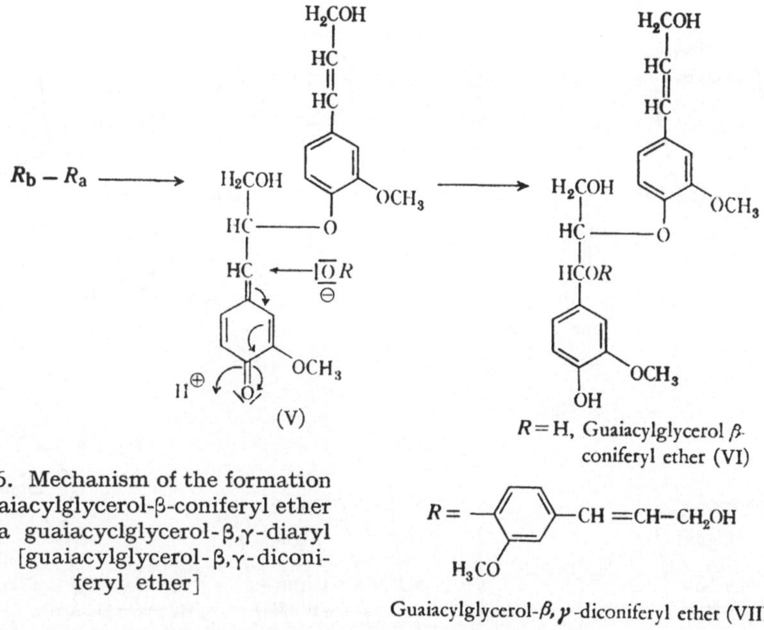

(V)

*R* = H, Guaiacylglycerol *β*-coniferyl ether (VI)

Guaiacylglycerol-*β*, *γ*-diconiferyl ether (VIII)

Fig. 6. Mechanism of the formation of guaiacylglycerol-β-coniferyl ether and a guaiacyclglycerol-β,γ-diaryl ether [guaiacylglycerol-β,γ-diconiferyl ether]

The carbohydrates present in plant cells where lignification is in progress also contain relatively strongly dissociated hydroxyl groups: the dissociation constants of sugars lie between $10^{-13}$ and $10^{-15}$. It has been found that both sorbitol (*51*, *52*) and sucrose (*51*, *53*) will add onto (V) during modified lignification *in vitro* to form benzyl ethers of the sugars. These ethers are naturally *not* glycosides. Formation of similar non-glycosidic ether linkages between lignin intermediates of type (V) and dissociated hydroxyl groups of polysaccharides within the cell can be envisaged [cf. Unit 5 in Fig. 9]. Bonds of this kind and the other possible types of lignin-carbohydrate bonds already discussed result in the formation of a graft polymer between the cell-wall polysaccharides and the lignin. It therefore becomes redundant to query after the molecular weight of lignin *in situ* in wood.

In view of the importance of the dissociation constant of the hydroxyl group giving rise to the oxide ion that initiates the nucleophilic attack on the quinone methide leading to the adduct, more attention should perhaps be paid to the possibility of carboxyl groups in this role than has hitherto been the case. Carboxylic acids are more strongly ionized than phenols and will also add onto quinone methides with great ease [cf. (*52, 61*) and literature cited there]. This reaction occurs during lignifica-

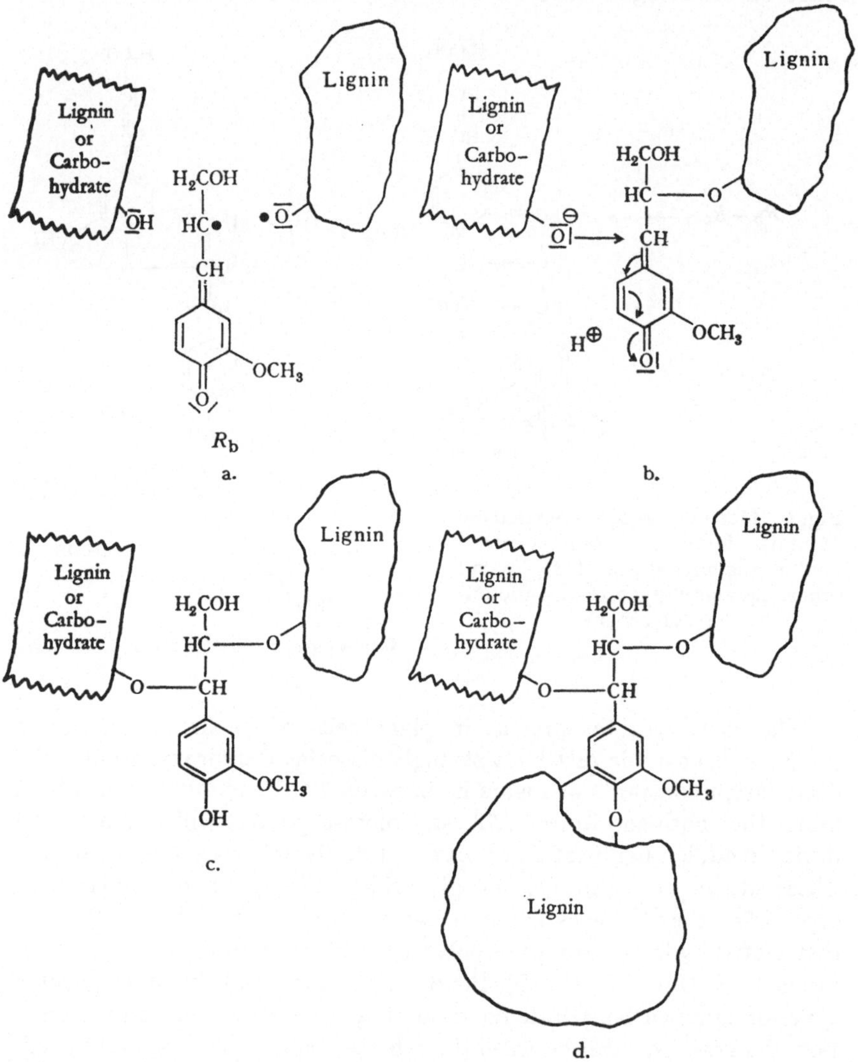

Fig. 7. Mechanism of the cross-linking of lignin macromolecules or of the grafting of lignin onto polysaccharides by single $R_b$-type coniferyl radicals

tion in the formation of pinoresinolide (*50*), a monolactone analogous to DL-pinoresinol (IV) [CO instead of $CH_2$ in one tetrahydrofuran ring]. It is feasible that any accessible carboxyl groups in hemicelluloses or the uronic acid residues in polyuronides can also add onto *p*-quinone methide intermediates of lignification. In this case a *p*-hydroxybenzyl ester bond would result instead of an ether bond. Ester bonds grafting lignin to polysaccharides could arise in this way. The evidence for such ester bonds can be found in the reviews on the lignin-carbohydrate bond (*110*).

Appreciation of these mechanisms reveals that a single free radical in the form $R_b$ can act as a strong cross-linking agent between two large preformed pieces of lignin or between a growing lignin molecule and a preformed or growing polysaccharide molecule in the cell wall matrix. This is illustrated in Fig. 7. The preformed lump of lignin on the right in Fig. 7a once contained a free phenolic hydroxyl group that has been enzymatically dehydrogenated to give the free phenoxyl radical shown. This radical combines in its $R_a$ form with the single $R_b$ radical to form the *p*-quinone methide shown in Fig. 7b. Nucleophilic attack of the ionized hydroxyl group in the entity on the left in Fig. 7b, which may be derived from a phenolic hydroxyl group in another lignin molecule or from an aliphatic hydroxyl or carboxyl group in a polysaccharide molecule, leads to the cross-linked polymer shown in Fig. 7c. The weak *p*-hydroxybenzyl ether or ester bond holding the left hand portion of the cross-linked polymer in Fig. 7c becomes stabilized if the phenolic hydroxyl group of the cross-linking guaiacylglycerol unit becomes etherified by dehydrogenative condensations as lignification progresses. The stabilized cross-linked polymer is shown in Fig. 7d. Here the original $R_b$ radical has become the centre of a branching point. Any or all of the three aggregates held together by the single coniferyl unit in Fig. 7d can continue to grow and form other cross-links. Numerous cross-linkages between lignin and polysaccharides can occur at random points in the molecules of each. The plant cell wall can therefore be a cellulose-lignin-hemicellulose-lignin-polyuronide graft polymer.

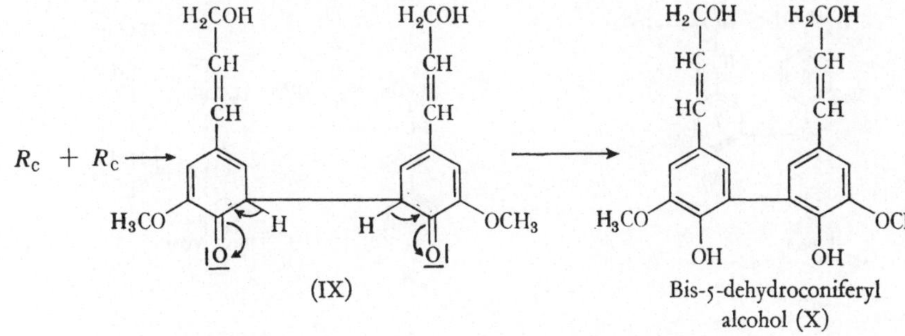

$R_c + R_c \longrightarrow$ (IX) $\longrightarrow$ Bis-5-dehydroconiferyl alcohol (X)

Fig. 8. Mechanism of the formation of biphenylyl-linked lignols

Let us now revert to the mechanism of growth of the pure lignin polymer. By analogy to the radical pairings already described, other types of combinations should also be expected. For instance, interlinking of two radicals in the $R_c$ form and subsequent rearomatization by keto-enol tautomerism of the double *o*-quinone methide (IX) produced should lead to bis-5-dehydroconiferyl alcohol (X) – a biphenylyl linked dilignol [see Fig. 8]. However, since both halves of this molecule still possess an unchanged coniferyl alcohol type structure, despite its doubled molecular weight, (X) is subject to almost as rapid dehydrogenation and condensation as coniferyl alcohol itself. For this reason, it could only be shown indirectly from lignin degradations (*47*) and from dehydrogenations of di-

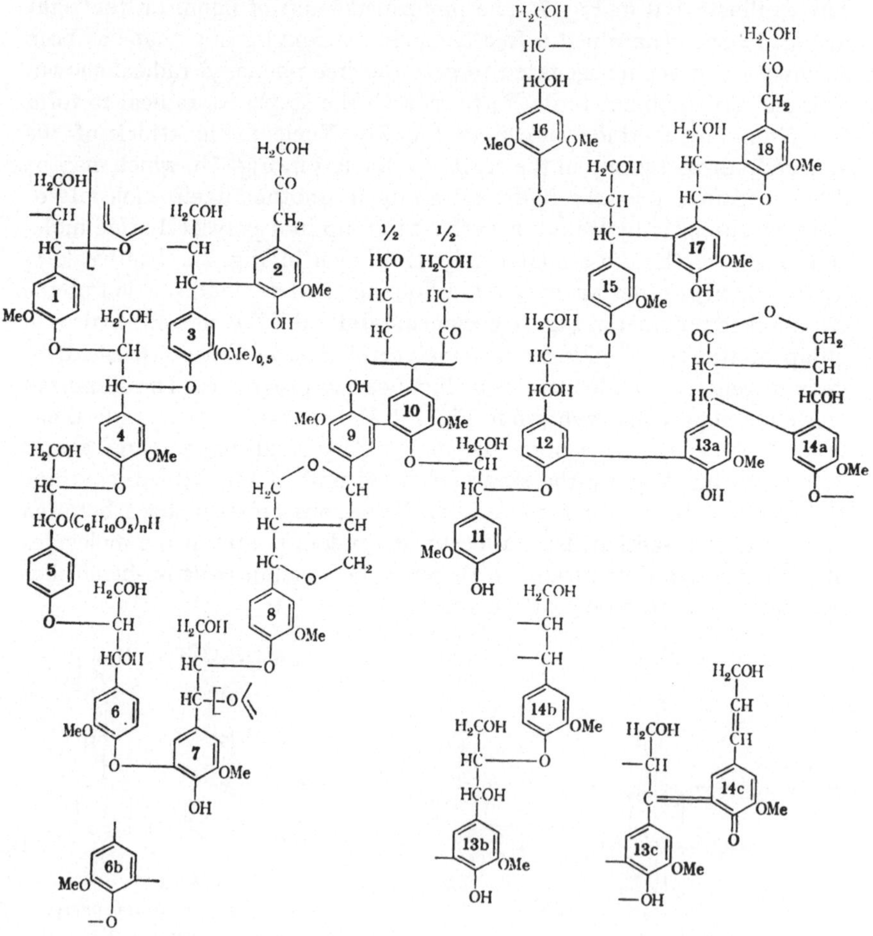

Fig. 9. Constitutional formula for spruce lignin (*43*)

hydroconiferyl alcohol (*58a*) that (X) is in fact an intermediate of lignification. The other dilignols (II), (IV) and (VI) are dehydrogenated much more slowly than coniferyl alcohol (*71*).

Biphenylyl links between higher lignols, e.g. in the dehydrodipinoresinol obtained from pinoresinol (*60*), are easier to trace. Biphenylyl bonds may make up about 25% of all the interunitary links in lignin (*123*) [cf. Units 9/10 and 12/13a in Fig. 9]. Again this is a strong, non-hydrolysable C–C bond.

Analogous combination of an $R_a$ radical with an $R_c$ radical and subsequent rearomatization by keto-enol tautomerism of the $R_c$ portion should give rise to a diconiferyl ether (XI); again the right-hand half of this molecule has the coniferyl alcohol structure and is perhaps even activated by the coniferyl ether substituent in its 5-position. It is therefore dehydrogenated and condensed very rapidly and has consequently not yet been encountered among the intermediates of lignin made *in vitro* from coniferyl alcohol. Again indirect evidence for the presence of such diaryl ether bonds in lignin [cf. Units 6/7 in Fig. 9] has become available from oxidative degradations of lignin (*48*) and from enzymatic dehydrogenation of 4-propylguaiacol (*124*). The formation of diaryl ethers may also take place more readily with higher lignols than with coniferyl alcohol as such.

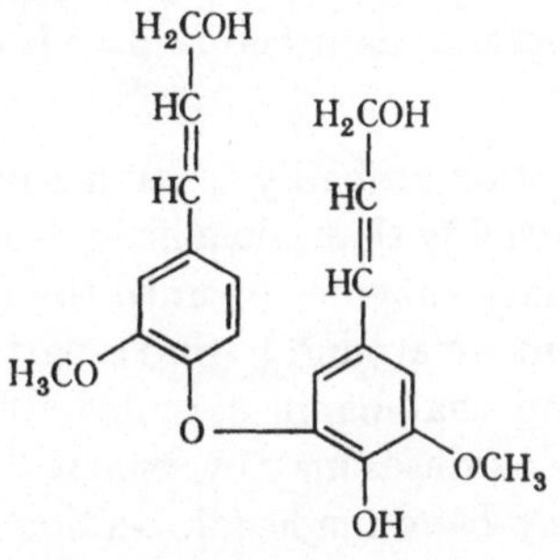

$H_2COH$ $HC$ $HC$ $H_3CO$ O $H_2COH$ $HC$ $HC$ $OCH_3$ OH

Diconiferyl ether (XI)

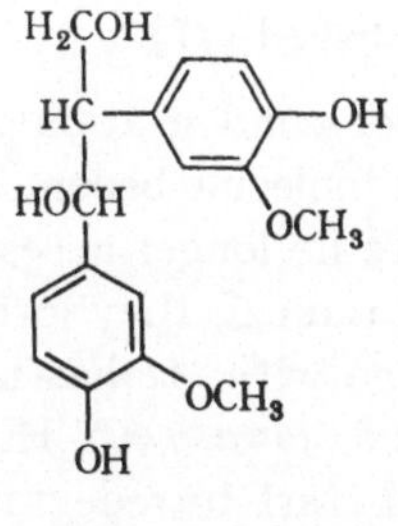

$H_2COH$ $HC$ OH $HOCH$ $OCH_3$ $OCH_3$ OH

1,2-Diguaiacyl propane-1,3-diol (XII)

Evidence for the participation in lignification of radicals in the form $R_d$ was not obtained from lignols extracted from simulated lignification experiments with coniferyl alcohol *in vitro*. Actually more direct proof was obtained here: structures, e.g. (XII), that must have arisen from this form of the coniferyl radical were isolated from natural lignins by mild hydrolysis (see Section I). So far only structures derived from combinations of $R_d$ type radicals with $R_b$ type radicals have been isolated (*47, 105, 116, 117*), but evidence for combinations of $R_d$ radicals with $R_a$ radicals has been secured by the detection of 4*O*-(3,4-dimethoxyphenyl)-

vanillic acid among the products of oxidative degradation of methylated lignin with $KMnO_4$ (*28, 41*). Whenever a radical in the $R_d$ form combines with another coumaryl radical, its three-carbon side chain appears to be eliminated. The analogy to this reaction in animal organisms is the formation of the thyroid hormone thyroxine from diiodotyrosine.

The lignols described so far are all phenols and can still undergo dehydrogenation and condensation with other lignol radicals or with coniferyl, *p*-coumaryl, or sinapyl radicals. However, the ease of dehydrogenation of the lignols generally decreases as their molecular weights increase (*71*). Their substitution pattern also exerts an influence in this respect. Nonetheless, in principle, again free radical combinations, additions onto quinone methides, and hydrogen transfer reactions can occur. Many other lignols have been isolated from experiments with coniferyl alcohol alone *in vitro*, but these are all produced according to the same principles as have been outlined above. Naturally, "mixed" lignols must be produced in nature when not only coniferyl but also *p*-coumaryl and sinapyl radicals are available, but the structures of the compounds will be essentially along the same lines as those of the lignols procured from coniferyl alcohol alone. The mixture of "homolignols" plus "heterolignols" obtained when a mixture of any two or all three *p*-coumaryl alcohols is dehydrogenated *in vitro* is far too complex for there to be any reasonable chance of separating and identifying individual "mixed" lignols. A complete list of the lignols isolated and identified to date is due to be published (*41*).

The polycondensation process of lignification probably continues until the lignin molecule becomes so large and unwieldy that phenolic hydroxyl groups are no longer accessible to the oxidase enzymes or until the free phenoxyl radicals they form can no longer move around to find a partner to combine with. It has in fact been found that lignin contains stable free radicals (*54a, 140*). Here and there the oxidases may overshoot their mark and start to redegrade the lignin they have made (cf. Section J).

The oxidizing influence of the enzymes will not cease until cell dehydration or the tanning effect of the lignin causes denaturation or inactivation of the enzyme protein. Hence secondary changes may take place in the polymeric lignin molecules in the form of topochemically strongly localized reactions under the influence of the oxidases. For example, oxidations at the benzyl carbon (C-γ) may occur[cf. (*124*)]. Hydroxyl functions in this position [cf. Units 6, 12, 13b and 16 in Fig. 9] are readily oxidized to carbonyl groups, especially in biphenylyl-coupled compounds [cf. Unit 10 in Fig. 9] (*71, 123*). Moreover, over long periods of time, the slight natural acidity of wood may cause slow cleavage of benzyl aryl ethers [i. e. the γ-aryl ethers in guaiacylglycerol-β,γ-diaryl ethers, e.g. (VIII)] and subsequent "curing" nuclear condensations (cf. p. 126) giving a more strongly condensed lignin [cf. Units 3/2 and 15/17 in Fig. 9]. These are perhaps some of the processes diffusely described as "aging" of lignin.

## H. Characterization of lignins

We have seen that lignin is a highly branched amorphous polymer containing an extremely complex array of structures and that when *in situ* in the wood, it is a graft polymer with cellulose and hemicellulose to boot. Characterization of lignins thus becomes a problem.

This problem is of fundamental significance with regard to the structure of lignin. The structures of the lignols identified as intermediates of simulated lignification *in vitro* can be regarded as valid evidence for the structure of natural lignin formed *in vivo* only if it can be shown that the biosynthetically duplicated lignin made in the laboratory is the same as that produced by the plant in nature. It was fortunate that the method of extracting chemically unchanged lignins by milling pre-extracted wood under toluene (*17*) provided a means for obtaining genuine natural lignins for comparison with the products made in the laboratory. However, when comparisons are made, the special nature of the biogenesis and structures of the two products must be kept in mind. The natural product has been formed in a completely different environment from the laboratory product. The latter has had no chance to become attached to polysaccharides and has not been held in gel suspension by cell plasma. An endeavor must therefore be made to make comparisons between materials that have been treated identically after their production at least, just as would be done with other high polymers, otherwise the legitimacy of either similarities or discrepancies between the two is open to question.

Let us suppose that a comparison is to be made between spruce lignin and a biosynthetically duplicated spruce lignin (Freudenberg's dehydrogenation polymer or DHP). First, spruce milled-wood lignin must be extracted, e.g. with dioxan/water (9:1 v/v), and purified under extremely mild conditions in order to ensure that oxidations or condensations cannot occur. A narrow uniform fraction of this lignin must then be selected. The solubility in dioxan/water has already set an upper limit to the molecular weight of the lignin extracted. Material of low molecular weight can be removed by exhaustive extraction of the crude lignin in the cold with a relatively polar inert solvent, e.g. ethyl acetate (*71*). Afterwards the lignin-carbohydrate complex [cf. p. 109] must be entirely removed, but again using a physical method that will not endanger the other lignin molecules. Here, for example, as for other high polymers fractional precipitation can be applied, e.g. by extremely slow addition of pure benzene to a highly dilute solution of the lignin in dioxan/water and removal of the carbohydrate-rich fraction that is precipitated preferentially (*71*).

The biosynthetic lignin (DHP) must of course be made from a 14:80:6 mixture of *p*-coumaryl, coniferyl and sinapyl alcohols, for these are the approximate proportions in which these three lignin precursors are available when converted into spruce lignin *in vivo* in the tree (*43, 47*). The dehydrogenation must be continued until sufficient hydrogen has been abstracted on the average from each $C_9$- unit to give mainly high polymer (about 1.7—1.8 H per $C_9$). The dehydrogenation polymer obtained must then be purified and fractionated in exactly the same way as the spruce milled-wood lignin. Comparisons can then be made of the purified narrow polymer fractions.

Comparisons made between unpurified spruce milled-wood lignin fractions and unfractionated polymers made from coniferyl alcohol alone already revealed the great qualitative similarity between natural and biosynthetically duplicated lignins [see, for example, *K. Freudenberg* in (*94*), pp. 125—126]. When a purified lignin fraction is compared with an identical fraction made from a mixture of all three *p*-coumaryl alcohols, the resemblance is of course much greater.

The next question is which criteria are suitable to indicate unequivocally similarities or distinctions between lignin preparations. In practice, physical, analytical and chemical degradative techniques are used to characterize lignins.

Among the physical techniques, chromatography using polar solvent systems, electrophoresis in alkaline buffers or sedimentation in the ultracentrifuge can be used to test the homogeneity of samples. Simple infrared spectroscopy (in KBr) and ultraviolet spectroscopy (in dioxan/water) are of only limited value because of the large number of only slightly mutually differing chromophores or bond types in lignin. Infrared spectroscopy has been applied to establish the presence and aromaticity of lignin *in situ* in wood (*147*) and to differentiate some types of carbonyl absorption in lignin (*6*). An attempt has been made to evolve a taxonomy system based on the infrared spectra of lignins (*85*).

In the ultraviolet range, the peak at about 280 mμ shown by all lignins is very uncharacteristic: many lignols, some lignin precursors, degraded lignins, lignin model compounds, lignans, tannins, etc. all exhibit a peak in this region. More reliance can be placed on the ionization difference ($\Delta\varepsilon$) spectra of lignins (*11*). The curve obtained by subtracting the ultraviolet molar extinction of the lignin in neutral solution from that in alkaline solution in the same solvent is characteristic for the number and type of phenolic hydroxyl groups in the lignin. The extinction should preferably be based on the molecular weight of the average $C_9$ unit in the copolymer (*46, 54a, 71*) and not simply on the methoxyl content of the sample as originally done. Ionization difference spectra of the reduced lignin ($\Delta\varepsilon_H$-spectra) give additional information or characteristics (*6, 7a*). The extinction in the trough at about 250 mμ in lignin spectra was used to determine the biphenyl content of lignin (*123*). The nuclear magnetic resonance spectra of lignins or their methylated or acetylated derivatives also provide highly characteristic data (*15, 103*). Electron paramagnetic spin resonance spectra indicate unpaired electrons in lignins (*54a, 140*).

A criterion for regarding a substance as a true lignin on the basis of its elemental analysis has been set up by *Freudenberg* and *Harkin* (*46, 54a*). In accordance with its origin from mixtures of the lower two or all three *p*-coumaryl alcohols and with the mechanisms of its formation, a lignin should have an elemental composition which when recalculated on the empirical basis of a single average phenylpropanoid unit gives the formula

$$C_9H_{\sim 8-x}O_2[H_2O]_{<1.0}[OCH_3]_x$$

where x is the mean methoxyl content per phenylpropanoid unit in the lignin and is less than 1.50. Mathematical expressions for recalculating lignin elemental analyses in this manner have been published (*46, 54a*).

The $C_9$-based formula represents the mean composition of all the units in the lignin copolymer. The $C_9$ basis derives from the propenylbenzene skeleton of the *p*-coumaryl alcohols, the $O_2$ term from their terminal phenolic and alcoholic oxygens which remain attached to the skeleton no matter what changes the lignin monomers undergo during polymerization (the elimination of the side chain of $R_d$ radicals forms an insignificant exception – see below). The water term reflects the water added onto *p*-quinone methides of type (V) to give benzyl alcoholic groupings. This must be less than 1.0 molecule on the average per $C_9$, for this value represents the maximum that can be attained if every unit in lignin were a benzyl alcohol produced in this way. If the maximum value of 1.0 were in fact encountered, this would imply that lignin is a polyether derived exclusively from *p*-hydroxyphenylglycerol and its methoxylated derivatives, each interunitary ether linkage being between C-β oi one molecule and the phenolic oxygen of the next [cf. (*40*)]. This is of course not normally the case, as innumerable elemental and functional-group analyses of non-sulfonated lignins have shown. A polyether of this kind would be far more susceptible to degradation reactions than lignin is found to be.

The hydrogen balance is the trickiest part of this formula. *p*-Coumaryl alcohol contains 10 hydrogens, coniferyl alcohol 9 and 1 methoxyl group, sinapyl alcohol 8 and 2 methoxyl groups. The alcohol mixture from which lignin is derived therefore contains 10-x hydrogens and x methoxyl groups, where x is again the mean methoxyl content per alcohol ($C_9$) molecule. The figure of ~8-x therefore indicates that on the average almost 2 atoms of hydrogen have been removed from each phenylpropanoid skeleton during the polymerization process leading to lignin. Loss of hydrogen from the coumaryl alcohols is promoted by repeated dehydrogenation of phenolic groups, first in the monomers and then in the lignols, and by oxidation of the terminal primary alcoholic and secondary (benzyl) alcoholic groups to the corresponding carbonyl functions [cf. the side-chains of Units 10 and 13a in Fig. 9] by radical transfer and disproportionation reactions. Oxidation of some guaiacylglycerol-β-aryl ether moieties may introduce some unconjugated carbonyl groups at C-β [cf. (*6*) and the side-chains of Units 2 and 18 in Fig. 9] into lignin and thereby slightly depress its hydrogen content; however, no mechanism for this reaction has yet been conceived.

Disregarding for the moment any hydrogen losses incurred by reactions leading to carbonyl groups in lignin, if the only polymerization process occurring during lignification were dehydrogenative condensation, each monomer would have to lose 2 atoms of hydrogen in order to condense bilaterally to give a linear high polymer. Some *p*-coumaryl or coniferyl units would have to lose 3 atoms of hydrogen in order to give rise to branching, but owing to the statistical nature of the free radical combinations, branching of the lignin molecule could occur only seldom by this mechanism. The addition of phenols (lignols) onto *p*-quinone methides of type (V) gives rise to branching and increases the molecular size without dehydrogenations, so loss of less than 2 atoms of hydrogen per $C_9$ unit should actually be expected. However, oxidation of some primary alcoholic groups to aldehydes (*58, 60a*) and acids (*50*) or of benzyl alcoholic groups to ketones (*71, 123, 124*) again increases the hydrogen loss to almost 2 atoms per $C_9$ again. Elimination of the hydroxypropenyl side-chains from radicals of type $R_d$ does not distort the lignin formula very much, for it simulates only a trivially higher hydrogen loss and a slightly lower addition of water. Moreover, there are probably not many groups in lignins derived from $R_d$ radicals, and their effect on the overall picture of the analytical composition is therefore negligible. In a mechanism proposed to explain the condensation of coniferyl radicals in the form $R_b$ with free radical forms analogous to $R_d$ of higher lignols with a guaiacylglycerol end-unit to give rise to 1,2-diguaiacylpropane-1,3-diol (XII), no loss of the $C_3$ side-chain occurs at all, for it remains adhering to the oligolignol residue in the form of an aldehyde (*105*). Beechwood lignin, in which most of the lignols derived from $R_d$ type radicals have been found (*116*), conforms well to the above formula. The formula is also well satisfied by carbohydrate-free milled-wood lignins isolated from various species of plants (*42, 54a*) and even from a lignite (*71*),[4] but not by lignin-carbohydrate complexes (*71*). Here the relatively high oxygen content of carbohydrates pushes the hydrogen content in the $C_9$ formula down to a value irreconcilable with that of the original *p*-coumaryl alcohol mixture, and the water apparently added is consequently greater than 1 mole per $C_9$ unit.

When only small amounts of milled-wood lignin are available, its carbohydrate impurities can be removed by acidic hydrolysis (e.g. with sulfuric acid according to *Klason*); the accompanying condensations in the lignin are unimportant because the lignin is intended only for elemental analysis by combustion. Since thioglycolic acid is a convenient reagent for hydrolysing lignin-carbohydrate bonds, formulae for recalculating thioglycolic acid lignins on a $C_9$-basis have also been published (*54a*).

Since lignin is not a uniform entity, chemical criteria for its characterization have centred around analytical determinations of its functional groups, e.g. total hydroxyl content, phenolic hydroxyls (*56*), methoxyl and other ether groups, benzyl alcohol groups (*7a*), carbonyl groups (*6*), etc., and estimations of its content of special structural features, e.g. phenylcoumaran units (*5*), biphenylyl linkages (*123*), etc.

In accordance with the random and polygenous nature of lignin molecules, a relatively large limit of error is incurred in any analytical assay on lignin, and values finally published are often averages of a vast number of widely varying estimations. Reactions that work well with simple lignin models are frequently disappointing when applied to lignin because of the greater condensation of the types of groupings being analysed and because of interferences from alien groups.

It would take too much space here to review in detail the numerous methods that have been applied to assay all the functions in lignin; this is almost a specialized subject in itself. The prominent work of the Swedish schools in this connection has been well reviewed by *Adler* (*2, 7a*). References to the results of analytical work and how they are accurately reflected by his constitutional scheme for spruce lignin are given by *Freudenberg* (*41, 42, 43, 43a*).

Further chemical criteria for lignin take the form of the degradation reactions dealt with in the next section. Here again the results are of only qualitative or heuristic value.

---

[4] In collaboration with Dr. *G. Heinichen*, Freiberg/Sachsen.

# I. Chemical degradations of lignin

It is the primary aim of degradations of lignin either to provide information on the structure of lignin or to afford useful products for commercial exploitation. Frequently these aims overlap, but in practice, neither intention is entirely fulfilled. The root of the evil is to be found in the abundant carbon-carbon interunitary linkages in lignin. These prevent thorough degradations to high yields of low molecular-weight materials.

The approaches adopted in attacking the lignin molecule can be divided into three categories: oxidative, reductive and hydrolytic degradations.

Oxidative degradations of lignins do yield useful products with limited commercial markets. The production of aromatic aldehydes from softwood lignosulfonates is a well established industrial process for the production of vanillin as a flavoring agent [cf. (*9*)]. Hardwood lignins give too much syringaldehyde to be of use for vanillin production. The oxidation of lignin to the aldehydes is carried out in alkaline solution with nitrobenzene as oxidant in the laboratory (*57, 77, 96, 100*) or simply with air in industrial setups; copper catalysts are sometimes used [cf. (*35, 145*)]. It is the by-products of vanillin that are of interest for the structure of lignin. The *p*-hydroxybenzaldehyde and syringaldehyde accompanying vanillin even from conifer lignins first showed that lignin is a copolymer [cf. (*100*)]. Other lesser by-products such as dehydrodivanillin indicated the presence of certain bonding types in lignin (here biphenylyl links). The reaction is also of taxonomic or phylogenetic value [cf. (*145*)]; the higher the plant, the greater the amount of vanillin or syringaldehyde it gives. This degradation has found very extensive applications by lignin scientists; it would divert too much from the main theme to discuss this matter here. One of the latest developments was the use of thin-layer chromatography to separate the aldehyde mixture (*96*).

Oxidation of lignin to carboxylic acids, although intensely investigated, shows little commercial promise, even though cheaper oxidation methods can be used, e.g. aeration in alkaline media. The price of acids from other sources is too competitive and the mixture produced from lignin too complex for convenient separation and purification of single substances. On the other hand, it is the complexity of the mixture that makes this degradation so valuable for studies of the structure of lignin (*46, 47*). For structural work, the phenolic groups in the lignin are methylated before degrading the material in order to preserve as many aromatic rings as possible. Stronger, faster oxidizing agents such as permanganate can then be used. The aliphatic portions of lignin are largely degraded leaving residual carboxyl groups adhering to the aromatic moieties. Separation and identification of the acids produced gives abundant information on the types of bonding present or on the substitution pattern of the aromatic rings in the original lignin (*46, 47, 56a*).

If the lignin degraded in this manner has been specifically labelled by introducing a radioactive lignin precursor beforehand to the plant, e.g. L-phenylalanine or D-coniferin, additional data can be secured by measuring the radioactivities of certain acids or specific carboxyl groups therein (*41, 48, 56a*). Conclusions can then be drawn concerning the substitution of even some of the aliphatic portions of the lignin polymer.

The similarities in the structure and yield of the acids obtained by this degradation from natural spruce lignin and a biosynthetic "spruce lignin" copolymer (mixed DHP) made *in vitro* from a mixture of the three *p*-coumaryl alcohols established the general identity of the two preparations (*46, 47*).

The structures of the degradation acids give strong support to the theory of lignin growth outlined in previous sections and to the formula for spruce lignin shown in Fig. 9 (*41, 42, 46, 43a*). They also indicated that other minor types of bonding occur in lignin that have not been mentioned above. Some condensations are observed in the 2- and 6-positions in aryl rings [cf. Unit 17 in Fig. 9]. Units condensed in this way may arise to a limited extent by condensation of radicals produced by radical transfers or through minor limiting forms of the ordinary phenoxyl radicals, or via nucleophilic condensative rearrangements of *p*-hydroxybenzyl aryl ethers owing to the slight acidity of the lignification medium. These findings are borne out by experiments *in vitro* with deuterated coniferyl alcohols (*56b*). This work also gave proof of the occurrence of diaryl ethers in lignin produced by condensations of $R_a$ and $R_c$ type radicals or $R_a$ and $R_d$ type radicals with subsequent elimination of the side chain (*28, 41*).

Since the first experiments on catalytic hydrogenation of lignin were carried out in 1938 (*72*), reductive degradations of lignins have been attempted using a wide variety of catalysts and conditions [see for example (*67, 77, 119, 135*)]. Although the propylcyclohexanols and propylphenols to be expected from this reaction would be valuable products for commercial applications, again the yields obtained in practice are very low and the products are too variegated for convenient separation. The carbon-carbon bonds in the lignin are again the villains responsible for the lack of success here. However, the products isolated and identified once more support the above theories of the nature of lignin and its derivation from phenylpropanoid precursors. The literature on this work can be traced back from the recent attempts to separate hydrogenolysis products by gas chromatography (*119*). After thorough testing in industry, even the currently most effective hydrogenolytic process, the Japanese Noguchi process (*93a*), has been practically abandoned because it is uneconomical (*67*). Alkali metals in liquid ammonia afford essentially the same results (*135*) as catalytic hydrogenation.

Chemical hydrolyses of lignins are of no commercial value, for the drastic conditions required to attain reasonable rates of hydrolysis of the stable ether bonds in lignin simultaneously cause intermolecular condensations of the molecule resulting in diphenylmethane-type products of higher rather than lower molecular weight and dark, brittle, bakelite-like consistency. The condensing molecules are the free or etherified benzyl alcohol groupings in lignin and, in part, formaldehyde eliminated from the hydroxymethyl end groups of a few other units. Moreover, once again too many units remain interlinked by C—C bonds, so only partial separation of units occurs.

Hydrolyses of lignin have however proved to be of immense value in helping to elucidate and consolidate the structure of lignin. The first effective hydrolysis of lignin was achieved by *Hibbert* and his coworkers by treating wood with ethanol and hydrochloric acid (*77*). A series of $C_6$—$C_3$ ketones were obtained which again affirmed the mainly coniferyl nature of softwood lignins and the predominance of coniferyl and sinapyl residues in hardwood lignins. It was later established that the ketones originated from guaiacylglycerol ethers, e.g. of type (VI) or (VIII), in the lignin [cf. (*94*)]. This simple degradation forms an excellent criterion for establishing the coniferyl or sinapyl nature of lignins. Since it characterizes lignins so well and since the phenylpropanoid skeleton remains intact, it has been used frequently in tracer work [cf. (*90, 91, 94*)]. The most recent improvement of the method is the separation of the ketones by gas chromatography (*95*).

Lately it has been realized that if the *p*-hydroxy- or *p*-alkoxybenzyl aryl ethers that occur in lignin (*56*) are hydrolysed carefully under extremely mild conditions, concurrent condensations can be largely avoided, and minute amounts of largely or completely unaltered lignin fractions can be isolated. Because of the statistical distribution of the benzyl aryl ethers throughout the lignin molecule, mono-, di-, tri-, tetra-...oligolignols are released. Isolation and identification of some of these degradation products established affirmatively that the lignols found during simulated lignification *in vitro* are really incorporated into the lignin molecule.

The first evidence of this kind was supplied by the Göteborg school [cf. (*1*)]; here 0.2 N HCl in 90% aqueous dioxan was used for the hydrolysis. The slightly modified lignol products secured proved the presence of structures of types (II) and (VI) in spruce lignin (*104*). Evidence was given later (*105*) for the participation of $R_d$ type radicals in lignification with subsequent loss of their side chains leading to 1,2-guaiacylpropane-1,3-diol (XII) structures. Similar structures derived from sinapyl alcohol were recently also isolated from beechwood after hydrolysis with dilute acetic acid or simply hot water (*43, 48, 116*). Other unchanged mono- and dilignols, e.g. coniferyl and sinapyl alcohols and the corresponding aldehydes, dehydrodiconiferyl alcohol (II), DL-pinoresinol (IV) and its 5,5′-dimethoxy derivative syringaresinol, and a derivative of guaiacylglycerol-β-coniferyl ether (VI) were also isolated at almost the same time (*42, 48*); dilute acetic acid or 0.5% HCl in anhydrous methanol was used as hydrolysing agent. Lately tri- and tetralignols containing units derived from $R_d$-type radicals have been isolated from beechwood hydrolysates (*41, 117*).

The yields of lignols liberated from beech are higher than those of the lignols obtained from spruce because hardwood lignins contain more arylglycerol-β,γ-diaryl ethers owing to their higher content of sinapyl type units. The higher content of sinapyl residues probably also results in a larger number of units derived from $R_d$ type sinapyl radicals.

## J. Biological degradations of lignins

So far no single enzyme is known that will effect rapid decomposition of lignin. Nevertheless, lignin can be degraded slowly by certain microorganisms and by soil bacteria [cf. (*39, 64, 84, 86, 132, 142*)]. When healthy wood is attacked by such microorganisms, its degradation is an undesirable pathological symptom and is thus important for forestry economics. Studies of the biological degradation of lignins have generally been prompted by only this latter consideration.

The microorganisms that will attack wood in this way are normally basidiomycetes species and are called white or brown rots depending on the color of the degraded wood residues remaining after their attack. Brown rots degrade preferentially the polysaccharides in the wood, but simultaneously demethylate, oxidise and degrade the lignin; hence the appearence of the brown color. White rots degrade lignin better and leave more cellulose, hence the brightening of the wood. No microorganism is yet known that will attack exclusively either the lignin or the polysaccharides in wood.

Attempts to isolate lignin by degrading wood with brown rot fungi afforded only degraded lignins of low molecular weight ($<1000$) [cf. (*33, 94, 132*)] similar to *Brauns*' soluble lignin. This is probably due largely to the oxidative degradation of the lignin by small amounts of oxidases secreted by the brown rots.

Ironically, one of the main enzymes thought to be involved in the degradation of lignin is laccase (*38, 39, 94*), one of the two oxidases that may be involved in its synthesis (*55, 76b*). The laccase used to duplicate lignification *in vitro* is in fact derived from the edible mushroom *Agaricus* (*Psalliota*) *campestris* (*55, 82*) or the brown rot *Polyporus versicolor* (*37*). The latter was one of the species used to make enzymatically liberated lignin (*33*), so it is therefore not surprising that the lignin was degraded.

In nature, the microorganisms or the mushroom mycelia produce the oxidases laccase and peroxidase as exoenzymes, i.e. they secrete the enzymes into their environment in order to digest the lignin there extracellularly to molecules that are small enough to be resorbed for nutritive purposes. The toxic plant phenols are thereby conveniently converted into non-toxic quinones. Pentachlorophenol cannot be oxidised in this way and this is perhaps why it is such an effective fungistatic and fungicide. Lignin degradations of this type by purified laccase have been observed *in vitro* (*55*). Prolonged incubation of spruce milled-wood lignin with the enzyme led to separation of some benzene rings from their aliphatic attachment in the form of *p*-benzoquinones. Dehydrogenative attack of phenolic groups that does not lead to subsequent condensations can apparently lead to cleavage between the aromatic and aliphatic portions of lignin. Syringaresinol – the 5,5′-dimethoxy derivative of (IV) – is a sinapyl alcohol dilignol which cannot undergo condensations with phenoxyl radicals of its own species; its degradation by laccase is therefore particularly pronounced (*55*), only dimethoxy-*p*-benzoquine being isolable. Enzymatic dehydrogenation of sinapyl alcohol alone leads exclusively to syringaresinol and then causes degradation of the latter; this explains why no ligninlike polymer can be produced from sinapyl alcohol alone (*55*).

In recent work, lignin has been subjected to attack by complete white rot organisms that had been adapted to live on lignin as sole source of carbon (*64, 84*). Here the lignin is subjected to attack by a whole series of enzymes at once. Degradation does take place and some degradation products have been identified on chromatograms or by their ultraviolet spectra (*64, 84*). Mechanisms for the degradation have been published (*64, 84, 132, 144*). It is thought that an etherase which splits guaiacylglycerol-β-aryl ethers [cf. (VI)] is in operation during the degradation of lignin by white rots. This hypothesis is supported by the observation that some white rots degrade lignin but do not appear to produce extracellular oxidases (*86*). These species do not give the Bavendamm reaction, the standard test for white rots that is caused by their extracellular oxidases [see, for example (*106*)]. However, no anaerobic degradation of lignin has ever been observed. Endeavors have been made to clarify the mechanisms of lignin degradation by white rots by feeding model compounds to the organisms, and isolation of the degrading enzymes has been attempted. Although the white rot *Polystictus versicolor* can metabolize guaiacylglycol- and guaiacylglycerol-β-guaiacyl ethers, it does not attack the corresponding veratryl compounds (*126 a*). Another white rot, *Fomes fomentarius*, demethylates veratrylglycerol-β-guaiacyl ether and other methylated phenols; it then degrades the guaiacylglycerol-β-guaiacyl ether formed to vanillin, vanillic acid and other products (*84*). This may suggest that the β-aryl ether bond is split by the action of a phenolase rather than by direct participation of an etherase. However, lately an enzyme has been secured from another fungus, *Poria subacida*, which releases guaiacol from veratrylglycerol-β-coniferyl ether although no other phenolic degradation product could be detected (*64 a*). This enzyme may be a true alkyl aryl etherase.

Naturally lignins that have been modified by chemical reactions, e.g. condensed or sulfonated by pulping, are far less susceptible to biological decay than natural lignins, because the weak, readily hydrolyzable benzyl aryl ether bonds or the readily oxidisable benzyl alcohols of guaiacylglycerol units have been sulfonated or transformed by condensation reactions into strong carbon-carbon bonds.

The fact that the lignin of hardwoods, which are at the highest level of evolution on the phylogenetic scale, contains the most sinapyl-type elements is perhaps understandable in terms of its biodegradability. The higher methoxyl content of the sinapyl units reduces the possibilities for carbon-carbon interunitary linkages in hardwood lignin compared with conifer lignin. That hardwood lignin is a weaker lignin than conifer lignin is revealed by its greater susceptibility to mild chemical hydrolysis (cf. Section I). Nature may prefer this weaker lignin in order to be able to recycle by biological decay the carbon from lignins that have outserved their purpose. The trees compensate for this weakening in their lignin by adapting the structure of their xylem cells from the long narrow tracheids of conifers to the thicker stunted hardwood cells.

Biological degradation of lignins in the soil proceeds by similar but more complex mechanisms that lead in time to the formation of humic acids. Again laccase appears to play a major initial role in this process (*39, 142*) but the breakdown of the lignin molecule is much more radical, for demethylations and opening of the aromatic rings occur (*39, 144*). Later condensations with amino acids take place. This topic leads away from that of lignin, so it will not be discussed at length here, especially since several reviews of the current knowledge on humic acids are available (*38, 139*).

## K. Pulping research

The pulping processes in use at present are all relatively old and have generally been evolved from empirical experimentation. Excellent recent books are available on the chemical technology of pulping (*22, 26, 102, 115, 127, 128, 138*) and the two major chemical pulping processes have been thoroughly reviewed (*150, 151*).

Clarification of the chemical structure and reactivity of lignin has initiated much basic research on the nature of the processes occurring during the established pulping reactions and aftertreatment, e.g. bleaching, of pulps. Many of the vaguer ideas of the past as to what changes take place in the lignin molecules during pulping have been brought into clearer focus by studies on apt lignin models under pulping conditions. The Scandinavian schools have been prominent in this work (*1, 7, 66, 129*). The mechanisms of kraft pulping have thus been largely clarified. Here the lignin is solubilized mainly by reduction in its molecular size owing to extensive cleavage of its guaiacylglycerol-β-aryl ether components [cf. (VI) and Units 4/1, 5/4, 6/5, 7/8, 11/10, 12/15, 15/16, 13b/14b in Fig. 9]. Hydrosulfide ions catalyse this reaction and block reactive benzyl carbonium ion intermediates by nucleophilic addition; this prevents recondensation of the lignin fractions (*1, 66*).

In industrial research, attempts are being made to increase the yields or throughputs in existing methods (*73*), e.g. by the selection of optimum operating conditions, by using continuous digestion techniques, or by using promoter additives such as sodium borohydride (*74*) or polysulfides (*122*). Efforts are still being made to discover or evolve fundamentally novel pulping processes but so far no outstanding success has been achieved in such projects.

Interesting studies on the course of delignification during chemical pulping have recently been reported (*18, 88*). Periods of rapid and slow delignification can be differentiated and the release of lignin is thought to proceed via a free-radical mechanism (*88*).

Some of the observations made in pulping studies can perhaps now be interpreted better in terms of the readily hydrolysable benzyl aryl ethers [cf. structure (VIII) and Units 4/3, and 11/12 in Fig. 9] recently discovered in lignin (*56*). Cleavage of these weak ethers by alkali is almost instantaneous and the phenolic group liberated increases the alkali solubility of the lignin. The fast initial (bulk) delignification (*88*) might be due to cleavage of such ethers. As a reducing agent, borohydride prevents recondensation of hydrolysed lignin moieties by instantaneous reduction of the active benzyl carbonium ions produced when the benzyl aryl ethers are hydrolysed. Polysulfide also suppresses condensations of the lignin released during pulping by oxidizing free benzyl alcohol groupings [cf. structure (VI) and Units 6, 12, 13b and 16 in Fig. 9] to ketones (*111*). The extra alkali used in combination with sodium borohydride retards reduction of such aryl ketones already present in lignin [cf. Unit 10] to condensable benzyl alcohols.

Knowledge of the structure and reactions of lignin has also helped to instigate searches for the types of structures that give rise to the chromophores that cause unwanted coloration in pulps (*7*). Initial attempts have been made to discover how these chromophores are destroyed during bleaching of pulps by oxidizing agents (*65, 129, 130*).

## L. Utilization of lignin

Thousands of patents have been issued covering potential applications of lignins from pulping wastes or the production of useful lignin degradation products, but so far the real eureka has not yet been found. Several short reviews on the utilization of lignin have recently appeared (*9, 34, 92, 93a, 120, 121*). Here too attempts are being made to adopt a more fundamental approach to the problem by agglomerating more basic information on the structures of the lignin products that are to be utilized. Some of the methods that were applied in studying the structure of natural lignin have now been used to examine pulped lignins (*108*).

Some remarkable applications of lignosulfonates have been evolved of late that are based on their ability to act as sequestering or complexing agents for inorganic ions [cf. (*69*)]. These include the addition of lignosulfonates as a viscosity-controlling agent to oil-well drilling muds and as a dispersant in the purification of ores by flotation, in the preparation of ready-mixed concrete, and in the production of clay slips for making porcelain or ceramics. Low molecular-weight lignosulfonates can replace polyhydric alcohols as humectants in printing inks and dyeing pastes. The chelating properties of lignosulfonates also explain their use as a boiler-scale preventive and as a trace-element retainer in soil-improving agents. The long established use of waste liquors as a road-binder in non-asphalt roads and as a dust controlling agent in soft road shoulders is understandable in view of these properties of lignosulfonates.

Lignosulfonates have recently been tried as a filler for rubber but are slightly less efficient than carbon black, the cheap conventional filler with which it must compete. However, it is conceivable that lignin could increase the stability of rubber to ozone, the natural reagent which causes vulcanized rubber to "perish."

The production of vanillin for flavoring purposes still provides a major useful outlet for softwood lignins, but the lignosulfonates from a few mills suffice to saturate the market, even though the yield of vanillin is low.

Some lignosulfonic acids are used as a tanning auxiliary. The tanning effect is due to the sulfonic acid groups and not to the phenolic hydroxyls in the product: there is only about one free phenol group in every third $C_9$ unit in lignin and many of these may be sterically inaccessible. Leather tanned with lignosulfonates is therefore not water-proof.

Lignins from waste liquors are also used as extenders for phenoplasts and in adhesives for laminated paper and board, linoleum pastes, animal feedstuff pellets, etc.

A reaction that leads to undesirable by-products during kraft pulping has recently been subtly applied to produce a useful lignin degradation product. The inorganic sulfur compounds used to promote lignin solubilization during kraft pulping inavoidably cause some demethylation of its methoxylated aryl moieties giving rise to methyl thiol and dimethyl sulfide, which produce the obnoxious odors associated with such pulping installations. Now intentional demethylation of the lignin in spent liquors is carried out with sulfur compounds (*76*) in order to obtain dimethyl sulfide, which is then oxidised, e.g. with hydrogen peroxide, to dimethyl sulfoxide, a compound that has gained considerable prominence of late as a powerful solvent and a tissue-penetrating antirheumatic.

The lignin consumption in some of these applications runs into millions of pounds, but the current lignin production runs into millions of tons. It is with this thought that the cycle of the present discussion must close. The lack of success in finding economical applications or greater markets for more substantial amounts of lignin products is thus still motivating the extensive research that is currently being conducted in the field of lignin chemistry.

## References


1. *Adler, E.:* Recent Studies on the Structural Elements and the Reactions of Lignin. In (*10*), pp. 73—83.
2. — Studies on the Structural Elements of Lignin. Paperi ja Puu *43*, 634—643 (1961). — *Marton, J.*, and *E. Adler:* The Reactions of Lignin with Methanolic Hydrochloric Acid. A Discussion of Some Structural Questions. Tappi *46*, 92—98 (1963).
3. — Über den Stand der Ligninforschung. Das Papier *15*, 604—609 (1961).

4. — *K. J. Bjorkquist, S. Häggroth* u. *L. Ellmer:* Coniferylaldehydgruppen im Holz und in isolierten Ligninpräparaten. Acta Chem. Scand. *2,* 93—94, 839—840 (1948).
5. — and *K. Lundquist:* Spectrochemical Estimations of Phenylcoumaran Elements in Lignin. Acta Chem. Scand. *17,* 13—26 (1963).
6. — and *J. Marton:* Carbonyl Groups in Lignin. Acta Chem. Scand. *13,* 75—96 (1959); *15,* 357—392 (1961).
7. — — *I. Falkehag, H. Halvarson,* and *B. Wesslen:* The Behavior of Lignin in Alkaline Pulping. Acta Chem. Scand. *18,* 1311—1316 (1964).
7a. — *H.-D. Becker, T. Ishihara* u. *A. Stamvik:* Über die Benzylalkoholgruppen des Fichtenlignins. Holzforschung *20,* 3—11 (1966). — Cf. Acta Chem. Scand. *15,* 218, 849 (1961).
8. *Allen, C. F. H.,* and *J. R. Byers:* A Synthesis of Coniferyl Alcohol. J. Amer. chem. Soc. *71,* 2683—2684 (1949).
9. Anon.: Chemicals from the Other Half of the Tree. Chem. Engng. News *41,* No. 6, 83—89 (1963).
10. Anon. (Editor): Chimie et Biochimie de la Lignine, de la Cellulose et des Hemicelluloses. Actes du Symposium International de Grenoble. Les Imprimeries Réunies de Chambéry, 1965.
11. *Aulin-Erdtman, G.,* and *L. Hegbom:* Spectrographic Contributions to Lignin Chemistry. Svensk Pappertid. *61,* 187—210 (1958); *60,* 671—681 (1957); *59,* 363—371 (1956); *56,* 91, 287 (1953); *55,* 745 (1952).
12. — *Y. Tomita,* and *S. Forsén:* The Configuration of Dehydrodiisoeugenol. Acta Chem. Scand. *17,* 535—536 (1963).
13. *Bailey, A. J.:* Lignin in Douglas Fir. The Pentosan Content of the Middle Lamella. Ind. Engng. Chem. Anal. Edit. *52,* 389—391 (1936).
14. *Barnoud, F.:* Sur la Lignine Elaboré par les Tissus d'Arbres Cultivés in vitro. C. R. hebd. Séances Acad Sci. (France) *253,* 1848—1851 (1961).
15. *Bland, D. E.,* and *S. Sternhell:* Aromatic Protons in Methanol Lignins. Austral. J. Chem. *18,* 401 (1965).
16. *Berry, J. W., A. Ho,* and *C. Steelink:* Constituents of the Saguaro. Proximate Analysis of the Woody Tissues. J. Org. Chem. *25,* 1267—1268 (1960).
17. *Björkman, A.:* Studies on Finely Divided Wood. Svensk Papperstid. *59,* 477—485 (1956); *60,* 158—161, 243—251, 285—292, 329—335 (1957). — Cf. Nature [London] *174,* 1057 (1954).
18. — On the Mechanism and Macrokinetics of the Sulfite Cook. In (*10*), pp. 317—326.
19. *Bolker, H. I.:* A Lignin-Carbohydrate Bond as Revealed by Infrared Spectroscopy. Nature *197,* 489—490 (1963).
20. *Brauns, F. E.:* The Chemistry of Lignin. Academic Press, New York, 1952.
21. — and *D. A. Brauns:* The Chemistry of Lignin. Supplementary Volume. Academic Press, New York, 1960.
22. *Britt, K. W.:* Handbook of Pulp and Paper Technology. Reinhold, New York, 1964.
23. *Brown, S. A.:* Lignin and Tannin Biosynthesis. In (*70*), pp. 361—398.
24. — Chemistry of Lignification. Science [Washington] *134,* 305—313 (1961).
24a. — Aspects of the Biosynthesis of Lignin Monomers. In (*10*), pp. 247 to 254.
25. — and *A. C. Neish:* Shikimic Acid as a Precursor in Lignin Biosynthesis. Nature [London] *175,* 688—689 (1955). — Cf. Can. J. Biochem. Physiol. *33,* 948—962 (1955).

26. *Casey, J. P.:* Pulp and Paper Chemistry and Chemical Technology. Interscience, New York, 1960.
27. *Casperson, G.:* Zur Anatomie des Reaktionsholzes. Svensk Papperstid. *68*, 534—544 (1965).
28. *Chen, C.-L.*, unpublished results.
28a. *Conn, E. E.:* Enzymology of Phenolic Biosynthesis. In (*70*), pp. 399 to 435.
29. *Coscia, C. J., M. I. Ramirez, W. J. Schubert*, and *F. F. Nord:* Studies on the Utilization of Pyruvate in Lignification. Biochem. *1*, 447—451 (1962).
30. *Côté, W. A.* (Editor): Cellular Ultrastructure of Woody Plants. Syracuse University Press, 1965.
31. *Cousin, H.*, and *H. Hérissey:* Oxidation de l'Isoeugenol. Sur la Dehydrodiisoeugenol. C. R. hebd. Séances Acad. Sci. (France) *147*, 247 (1908); Bull. Soc. Chim. France *3*, 1070 (1908); J. Pharmac. Chim. *28*, 93 (1908).
32. *Davis, B. D.:* Intermediates in Amino Acid Biosynthesis. Adv. Enzymol. *16*, 247 (1955) — Cf. Arch. Biochem. Biophys. *78*, 497—509 (1958).
33. *DeStevens, G.*, and *F. F. Nord:* Fortschr. chem. Forsch. *3*, 95—107 (1954).
33a. *Eberhardt, G.*, and *W. J. Shubert:* Investigations on Lignin and Lignification XVII. Evidence for the Mediation of Shikimic Acid in the Biogenesis of Lignin Building Stones. J. Amer. chem. Soc. *78*, 2835—2837 (1956).
34. *Enkvist, T.:* What Shall We Make from Lignin? Tek. Forum *1961*, 543—6 — Cf. Suomen Kemistilehti *36* A, 51 (1963).
35. *El-Basyouni, S. Z., A. C. Neish*, and *G. H. N. Towers:* The Phenolic Acids in Wheat III. Insoluble Derivatives of Phenolic Cinnamic Acids as Natural Intermediates in Lignin Biosynthesis. Phytochem. *3*, 627—640 (1964).
36. *Erdtman, H.:* Dehydrierungen in der Coniferylreihe. Biochem. Z. *258*, 172—180 (1933); Liebigs Ann. Chem. *503*, 283—294 (1933).
37. *Fåhraeus, G., V. Tullander*, and *H. Ljunggren:* Production of High Laccase Yields in Cultures of Fungi. Physiologia Plantarum *11*, 631 to 643 (1958).
38. *Flaig, W.:* Zur Umwandlung von Lignin in Humusstoffe. Freiberger Forschungsh. A *254*, 39—56 (1962). — Chemische Untersuchungen an Humusstoffen. Z. Chem. *4*, 253—265 (1964).
39. — and *H. Haider:* Die Verwertung phenolischer Verbindungen durch Weißfäulepilze. Archiv. Mikrobiol. *40*, 212—223 (1962); Planta Medica *9*, 124—139 (1961).
40. *Forss, K.*, and *K. E. Fremer:* The Repeating Unit in Spruce Lignin. Paperi ja Puu *47*, 443—454 (1965).
41. *Freudenberg, K.:* Analytical and Biochemical Background of a Constitutional Scheme of Lignin. Advances in Chemistry Series 1966, in the press.
42. — Contribution à l'Etude de la Chimie et de la Biogenese de la Lignine. In (*10*), pp. 39—50.
43. — Lignin: its Constitution and Formation from *p*-Hydroxycinnamyl Alcohols. Science [Washington] *148*, 595—600 (1964).
43a. — Entwurf eines Konstitutionsschemas für das Lignin der Fichte. Holzforschung *18*, 3—9 (1964).
44. — Neuere Ergebnisse auf dem Gebiet des Lignins und der Verholzung. Fortschritte der Chem. org. Naturstoffe *11*, 43—82 (1954).

45. — Lignin. In *K. Paech* and *M. V. Tracey* (Editors): Modern Methods of Plant Analysis. Springer Verlag, Berlin-Göttingen-Heidelberg, 1955, Vol. III, pp. 499—516.

46. — Forschungen am Lignin. Fortschritte der Chem. org. Naturstoffe *20*, 41—72 (1962).

47. — *C.-L. Chen*, and *G. Cardinale:* Die Oxydation des methylierten natürlichen und künstlichen Lignins. Chem. Ber. *95*, 2814—2828 (1962). — Cf. ibid. *93*, 2533—2539 (1960).

48. — — *J. M. Harkin, H. Nimz*, and *H. Renner:* Observations on Lignin. Chem. Commun. *1965*, 224—225.

49. — and *M. Friedmann:* Oligomere Zwischenprodukte der Ligninbildung. Chem. Ber. *93*, 2138—2148 (1960).

49a. — and *W. Fuchs:* Anwendung Radioaktiver Isotope bei der Erforschung des Lignins IV. Chem. Ber. *87*, 1824—1834 (1954).

50. — and *H. Geiger:* Pinoresinolid und anderer Zwischenprodukte der Ligninbildung. Chem. Ber. *96*, 1265—1270 (1963).

51. — and *G. Grion:* Beitrag zum Bildungsmechanismus des Lignins und der Lignin-Kohlenhydrat-Bindung. Chem. Ber. *92*, 1355—1363 (1959).

52. — — and *J. M. Harkin:* Nachweis von Chinonmethiden bei der enzymatischen Bildung des Lignins. Angew. Chem. *70*, 743 (1958).

53. — and *J. M. Harkin:* Modelle für die Bindung des Lignins an die Kohlenhydrate. Chem. Ber. *93*, 2814—2819 (1960).

54. — — The Glucosides of Cambial Sap of Spruce. Phytochem. *2*, 189—193 (1963).

54a. — — Ergänzung des Konstitutionsschemas für das Lignin der Fichte. Holzforschung *18*, 166—168 (1964).

55. — — *M. Reichert*, and *T. Fukuzumi:* Die an der Verholzung beteiligten Enzyme. Die Dehydrierung des Sinapinalkohols. Chem. Ber. *91*, 581 to 590 (1958).

56. — — and *H.-K. Werner:* Das Vorkommen von Benzylaryläthern im Lignin. Naturwiss. *50*, 476—477 (1963); Chem. Ber. *97*, 909—920 (1964).

56a. — *K. Jones* u. *H. Renner:* Radioaktive Isotope und Lignin, IX. Künstliches Lignin aus markiertem Coniferylalkohol. Chem. Ber. *96*, 1844—18 (1963).

56b. — and *V. Jovanovic:* Weitere Versuche mit deuteriertem Coniferylalkohol. Chem. Ber. *96*, 2178—2181 (1963); cf. ibid. *94*, 3227—3238 (1961).

57. — *W. Lautsch*, and *K. Engler:* Die Bildung von Vanillin aus Fichtenlignin, Ber. dtsch. chem. Ges. *73*, 167—171 (1940).

58. — and *B. Lehmann:* Aldehydische Zwischenprodukte der Ligninbildung. Chem. Ber. *93*, 1354—1366 (1960).

58a. — and *K. C. Renner:* Biphenyle und Diaryläther unter den Vorstufen des Lignins. Chem. Ber. *98*, 1879—1892 (1965).

58b. — and *F. Niedercorn:* Umwandlung von Phenylalanin in Coniferin und Fichtenlignin. Chem. Ber. *91*, 591—597 (1958).

59. — *H. Reznik, W. Fuchs*, and *M. Reichert:* Untersuchungen über die Entstehung des Lignins. Naturwiss. *42*, 29—35 (1955).

59a. — and *H. Richtzenhain:* Enzymatische Versuche zur Entstehung des Lignins. Ber. dtsch. chem. Ges. *76* B, 997—1006 (1943).

60. — and *A. Sakakibara:* Dehydrodipinoresinol. Weitere Zwischenprodukte der Bildung des Lignins. Liebigs Ann. Chem. *623*, 129—137 (1959).

60a. — and *H. Schlüter:* Weitere Zwischenprodukte der Ligninbildung. Chem. Ber. *88*, 617—625 (1955).

60b. — and *G. S. Sidhu:* Die absolute Konfiguration des Sesamins und Pinoresinols. Tetrahedron Letters *1960*, No. 20, 3—6; Chem. Ber. *94*, 851—862 (1961).

61. — and *H.-K. Werner:* Die Polymerisation der Chinonmethide. Chem. Ber. *97*, 579—587 (1964).

62. *Frey-Wyssling, A.:* Die pflanzliche Zellwand, Springer-Verlag, Berlin-Göttingen-Heidelberg, 1959.

63. — Ultraviolet and Fluorescence Optics of Lignified Cell Walls. In (*153*), pp. 153—167.

64. *Fukuzumi, T.:* Enzymic Degradation of Lignins. Bull. Agric. Chem. Soc. Japan *24*, 728—736 (1960).

64a. *Fukuzumi, T.*, and *T. Shibamoto:* Enzymatic Degradation of Lignin IV. Splitting of Veratrylglycerol-β-guaiacyl Ether by Enzyme of *Poria subacida*. Nippon Mokuzai Gakkaishi (J. Japan Wood Research Soc.) *11*, 248—252 (1965).

65. *Gierer, J.*, and *H.-F. Huber:* The Reactions of Lignin during Bleaching. Acta Chem. Scand. *18*, 1237—1243 (1964).

66. — *et al.:* Reactions of Lignin during Sulfate Cooking. Svensk Pappertid. *68*, 334—338 (1965); Acta Chem. Scand. *19*, 1103—1112, 1502—1503 (1965); *18*, 1469 (1964).

67. *Goheen, D. W.:* Hydrogenation of Lignin by the Noguchi Process. Abstract E 15, 150th Meeting Amer. Chem. Soc. *1965*, p. 8 E.

68. *Goldschmidt, O.*, and *H. L. Hergert:* Examination of Western Hemlock for Lignin Precursors. Tappi *44*, 858—870 (1961).

69. *Hall, L.:* Lignosulfonate as a Dispersing Agent. Svensk Papperstid. *60*, 199—210 (1957).

70. *Harborne, J. B.* (Editor): Biochemistry of Phenolic Compounds. Academic Press, London-New York, 1964.

71. *Harkin, J. M.:* Unpublished results.

72. *Harris, E. E.*, *J. D'Ianni*, and *H. Adkins:* Reaction of Hardwood Lignin with Hydrogen. J. Amer. chem. Soc. *60*, 1467—1470 (1938).

73. *Hartler, N.:* Increased Yields during Sulfate Cooking. Svensk Pappertid. *68*, 369—377 (1965).

74. — Sulfate Cooking with the Addition of Reducing Agents. Svensk Papperstid. *62*, 467—470 (1959); *65*, 513—520 (1962).

75. *Hasegawa, M.*, and *T. Higuchi:* Formation of Lignin from Glucose in Eucalyptus. J. Jap. Forest. Soc. *42*, 305—308 (1960).

76. *Hearon, W. M.*, *W. S. MacGregor*, and *D. W. Goheen:* Sulfur Chemicals from Lignin. Tappi *45*, 28 A, 30 A, 34 A, 36 A (1962).

76a. *Helferich, B.*, and *T. Kleinschmidt:* Über die Hemmung der β-D-Glucosidase aus Süßmandelemulsin durch Mistelextrakt. Z. Physiol. Chem. *315*, 34—37 (1959).

76b. *Higuchi, T.:* Further Studies on the Phenol Oxidase Related to Lignin Biosynthesis. J. Biochem. *45*, 515—528 (1958).

77. *Hibbert, H. et al.*: Studies on Lignin and Related Compounds. J. Amer. chem. Soc. *66*, 37—44 (1944); *63*, 3045—3068 (1941); *61*, 509 to 520 (1939).

78. *Higuchi, T.:* Studies of Lignin using Isotopic Carbon X [cf. (*25*)]. Formation of Lignin from Phenylpropanoids in Tissue Culture of White Pine. Canad. J. Biochem. Physiol. *40*, 31—34 (1962).

79. — Biochemical Studies of Lignin Formation. Physiologia Plantarum *10*. 633—648 (1957).

80. — and *F. Barnoud:* Les Lignines dans les Tissus Végétaux Cultivés in vitro. In (*10*), pp. 255—274. — Cf. C. R. hebd. Séances Acad. Sci. [France] *259*, 3824—3825, 4339—4341 (1964).
81. —— and *A. Robert:* La Biosynthese des Lignines. Bulletin A.T.I.P. *18*, 91—104 (1964).
82. — and *I. Kawamura:* Enzymes of Aromatic Biosynthesis. In *Linskens, H. F., B. D. Sanwal*, and *M. V. Tracey* (Editors): Modern Methods of Plant Analysis, Springer Verlag, Berlin-Göttingen-Heidelberg, 1964. Vol. 7, pp. 260—289.
83. *Isherwood, F. A.:* Biosynthesis of Lignin. In *Pridham, J. B.*, and *T. Swain* (Editors): Biosynthetic Pathways in Higher Plants. Academic Press, London-New York, 1965.
84. *Ishikawa, H., W. J. Schubert*, and *F. F. Nord:* The Enzymatic Degradation of Softwood Lignin by White Rot Fungi. The Degradation by *Polyporus versicolor* and *Fomes fomentarius* of Aromatic Compounds Structurally Related to Softwood Lignin. Arch. Biochem. Biophys. *100*, 131—149 (1963).
85. *Kawamura, I.*, and *T. Higuchi:* Comparative Studies of Milled Wood Lignins from Different Taxonomical Origins by Infrared Spectroscopy. In (*10*), pp. 439—456.
86. *Kirk, K. T.*, and *A. Kelman:* Lignin Degradation as Related to the Phenol Oxidases of Selected Wood-Decaying Basidiomycetes. Phytopathol. *55*, 739—745 (1965).
87. *Klason, P.:* Beiträge zur Konstitution des Fichtenlignins. Ber. dtsch. chem. Ges. *56*, 300—308 (1923); *62*, 635—639, 2523—2526 (1929). — Cf. Cellulosechemie *13*, 113 (1932).
88. *Kleinert, T. N.:* Alkaline Pulping Studies VI. Discussion of Results and the Principles of Rapid Delignification. Tappi *48*, 477—451 (1965).
89. *Koblitz, H.:* Chemisch-physiologische Untersuchungen an pflanzlichen Zellwänden. Flora *154*, 511—546 (1964).
90. *Krazl, K.:* On the Biosynthesis of Gymnospermae and Angiospermae Lignins. Tappi *43*, 650—653 (1960).
91. — Lignin — its Biochemistry and Structure. In (*30*), pp. 157—180.
92. — Probleme der Holzchemie. Holzforschung und Holzverwertung *15*, 23—30 (1963).
93. — Zur Biogenese des Lignins. Holz als Roh- und Werkstoff *19*, 219—232 (1961).
93a. — Ligninverwertung. Österr. Chem.-Ztg. *62*, 102—115 (1961).
94. — and *G. Billek* (Editors): Biochemistry of Wood. Pergamon Press, London (1959).
95. — and *H. Czepel:* Untersuchungen der Äthanolyseprodukte von Fichtenholzlignin mit Hilfe der Gaschromatographie. Monatsh. Chem. *95*, 1609 to 1612 (1964).
95a. — and *H. Faigl:* Einbau von D-Glucose in das Phenylpropangerüst von Fichtenlignin. Monatsh. Chem. *90*, 768—770 (1959); Z. Naturf. *15b*, 4 (1960).
96. — and *G. Puschmann:* Präparative Trennungen mit Hilfe der Dünnschichtchromatographie. Holzforschung *14*, 1—4 (1960).
96a. — and *J. Zauner:* Über den biologischen Einbau von Xylit in Holz und seine Konstituenten. Holzforschung und Holzverwertung *14*, 108—111 (1962).
97. *Kremers, R. E.:* Cambial Chemistry. Tappi *47*, 292—296 (1964). — Analysis of Stone Cells, Tappi *44*, 747—748 (1961).

98. *Kürschner, K.:* Die Chemie des Holzes. Deutscher Verlag der Wissenschaften, Berlin 1962, pp. 91—116. — Betrachtungen zum gegenwärtigen Stand der Holzforschung. Holzforschung *18,* 65—76 (1964).
99. *Lange, P. W.:* Ultraviolet Absorption of Solid Lignin. Svensk Papperstid. *48,* 241—245 (1945). — Cf. ibid. *47,* 262 (1944); *57,* 235, 501, 525, 533, 563 (1954).
100. *Leopold, B.:* Studies on Lignin. Acta Chem. Scand. *6,* 38—63 (1952).
101. *Levin, J. G.,* and *D. B. Sprinson:* Formation of 3-Enolpyruvyl Shikimate 5-Phosphate in Extracts of *E. coli.* Biochem. Biophys. Res. Commun. *3,* 157 (1960).
102. *Libbey, C. E.* Pulp and Paper Science and Technology. McGraw-Hill, New York 1962.
103. *Ludwig, C. H., B. J. Nist,* and *J. L. McCarthy:* High Resolution NMR Spectroscopy of Protons in Compounds Related to Lignin and in Acetylated Lignins. J. Amer. chem. Soc. *86,* 1186—1202 (1964).
104. *Lundquist, K.:* The Separation of Lignin Degradation Products. Acta Chem. Scand. *18,* 1316—1317 (1964).
105. — and *G. E. Miksche:* Nachweis eines neuen Verknüpfungsprinzips von Guajacylpropaneinheiten im Fichtenlignin. Tetrahedron Letters *1965,* 2131—2136.
106. *Lyr, H.:* Über den Nachweis von Oxydasen und Peroxydasen bei höheren Pilzen und die Bedeutung dieser Enzyme für die Bavendamm Reaction. Planta *50,* 359—370 (1958).
107. — and *W. Gillwald* (Editors): Holz-Zerstörung durch Pilze. Akademie Verlag, Berlin 1963.
108. *Marton, J.,* and *T. Marton:* The Structure and Molecular Weight of Kraft Lignin. Tappi *47,* 713—719, 471—476 (1964).
109. *Mason, H. S.:* Mechanism of Oxygen Metabolism. Adv. Enzymol. *19,* 79—233 (1957). — Cf. ibid. *16,* 105 (1955). — Oxidases. Ann. Revs. Biochem. *34,* 595—634 (1965).
110. *Merewether, J. W. T.:* The Lignin Carbohydrate Complex. Holzforschung *11,* 65—80 (1957) and in (*21*), pp. 630 et seq.
111. *Nakano, J., S. Miyao, C. Takatsuka,* and *N. Migata:* Polysulfide Cooking. Nippon Mokuzai Gakkaishi *10,* 141—146 (1964).
112. *Neish, A. C.:* Major Pathways of Biosynthesis of Phenols. In (*70*), pp. 295—359.
113. — Cinnamic Acid Derivatives as Intermediates in the Biosynthesis of Lignin and Related Compounds. In (*153*), pp. 219—239. — Cf. Ann. Revs. Plant Physiol. *11,* 55 (1960).
114. *Nelson, C. D.:* The Production and Translocation of Photosynthate-$^{14}$C in Conifers. In (*153*), pp. 243—257.
115. *Neperin, Y. N.:* Chemie und Technologie der Zellstoffherstellung. Akademie Verlag, Berlin, 1960.
116. *Nimz, H.:* Über die milde Hydrolyse des Buchenlignins. Chem. Ber. *98,* 3153—3165 (1965).
117. — Unpublished results.
118. *Nord, F. F.,* and *W. J. Schubert:* The Biochemistry of Lignin Formation. In *Florkin, M.,* and *H. S. Mason:* Comparative Biochemistry. Academic Press, New York-London 1962, Vol. 4, pp. 65—106. — The Biogenesis of Lignins. In *P. Bernfeld:* Biogenesis of Natural Compounds. Macmillan, New York, 1963, pp. 693—726.

119. *Olcay, A.*: Hydrogenation Products of Spruce Milled-Wood Lignin and of Related Model Compounds. Holzforschung *17*, 105—110 (1963); J. Org. Chem. *27*, 1783—1786 (1962).

120. *Pearl, I. A.*: Annual Reviews of Lignin Chemistry. Forest Products J. *14*, 435—445 (1964); *13*, 373—385 (1963); *12*, 141—150 (1962).

121. — and *J. W. Rowe*: Progress in the Chemical Conversion and Utilization of Lignin. Forest Prod. J. *11*, 85—107 (1961); *10*, 91—112 (1960).

122. *Peckham, J. R.*, and *M. N. May*: The Use of Polysulfides in the Kraft Pulping Process. Tappi *43*, 45—48 (1960).

123. *Pew, J. C.*: Biphenyl Groups in Lignin. Nature [London] *193*, 250—252 (1962); J. Org. Chem. *28*, 1048—1054 (1963).

124. — *W. B. Conners*, and *A. Kunishi*: Enzymatic Dehydrogenation of Lignin Model Phenols. In (*10*), pp. 229—245.

125. *Robert, A.*, and *F. Barnoud*: Determination Quantitative de la Lignification dans les Cultures de Tissus Végétaux. C. R. hebd. Séances Acad. Sci. (France) *253*, 1609—1610 (1961). — Cf. ibid. *259*, 3824—3825, 4339—4341 (1964).

126. *Roelofsen, P. A.*: The Plant Cell Wall. Verlag Gebrüder Borntraeger, Berlin, 1959.

126a. *Rüssel, J. D.*, *M. E. K. Henderson*, and *V. C. Farmer*: Metabolism of Lignin Model Compounds by *Polystictüs versicolor*. Biochem. Biophys. Acta *52*, 565—570 (1961).

127. *Rydholm, S. A.*: Pulping Processes. Interscience Publishers, New York-London-Sydney, 1964.

128. *Sandermann, W.*: Grundlagen der Chemie und Chemische Technologie des Holzes, Verlag Geest und Portig, Leipzig. 1956. Chemische Holzverwertung, München, 1963.

129. *Sarkanen, K. V.*: Wood Lignins. In *Browning, B. L.* (Editor): The Chemistry of Wood. Interscience Publishers, New York-London, 1963, pp. 249—311.

130. *Sato, K.*, and *H. Mikawa*: The Mechanism of Pulp Bleaching. Bull. Chem. Soc. Japan. *35*, 477—486 (1962).

131. *Sergeeva, V. N.*, and *Z. N. Kreicberga*: The Participation of Pentoses in the Formation of Lignin. Chem. Abstr. *52*, 1070 (1958).

132. *Schubert, W. J.*: Lignin Biochemistry. Academic Press, New York-London, 1965.

132a. — and *S. N. Acerbo*: Conversion of D-Glucose into Lignin in Norwegian Spruce. Arch. Biochem. Biophys. *83*, 178—182 (1959); J. Amer. chem. Soc. *82*, 735—739 (1960).

133. *Schuerch, C.*, *M. P. Burdick*, *M. Mahdalik*, and *R. E. Pentoney*: Liquid Ammonia-Solvent Combinations in Wood Plasticization. Abstracts E 28 and E 29, 150th Meeting Am. Chem. Soc. 1965, p. 13 E.

134. *Schütz, F.*, *P. Sarten*, and *H. Meyer*: Lignin Problem and Complete Solution of Wood. Holzforschung *1*, 2—20 (1947). — Holzchemie III. Angew. Chem. *60*, 115—125 (1948).

135. *Shorygina, N. N.*, and *T. Y. Kefeli*: Cleavage of Lignin with Metallic Sodium in Liquid Ammonia. Zhur. Obshch. Khim. *18*, 528 (1948); *19*, 2558 (1949); *20*, 1199 (1950).

136. *Simionescu, C.*, and *M. Grigoras*: Über die Veränderung in der chemischen Zusammensetzung des Holzes verursacht durch Pflanzenkrebs. Paperi ja Puu *39*, 283—284 (1957).

137. *Smith, D. G.*, and *A. C. Neish:* Alkaline Oxidation of $^{14}$C-Labelled Protolignin Formed from Cinnamic Acid in Spruce and Aspen Twigs. Phytochem. *3*, 609—616 (1964).
138. *Stamm, A. J.*, and *E. E. Harris:* Chemical Processing of Wood. Chemical Publishing Co., New York, 1953.
139. *Steelink, C.:* What is Humic Acid? J. Chem. Educ. *40*, 379—384 (1963).
140. — *G. Tollin*, and *T. Reid:* The Nature of the Free Radical Moiety in Lignin, J. Amer. chem. Soc. *85*, 4048—4049 (1963). — Cf. Geochem. Cosmochim. Acta *28*, 1615 (1964); J. Amer. chem. Soc. *87*, 2056—2057 (1965); Tetrahedron Letters *1966*, 105—111.
141. *Stockman, L.:* Yield and Quality — a Balance Problem. Svensk Papper-tid. *68*, 572—577 (1965).
141a. *Stone, J. E., S. A. Brown*, and *K. G. Tanner:* Lignin Biosynthesis using Isotopic Carbon. Can. J. Chem. *31*, 207—213, 755—760 (1953).
142. *Sundman, V., T. Kuusi, S. Kuhanen*, and *G. Carlberg:* Microbial Decomposition of Lignins. Acta Agriculturae Scand. *14*, 229—248 (1964).
143. *Torres-Serres, J.:* Unpublished results.
144. *Towers, G. H. N.:* Metabolism of Phenolic Compounds in Plants. In (*70*), pp. 249—294.
145. — and *W. S. G. Maass:* Phenolic Acids and Lignin in the Lycopodiales. Phytochem. *4*, 57—66 (1965).
146. *Treiber, E.:* Die Chemie der pflanzlichen Zellwand. Springer-Verlag, Berlin-Heidelberg-Göttingen, 1957.
147. *Tschammler, H., K. Kratzl, R. Leutner, A. Steininger*, and *J. Kisser:* Infrared Spectra of Microscopic Wood Sections and Certain Model Compounds. Mikroskopie *8*, 238—246 (1953).
147a. *Wacek, A., O. Härtel*, and *S. Meralla:* Über den Einfluß von Coniferenzusatz auf die Verholzung von Karottengewebe bei Kultur *in vitro*. Holzforschung *7*, 58—62 (1953). — Cf. ibid. *8*, 65—68 (1954); *12*, 33—36, 97—99 (1958).
148. *Wardrop, A. B.:* The Structure and Formation of the Cell Wall in Xylem. In (*153*), pp. 87—134. — Cellular Differentiation in Xylem. In (*30*), pp. 61—97.
149. — and *D. E. Bland:* The Process of Lignification in Woody Plants. In (*94*), pp. 92—116.
150. *Wenzl, H. F. J.:* Entwicklung und Stand der Sulfitzellstoff-Erzeugung, Holzforschung *17*, 33—53, 71—86, 111—121 (1963).
151. *Wenzl, H. F. J.*: Entwicklung und Stand der Sulfatzellstoff-Erzeugung. Holzforschung *13*, 97—112 (1959); *14*, 4—21 (1960).
152. *Wise, L. E.*, and *E. C. Jahn:* Wood Chemistry. Reinhold, New York, 1952.
153. *Zimmerman, M. H.* (Editor): The Formation of Wood in Forest Trees. Academic Press, New York-London, 1964.

(Received November 29., 1965)

# Fortschritte der Chemie und Biochemie der Mutterkornalkaloide

**Doz. Dr. Detlef Gröger**

Institut für Biochemie der Pflanzen der Deutschen Akademie der Wissenschaften zu Berlin, Halle (Saale)

**Inhaltsübersicht**



## A. Einleitung

Die außerordentlichen synthetischen Fähigkeiten der Mikroorganismen werden heute in mannigfacher Weise zur Gewinnung von Arzneimitteln und in anderen Bereichen der Industrie genutzt. Einen Eindruck der Vielfalt der von Mikroorganismen gebildeten chemischen Strukturen vermittelt z.B. das „Handbook of Microbial Metabolites" von *Miller* (*56*). Unter den Stoffwechselprodukten der Pilze und Bakterien finden sich auch Alkaloide, von denen die Mutterkornalkaloide auf Grund ihrer großen medizinischen Bedeutung zweifellos die bekanntesten sind. Wir wissen heute, daß verschiedene Arten der Gattung *Claviceps* zur Alkaloidbildung befähigt sind. Die zu den *Ascomyceten* gehörenden Pilze schmarotzen vor allem auf Roggen und Wildgräsern. Die bekannteste Art ist *Claviceps purpurea* (Fr.) Tul., deren Sklerotien (Dauermycelien) im allgemeinen als „Mutterkorn" bezeichnet werden. Mutterkorn ist in viele Arzneibücher aufgenommen worden und ist auch heute noch ein unentbehrlicher Arzneirohstoff und das Ausgangsmaterial zur Gewinnung der therapeutisch wichtigen Peptidalkaloide. Die Geschichte dieser alten Droge ist in der Monographie von *Barger* (*14*) eindrucksvoll beschrieben worden.

In dieser Übersicht soll vor allem auf die in den letzten 10 Jahren erzielten Fortschritte der Mutterkornforschung eingegangen werden:

In diesem Zeitraum gelang die *Totalsynthese* des Peptidteils der Alkaloide vom Peptid-Typ, und es konnte deren Stereochemie geklärt werden. Die absolute Konfiguration der Lysergsäure ist mittels physikalischer wie auch durch chemische Methoden ermittelt worden. Ferner wurden in diesem Zeitraum zahlreiche *neue Mutterkornalkaloide*, insbesondere vom Clavin-Typ (seit 1950) aus Sklerotien und saprophytischen Kulturen verschiedener *Claviceps*-Species isoliert. Um den Zusammenhang zwischen chemischer Konstitution und physiologischer Wirkung aufzuklären sowie mit dem Ziel, neue wertvolle Pharmaka aufzufinden, hat man zahlreiche *Abwandlungsprodukte* der Mutterkornalkaloide hergestellt. Die *Biochemie* der Mutterkornalkaloide ist im letzten Dezennium ebenfalls stark vorangetrieben worden. So wurde die Biosynthese dieser bemerkenswerten Indolalkaloide intensiv untersucht und in diesem Zusammenhang die in-vivo-Umwandlung der Mutterkornalkaloide experimentell verfolgt.

Hier können nicht alle mit diesen Aspekten zusammenhängenden Fragen erschöpfend behandelt werden, und es sei deshalb auch auf die zusammenfassenden Darstellungen dieses Gebietes von *Stoll* (*80*), *Marion* (*55*), *Glenn* (*34*), *Boit* (*24*) und *Hofmann* (*40, 43*) verwiesen. Immer stärker zeichnet sich in den letzten Jahren die Möglichkeit ab, Mutterkornalkaloide auf saprophytischem Wege zu gewinnen. Auf diese Probleme wird hier nur soweit eingegangen, wie es zum Verständnis der biochemischen Arbeiten notwendig ist. Die mit der Fermentation zusammenhängenden Fragen werden ausführlich in den Übersichtsreferaten von *Taber* (*87*), *Vining* und *Taber* (*96*) sowie *Abe* (*5*) dargestellt.

# B. Chemie der Mutterkornalkaloide

## I. Einteilung in verschiedene Strukturtypen

Die Mutterkornalkaloide gehören zur großen Gruppe der Indolalkaloide. Es sind 3,4-substituierte Indole und leiten sich von einem partiell hydrierten Indolo-[4,3-f.g.]-chinolin ab. Das tetracyclische Grundgerüst aller Mutterkornalkaloide ist von *Jacobs* und *Gould* (*50*) 1937 als Ergolin (1) bezeichnet worden.

Auf Grund ihrer Struktur lassen sich die Mutterkornalkaloide in zwei große Gruppen einteilen.

a) Die klassischen Mutterkornalkaloide sind säureamidartige Derivate der Lysergsäure, also des 8-Carboxy-6-methyl-9,10-dehydroergolins, und der stereoisomeren Isolysergsäure.

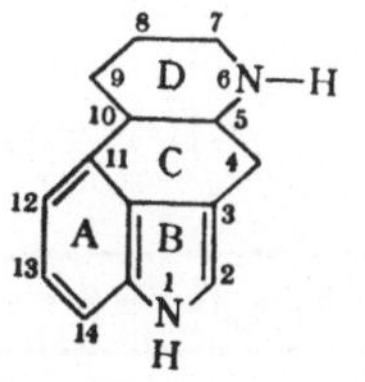

(1)

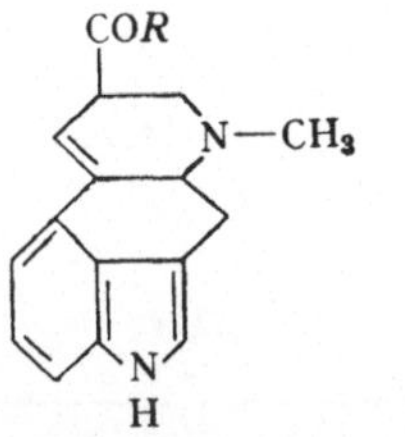

*R*=Tripeptid oder einfachere Bausteine

(2)

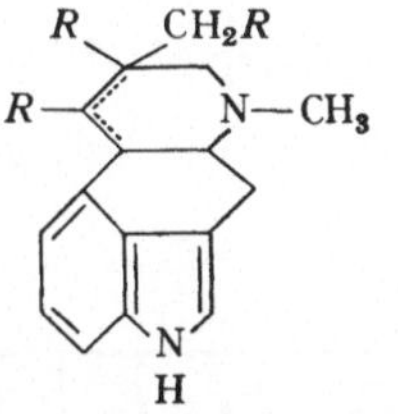

*R*=H oder OH

(3)

Allgemeine Formel = (2). Die Carboxylgruppe ist entweder durch ein cyclisches Tripeptid oder durch einfachere Bausteine substituiert.

Lysergsäurederivate kommen besonders im offizinellen Mutterkorn (Sklerotien von *Claviceps purpurea*) vor. Einfache Lysergsäurederivate werden in beachtlicher Menge auch in saprophytischen Kulturen von *Claviceps paspali* gebildet.

b) Die zweite Gruppe umfaßt die sogenannten Clavin-Alkaloide oder Clavine. Es sind einfache Hydroxy- und Dehydro-Derivate des 6,8-Dimethylergolins. Allgemeine Formel = (3). Hierher gehört auch das Chanoclavin, das einzige Mutterkornalkaloid, in dem der Ring D zwischen dem Stickstoff-Atom 6 und dem C-Atom 7 geöffnet ist.

Die Clavin-Alkaloide kommen besonders in Sklerotien verschiedener *Claviceps*-Species vor, die auf fernöstlichen und afrikanischen Gräsern parasitieren. Saprophytische Kulturen dieser Pilze bilden ebenfalls diese einfachen Ergolin-Derivate. In Spuren sind sie auch in Sklerotien und saprophytischen Kulturen von *Claviceps purpurea* nachgewiesen worden.

## II. Lysergsäure-Derivate

### 1. *Übersicht über die bisher in der Natur gefundenen Lysergsäure-Derivate*

Die Alkaloide der Lysergsäurereihe treten paarweise auf. Die Derivate der Lysergsäure kennzeichnet man durch die Endung „in“. Alkaloide, die sich von der stereoisomeren Isolysergsäure ableiten, enden auf -„inin“. Lysergsäureabkömmlinge sind meist physiologisch hochaktive Verbin-

*Formelübersicht der Mutterkornalkaloide vom Peptid-Typ*

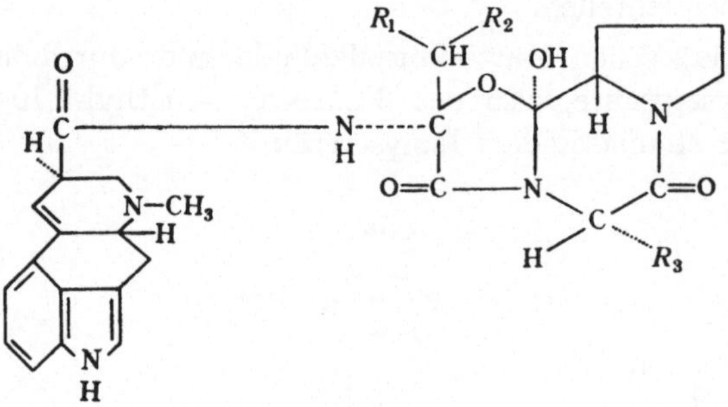

(4)

| $R_1 = R_2 = H$ | $R_1 = R_2 = CH_3$ | $R_1 = H;\ R_2 = CH_3$ | $R_3$ |
|---|---|---|---|
| Ergotamin | Ergocristin | Ergostin | 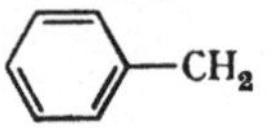 $C_6H_5-CH_2$ |
| Ergosin | Ergokryptin | | $H_2C-CH(CH_3)_2$ |
| | Ergocornin | | $-CH(CH_3)_2$ |

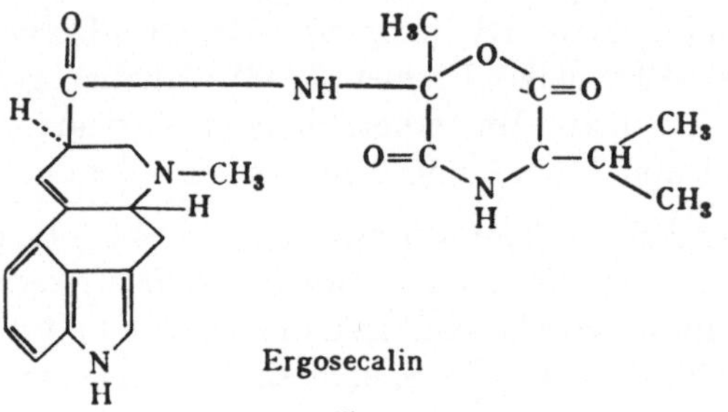

Ergosecalin

(5)

Tabelle 1. *Die natürlichen Mutterkornalkaloide vom Lysergsäure-Typ*

| Name | Brutto-formel | Mol-Gewicht | Erstmals isoliert von |
|---|---|---|---|
| 1. *Ergotamingruppe* | | | |
| Ergotamin | $C_{33}H_{35}O_5N_5$ | 581,7 | *Stoll* (1918) |
| Ergotaminin | | | |
| Ergosin | $C_{30}H_{37}O_5N_5$ | 547,6 | *Smith* u. *Timmis* (1936) |
| Ergosinin | | | |
| 2. *Ergotoxingruppe* | | | |
| Ergocristin | $C_{35}H_{39}O_5N_5$ | 609,7 | *Stoll* u. *Burckhardt* (1937) |
| Ergocristinin | | | |
| Ergokryptin | $C_{32}H_{41}O_5N_5$ | 575,7 | *Stoll* u. *Hofmann* (1943) |
| Ergokryptinin | | | |
| Ergocornin | $C_{31}H_{39}O_5N_5$ | 561,7 | *Stoll* u. *Hofmann* (1943) |
| Ergocorninin | | | |
| 3. *Ergoxingruppe* | | | |
| Ergostin<br>Ergostinin | $C_{34}H_{37}O_5N_5$ | 595,7 | *Schlientz, Brunner, Stadler, Frey, Ott, Hofmann* (1964) |
| 4. *Ergobasingruppe* | | | |
| Ergobasin<br>Ergobasinin | $C_{19}H_{23}O_2N_3$ | 325,4 | *Dudley* u. *Moir*; *Kharasch* u. *Legault*; *Stoll* u. *Burckhardt*; *Thompson* (1935) |
| 5. *Sonstige* | | | |
| Ergosecalin | $C_{24}H_{28}O_4N_4$ | 436,5 | *Abe* et al. (1959) |
| Ergosecalinin | | | |
| Ergin | $C_{16}H_{17}ON_3$ | 267,3 | *Arcamone* et al. (1960) |
| Erginin | | | |
| d-Lysergsäure-methylcarbinolamid | $C_{18}H_{21}O_2N_3$ | 311,4 | *Arcamone* et al. (1960) |
| $\Delta^{8,9}$-Lysergsäure | $C_{16}H_{16}O_2N_2$ | 268,3 | *Kobel, Schreier, Rutschmann* (1964) |

dungen, die stark links oder schwach rechts drehen (in $CHCl_3$). Isolysergsäure-Alkaloide sind stark rechts drehende Verbindungen und kaum pharmakologisch aktiv.

Die natürlich vorkommenden Lysergsäurederivate sind in Tab. 1 zusammengestellt.

Das erste chemisch einheitliche und therapeutisch wirksame Alkaloid, das Ergotamin, ist 1918 von *Stoll* (*79*) isoliert worden. Die Mehrzahl der Peptid-Alkaloide ist erstmals in den Sandoz-Laboratorien in Basel aufgefunden worden. Die Entwicklung auf diesem Gebiet scheint mit der

Entdeckung des Ergostins ihren vorläufigen Abschluß gefunden zu haben. Einfache Lysergsäure-Derivate wie die isomeren Ergine, Lysergsäuremethylcarbinolamid sowie Δ-8,9-Lysergsäure konnten in den letzten Jahren aus Submerskulturen von *Claviceps paspali* isoliert werden.

In einer Reihe von Arbeiten ab 1934 (*49*) haben *Jacobs* und *Craig* die Konstitution des Grundkörpers dieser Reihe, der Lysergsäure, ermittelt. Die Synthese des Ergolins gelang *Jacobs* und *Gould* (*50*) 1937. Die Totalsynthese der rac. Dihydro-lysergsäure ist von *Uhle* und *Jacobs* (*95*) beschrieben worden, während *Stoll* et al. (*85*) 1950 die Synthese der optisch aktiven d-Dihydro-lysergsäure gelang. *Stoll*, *Hofmann* und *Troxler* (*83*) konnten eindeutig zeigen, daß Lyserg- und Isolysergsäure keine Struktur- sondern Stereoisomere sind. Sie unterscheiden sich nur durch die Anordnung der Substituenten am Asymmetriezentrum C-8. Eingehende Untersuchungen über die Stereochemie der Lyserg- bzw. Dihydro-lysergsäuren stammen ebenfalls von *Stoll* u. Mitarbeitern (*84*). Die Totalsynthese der Lysergsäure ist erstmalig von *Kornfeld* et al. (*52, 53*) durchgeführt worden.

Der Aufbau der Peptidalkaloide sei kurz skizziert. Formelübersicht (4). Bei der Hydrolyse aller Mutterkornalkaloide vom Peptid-Typ erhält man als Spaltprodukte Lysergsäure bzw. Isolysergsäure, $NH_3$ und Prolin. Prolin fällt bei der milden alkalischen Hydrolyse in der L-Form an. Weiter findet man als Aminosäuren-Spaltprodukt eine α-Ketosäure: bei der Ergotamingruppe ist es Brenztraubensäure, bei der Ergotoxingruppe Dimethylbrenztraubensäure und bei der Ergoxingruppe die α-Ketobuttersäure. Die einzelnen Alkaloide in den Gruppen unterscheiden sich durch die zweite bei der Spaltung freiwerdende Aminosäure. Es kann sich dabei um L-Phenylalanin, L-Leucin oder L-Valin handeln (s. Tab. 2). Beim Alkaloidpaar Ergosecalin/secalinin (5) hat man als Spaltprodukte neben Lysergsäure $NH_3$ nur Brenztraubensäure und Valin erhalten. Die von *Abe* (*6*) vorgeschlagene Struktur kann noch nicht als gesichert angesehen werden.

Die Sequenz der Bausteine sowie die Art ihrer Verknüpfung ist im wesentlichen in den Sandoz-Laboratorien ermittelt worden. Der Strukturbeweis gründet sich auf die thermische Spaltung der Peptidalkaloide, den Abbau mit Hydrazin, Hydrolyse mit alkoholischem Alkali sowie die reduktive Spaltung mit $LiAlH_4$. Die Konstitution der bei der Hydrazinspaltung erhaltenen Peptidsäuren konnte auch durch Synthese bewiesen werden. Auf Grund der Abbaureaktionen ließen sich im Peptidteil der Mutterkornalkalokide zwei bislang in der Natur nicht gefundene Strukturelemente nachweisen, nämlich eine α-Hydroxy-α-Aminosäurengruppierung und die sog. Cyclol-Struktur (s. *43*). Der endgültige Beweis der Struktur der Mutterkornalkaloide wurde kürzlich durch die Totalsyn-

Tabelle 2. *Die beim hydrolytischen Abbau der Peptid-Alkaloide entstehenden Spaltprodukte (in Anlehnung an Hofmann)*

| | | | | | |
|---|---|---|---|---|---|
| d-Lysergsäure (d-Isolysergsäure) | $NH_3$ L-Prolin | Brenztraubensäure | L-Phenylalanin: | Ergotamin (Ergotaminin) | Ergotamingruppe |
| | | | L-Leucin: | Ergosin (Ergosinin) | |
| | | Dimethylbrenztraubensäure | L-Phenylalanin: | Ergocristin (Ergocristinin) | Ergotoxingruppe |
| | | | L-Leucin: | Ergokryptin (Ergokryptinin) | |
| | | | L-Valin: | Ergocornin (Ergocorninin) | |
| | | α-Ketobuttersäure | L-Phenylalanin: | Ergostin (Ergostinin) | Ergoxingruppe |
| | $NH_3$ | Brenztraubensäure | Valin: | Ergosecalin (Ergosecalinin | Sonstige |

these des Peptidteils und dessen Verknüpfung mit der Lysergsäure erbracht. Darüber wird unten noch ausführlicher berichtet.

a) Lysergsäure-Derivate aus Submerskulturen von *Cl. paspali*. Durch die bahnbrechenden Arbeiten von *Arcamone* et al. sind in den letzten Jahren einfache Lysergsäurederivate auch durch Submerskultur einer Claviceps-Art, nämlich *Claviceps paspali* Stevens & Hall zugänglich geworden. Unter Verwendung selektierter Stämme und bei strikter Einhaltung bestimmter Fermentationsbedingungen lassen sich Ausbeuten von 1–2 g Alkaloid/l Nährlösung erzielen (*12, 13*).

Als Hauptalkaloid ließ sich ein neues einfaches Lysergsäure-Derivat gewinnen, welches als d-Lysergsäure-methylcarbinolamid identifiziert wurde.

d-Lysergsäure-methylcarbinolamid: $C_{18}H_{21}N_3O_2$; Mol-Gew. 311,4.
Smp. 135 °C (Zersetzung)
$[\alpha]_D^{20} = +29°$ (Dimethylformamid; c = 1)
Rotationsdispersion (in Dimethylformamid; c = 1) $[\alpha]_{700}^{22} = +13{,}1°$; $[\alpha]_{589}^{22} = +34{,}0°$; $[\alpha]_{450}^{20} = +180{,}2°$; $[\alpha]_{400}^{22} = +435{,}1°$
UV-Spektrum: Maxima bei 242 und 312 nm.

Das UV-Spektrum zeigte zwei charakteristische Maxima für Lysergsäure. Das IR-Spektrum war dem des Lysergsäureamid sehr ähnlich. Unter milden Bedingungen zerfiel das neue Alkaloid in Lysergsäureamid und Acetaldehyd. Der Aldehyd wurde als 2,4-Dinitrophenylhydrazon identifiziert. Demnach kommt dem neuen Alkaloid folgende Struktur zu (6). Aus der Fermentationslösung konnten außerdem Ergin und

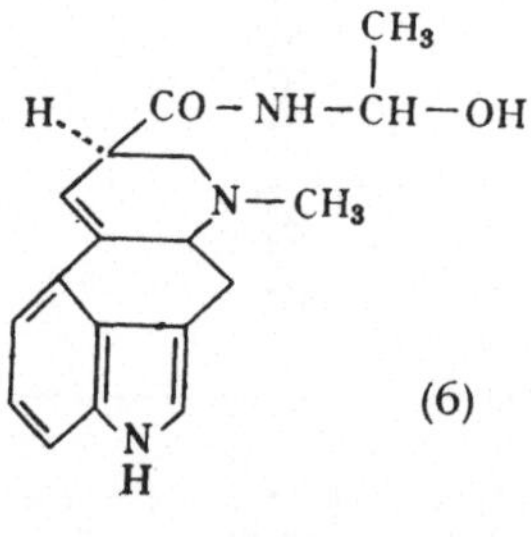

(6)

Erginin = d-Lysergsäure bzw. d-Isolysergsäureamid isoliert werden. Diese Alkaloide wurden durch Elementaranalyse, Smp., Spektren, Abbau zur Lysergsäure und Herstellung von Derivaten identifiziert. Die italienischen Autoren sind der Auffassung, daß genuin nur das Carbinolamid entsteht, welches dann bei nicht schonender Aufarbeitung in die beiden Ergine zerfällt. Es ist jedoch zu überprüfen, ob bei allen bisher isolierten *Claviceps paspali*-Stämmen immer nur das Carbinolamid der Lysergsäure entsteht, oder ob nicht doch auch die isomeren Lysergsäureamide genuin vom Pilz gebildet werden können.

Aus Submerskulturen eines portugiesischen *Cl. paspali*-Stammes konnten *Kobel* et al. (*51*) kürzlich ein neues Ergolin-Derivat isolieren, bei dem es sich um eine strukturisomere Verbindung der Lysergsäure handelt. Die Doppelbindung befindet sich hier in 8,9-Stellung und ist somit als 6-Methyl-$\Delta^{8,9}$-ergolen-8-carbonsäure (7) zu bezeichnen. Die Verbindung ist außerordentlich empfindlich und lagert sich leicht in Lysergsäure um.

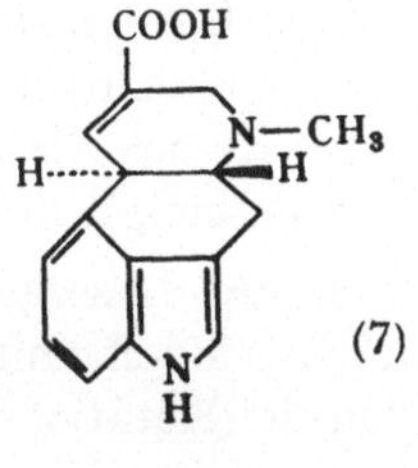

(7)

säure um. Die Isolierung der freien Säure (7) aus einem Gemisch mit Lysergsäure gelang durch photochemische Wasseranlagerung an Lysergsäure und die Abtrennung der gebildeten Lumi-lysergsäure. Danach ließ sich die $\Delta^{8,9}$-Säure durch fraktionierte Kristallisation als Hydrochlorid isolieren. Die Struktur wurde auf Grund der UV-, IR- und NMR-Spektren abgeleitet und konnte ferner durch die Überführung von (7) in

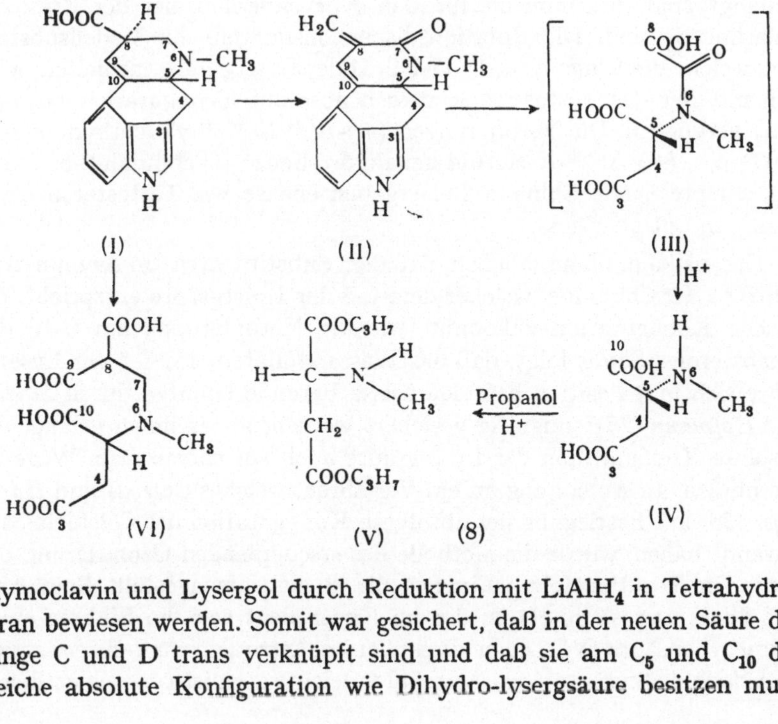

(I) (II) (III) (IV) (V) (VI)

(8)

Elymoclavin und Lysergol durch Reduktion mit $LiAlH_4$ in Tetrahydrofuran bewiesen werden. Somit war gesichert, daß in der neuen Säure die Ringe C und D trans verknüpft sind und daß sie am $C_5$ und $C_{10}$ die gleiche absolute Konfiguration wie Dihydro-lysergsäure besitzen muß.

## 2. *Absolute Konfiguration der Lysergsäure*

Umfangreiche Arbeiten über die relative Konfiguration der Lyserg- und Dihydro-lysergsäuren verdanken wir *Cookson* (*25*), *Stenlake* (*78*) und besonders *Stoll* et al. (*84*). Durch eine Reihe chemischer und physikochemischer Untersuchungen konnte bewiesen werden, daß bei der Lysergsäure das H-Atom am C-5 zum H-Atom C-8 trans und demnach bei der Isolysergsäure cis-ständig ist. Die Carbonylgruppe der Lysergsäure nimmt eine äquatoriale Lage ein und befindet sich in größerer Entfernung zum basischen Stickstoff-Atom als bei der Isolysergsäure, bei der die Carbonylgruppe sich in axialer Stellung befindet.

Die absolute Konfiguration der Lysergsäure konnte später durch *Leemann* und *Fabbri* (*54*) auf physiko-chemischem Wege gesichert werden. Zu diesem Zweck wurden die Rotationsdispersionskurven der vier isomeren Lysergsäuren herangezogen. d-Lysergsäure und d-Isolysergsäure zeigten beide einen positiven Cotton-Effekt, die entsprechenden l-Verbindungen dagegen einen negativen Cotton-Effekt. Für den Verlauf der Rotationsdispersionskurven kann daher nur das Asymmetriezentrum am C-5 verantwortlich sein. Diese Beobachtungen stimmen mit Befunden von *Djerassi* und *Geller* (*27*) überein, die bei Steroiden feststellen konnten, daß Asymmetriezentren, die an Ringverknüpfungen beteiligt sind, bestimmend für den Kurvenverlauf bei der Spektralpolarimetrie sind. Die Rotationsdispersionskurven von Modellsubstanzen, welche die Ringe A, C, D oder C, D der Lysergsäure enthielten, wurden mit der des Testosterons, dessen absolute Konfiguration bekannt war, verglichen. Die Verbindungen (+)-$\Delta^{4,4a}$-N-Methyl-octahydrochinolin-3-on, (+)-$\Delta^{1,10b}$-N-Methyl-hexahydro-benzo-[f]-chinolin-2-on und das entsprechende Chinolin-2-ol ergaben ebenso wie Testosteron einen positiven Cotton-Effekt.

Daraus kann man schließen, daß dem Substituenten am Asymmetriezentrum der Chinoline, welches dem C-5 der Lysergsäure entspricht, die gleiche Konfiguration zukommt, wie die Methylgruppe am C-10 des Testosterons. Somit folgt, daß das Wasserstoffatom am C-5 der Lysergsäure sich in β-Position befindet. Diese Befunde konnten durch *Stadler* und *Hofmann* (*73*) endgültig gesichert werden, als es ihnen gelang, die absolute Konfiguration der Lysergsäure auch auf chemischem Wege zu bestimmen. In Anlehnung an ein Verfahren, welches *Corrodi* und *Hardegger* (*26*) zur Festlegung der absoluten Konfiguration des Colchicins angewandt haben, wurde die Methode der erschöpfenden Ozonisierung benutzt. Die Reaktionsfolge ist im Schema (8) zusammengestellt. Beim Einsatz von Lysergsäure (I) zu diesem Experiment war die Bildung einer Tetracarbonsäure (VI), einer dialkylierten Asparaginsäure zu erwarten. Da jedoch dialkylierte Asparaginsäuren leicht racemisieren, schien dieser

(I) + (II) —Pyridin→ (III) —$Pd/H_2$→ (IV) → (V)

a. Smp. 135–136°
b. Smp. 202–204°

Curtius
1-COOH
2-COCl
3-$CON_3$
4-$NHCOOCH_2C_6H_5$
5-$Pd/H_2/HCl$

(9) (VI)

a. Smp. 180–183°
b. Smp. 131–133°

Weg wenig aussichtsreich. Monoalkylierte Asparaginsäuren sind wesentlich stabiler. Um zu einem solchen Endprodukt zu kommen, mußte von einem Lysergsäurederivat ausgegangen werden, in dem ein sekundäres N-Atom im Ring D vorliegt. Die Möglichkeit von der N-Norlysergsäure auszugehen, kam nicht in Betracht, da bisher die Entmethylierung der Lysergsäure nicht gelungen ist. Man ging schließlich vom Lactam der Lysergsäure aus (II), in dem der Stickstoff des Ringes D den Charakter eines sekundären acylierten Amids besitzt. (II) wurde ozonisiert und anschließend mit Wasserstoffperoxyd und wasserfreier Ameisensäure nachoxydiert. Das Oxalylderivat der D-N-Methylasparaginsäure (III) konnte jedoch nicht isoliert werden und wurde daher mit 1-n-Salzsäure verseift. Die D-(–)-N-Methylasparaginsäure (IV) ließ sich jedoch ebenfalls nicht abtrennen. Die das Reaktionsgemisch enthaltende Säure (IV) wurde daher mit n-Propanol verestert → (V). Zuvor war geprüft worden, daß sich (IV) ohne Racemisierung leicht verestern läßt. Durch Chromatographie an einer Silicagelsäule und anschließende fraktionierte Hochvakuumdestillation konnte schließlich in 4%iger Ausbeute (bezogen auf Lactam) ein farbloses Öl erhalten werden, welches in allen Eigenschaften mit dem D-(+)-N-Methylasparaginsäure-di-n-propylester übereinstimmte. Die Verknüpfung der Lysergsäure mit einer Verbindung, deren absolute Konfiguration bekannt war, war somit gelungen. Das H-Atom der D-Asparaginsäure, welches vom C-5 der Lysergsäure stammt, ist β-ständig. Die absolute Konfiguration der natürlichen d-Lysergsäure wurde somit bestätigt, ihr kommt die (5R:8R)-Konfiguration zu.

Da es auch gelungen ist, die später zu besprechenden Clavine sterisch mit der Lysergsäure zu verknüpfen, ist auch die absolute Konfiguration der Clavin-Alkaloide gesichert.

### 3. *Totalsynthese des Peptidteiles der Mutterkornalkaloide*

a) *Ergotamin.* Die endgültige Bestätigung der Struktur des Ergotamins gelang *Hofmann* et al. (*45, 47*) mit der Totalsynthese dieses Alkaloids. Die Lysergsäure war bereits früher synthetisch (*52, 53*) aufgebaut worden, so daß das Problem in der Synthese des Peptidteils der Mutterkornalkaloide bestand. Die Lösung dieser ungemein schwierigen Aufgabe kann als ein Markstein in der Mutterkornforschung angesehen werden und soll hier kurz nachgezeichnet werden. Durch Abbaureaktionen war bekannt, daß im Peptidteil der Mutterkornalkaloide eine Cyclol-Struktur sowie eine α-Hydroxy-α-aminosäure-Gruppierung vorhanden ist. Synthesen von α-Hydroxy-α-acylaminosäuren waren von *Shemyakin* et al. (*71, 11*) erstmals beschrieben worden, jedoch gelang es diesen Autoren nicht, Cyclolstrukturen aufzubauen. Die Schweizer Gruppe ging von Cyclol-Systemen aus, an die schließlich die α-Aminosäure-Gruppierung angefügt wurde. An Modellsubstanzen war vorher geprüft worden, ob die umstrittene Cyclol-Struktur sich synthetisch überhaupt aufbauen läßt – und wenn ja, welche Bedingungen die Cyclol-Bildung ermöglichen, und welche stereochemischen Probleme dabei auftreten (*46*, *35*, *60*).

Im Verlauf dieser Untersuchungen wurde gefunden, daß sich N-(α-Hydroxyacyl)-lactame- und Diketopiperazine spontan zu Cyclolen cyclisieren und z.T. recht stabil sein können. Als Ausgangsmaterial für die Synthese des Peptidteils (Schema (9)) des Ergotamins diente (3S:9S-

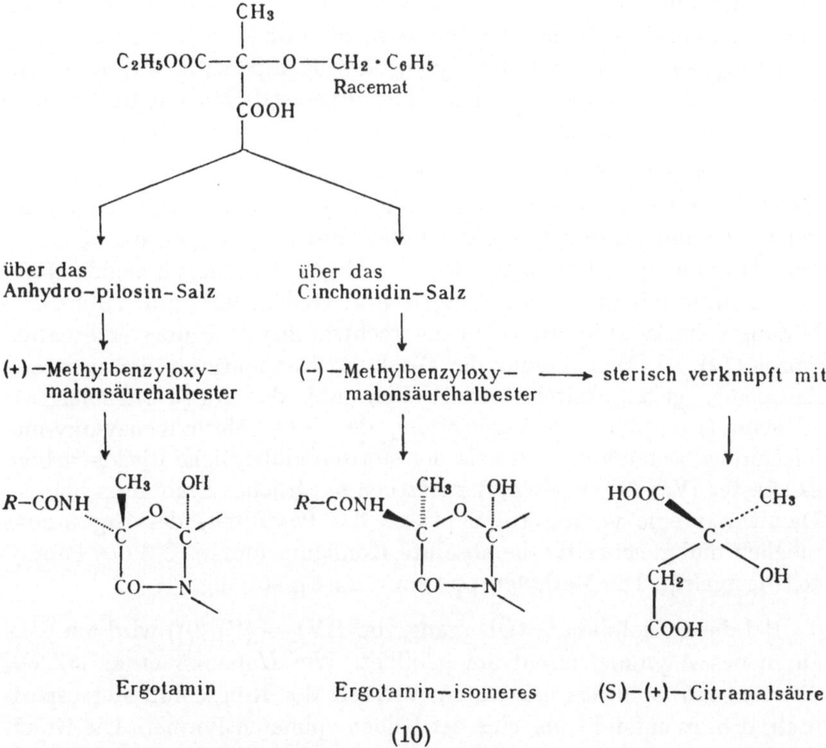


(10)

Phenylalanyl-prolinlactam (II). Diese Verbindung enthält zwei der insgesamt vier Asymmetriezentren des Peptidteils in der richtigen Konfiguration. (II) wurde mit Methyl-benzyl-oxy-malonsäure-halbester-chlorid (I) in Pyridin umgesetzt. Das erhaltene sehr labile acylierte Diketopiperazin (III) wurde zur Abspaltung der Benzylgruppe mit Pd-Wasserstoff → (IV) behandelt. Da man von einem rac. Säurechlorid ausging, erhielt man zwei diastereomere Acylierungsprodukte. (IV) reagierte spontan unter Cyclolbildung zu (V). In dieser stabilen Form ließen sich die beiden Stereoisomeren durch fraktionierte Kristallisation trennen. Verbindung a) schmolz bei 135–136°C, während Verbindung b) einen Smp. von 202–204 °C besaß. Beide Verbindungen wurden getrennt weiter verarbeitet, und mit Hilfe eines Abbaues nach *Curtius* wurde die Carbäthoxygruppe durch eine Aminogruppe ersetzt. Die schließlich entstandenen Aminocyclole (VI) konnten in Form der stabilen Chlorhydrate kristallisiert werden. Die Aminocyclol·HCl-Verbindung aus Ester a) schmolz bei 180–183 °C, die entsprechende Verbindung aus b) bei 131–133 °C. Beide Aminocyclol·HCl-Verbindungen (VIa) und (VIb) wurden nun getrennt mit d-Lysergsäurechlorid·hydrochlorid umgesetzt. Die Herstellung dieser Verbindung ist durch Patente (*70*) gesichert und andernorts noch nicht beschrieben worden. Durch säureamidartige Verknüpfung von (VIa) mit der Lysergsäure-Komponente wurde ein Alkaloid erhalten, welches in allen seinen Eigenschaften mit natürlichem Ergotamin übereinstimmte.

Bei den ersten Synthesen wurde das Racemat von (I) eingesetzt, so daß bei der Umsetzung mit (II) zwei diastereomere Verbindungen anfielen, die dann getrennt werden müßten. Später gelang es, das Racemat von (I) in die optischen Antipoden zu zerlegen. Der linksdrehende Halbester konnte mit Cinchonidin abgetrennt werden, während durch Salzbildung mittels Anhydropilosin der rechtsdrehende Halbester erhalten wurde (*74*). Die Bestimmung der absoluten Konfiguration der optischen Antipoden gelang durch Verknüpfung mit der S-(+)-Citramalsäure (Schema (10)) (*74*). Bei Verwendung des S-(+)-Methylbenzyloxy-malonsäurehalbesterchlorids wurde der sterisch einheitliche Cyclol-carbonsäureester (Va) (9) erhalten, der letztlich natürliches Ergotamin lieferte. Damit war eine verbesserte Synthese des Peptidteils des Ergotamins möglich und gleichzeitig die absolute Konfiguration am C-2 des Peptidteils festgelegt. Die Methylgruppe am C-2 ist β-ständig.

Bei der Cyclolbildung (Übergang von (IV) → (V) (9)) wird am C-12 ein neues Asymmetriezentrum gebildet. Wie *Hofmann* et al. (*47, 60*) überzeugend nachweisen konnten, verläuft der Ringschluß stereospezifisch, d.h. es entsteht nur eine der beiden epimeren Formen. Die Konfiguration der OH-Gruppe am C-12 ist in der a)- und b)-Reihe gleich. Der Beweis gründet sich auf den Vergleich der pK-Werte der beiden isomeren Cyclol-carbonsäuren sowie der Basen-katalysierten Umsetzung der den Cyclol-carbonsäuren entsprechenden Isocyanate, die zu unterschiedlichen Derivaten führt. Die Hydroxylgruppe am C-12 befindet sich in α-Stellung.

Somit war die Konfiguration an allen Asymmetriezentren des Ergotamins aufgeklärt, und es konnte für dieses Alkaloid die endgültig gesicherte Stereoformel (11) aufgestellt werden.

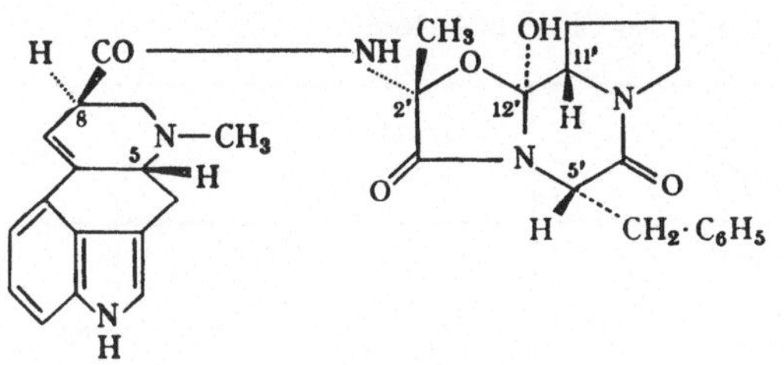

(5*R* : 8*R* : 2'*R* : 5'S : 11'S : 12'S)

Ergotamin

(11)

b) *Synthesen weiterer Peptid-Alkaloide.* Analog der Synthese des Peptidteils des Ergotamins sind später andere Peptid-Alkaloide aufgebaut worden (*67, 75*). Bei der Ergosin-Synthese wurde L-Leucyl-L- prolinlactam mit dem S-(+)-Methylbenzyloxy-malonsäure-monoäthylesterchlorid umgesetzt und sonst in der gleichen Weise verfahren wie beim Ergotamin.

Durch Variation des Peptidteils und deren Verknüpfung mit der Lysergsäure kann man zu neuen unnatürlichen Mutterkornalkaloiden gelangen. Von dieser Möglichkeit wurde erstmalig bei der Synthese des Ergovalins Gebrauch gemacht. Bei diesem Alkaloid ist der beim Ergotamin vorhandene Phenylalaninrest durch L-Valin ersetzt worden. Als Ausgangsmaterial zur Synthese diente L-Valyl-L-prolin-lactam.

Kürzlich konnte ein in Spuren vorkommendes „Begleitalkaloid" des Ergotamins im Mutterkorn vieler Provenienzen aufgefunden werden, welches den Namen *Ergostin* (12) erhielt (*67*). Es unterscheidet sich vom Ergotamin im α-Hydroxy-α-Aminosäure-Teil und ist als erster Vertreter einer neuen Untergruppe der Peptid-Alkaloide anzusehen. Ergostin enthält einen α-Hydroxy-L-α-aminobuttersäurerest. Die Synthese verlief

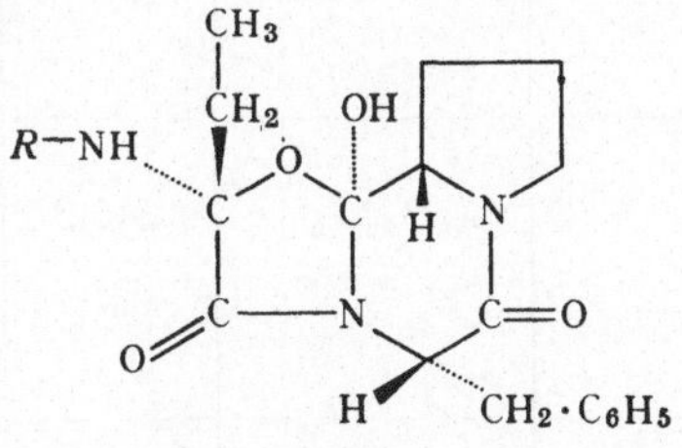

(12)

analog der des Ergotamins, nur mit dem Unterschied, daß hier als Malonsäure-Derivat der R-(+)-Äthyl-benzyloxy-malonsäuremonoäthylester zum Einsatz kam. Bemerkenswert ist, daß auch bei den Synthesen

Tab. 3. Übersicht über die Clavinalkaloide

| Name<br>Struktur des Ringes D | Brutto-<br>formel | Mol.-<br>Gewicht | erstmals isoliert von |
|---|---|---|---|
| Agroclavin 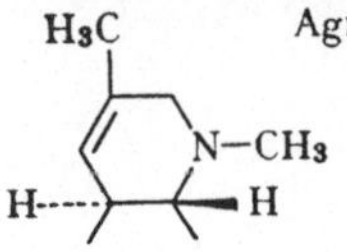<br>$H_3C$, $N-CH_3$, H, H | $C_{16}H_{18}N_2$ | 238,3 | *M. Abe* (1951) |
| Elymoclavin 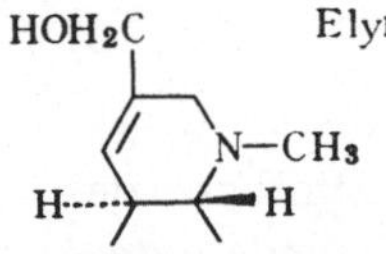<br>$HOH_2C$, $N-CH_3$, H, H | $C_{16}H_{18}ON_2$ | 254,3 | *M. Abe, T. Yamano, Y. Kozu, M. Kusumoto* (1952) |
| Molliclavin 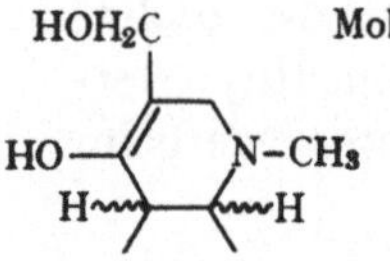<br>$HOH_2C$, HO, $N-CH_3$, H, H | $C_{16}H_{18}O_2N_2$ | 270,3 | *M. Abe* u. *S. Yamatodani* (1954) |
| Penniclavin 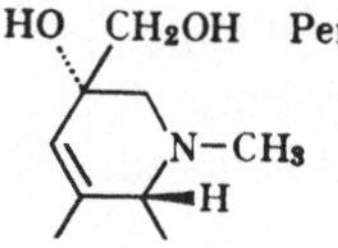<br>HO, $CH_2OH$, $N-CH_3$, H | $C_{16}H_{18}O_2N_2$ | 270,3 | *A. Stoll, A. Brack, H. Kobel, A. Hofmann, R. Brunner* (1954) |
| Festuclavin 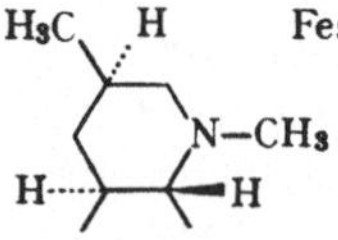<br>$H_3C$, H, $N-CH_3$, H, H | $C_{16}H_{20}N_2$ | 240,3 | *M. Abe* u. *S. Yamatodani* (1954) |
| Pyroclavin 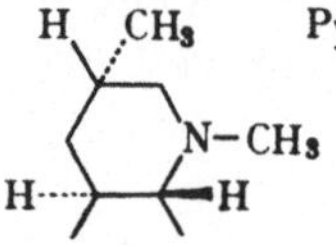<br>H, $CH_3$, $N-CH_3$, H, H | $C_{16}H_{20}N_2$ | 240,3 | *M. Abe, S. Yamatodani, T. Yamano* u. *M. Kusumoto* (1956) |
| Costaclavin 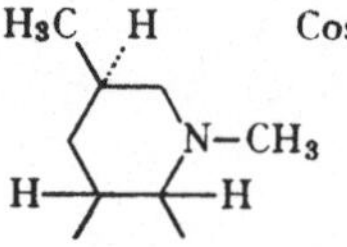<br>$H_3C$, H, $N-CH_3$, H, H | $C_{16}H_{20}N_2$ | 240,3 | *M. Abe, S. Yamatodani, T. Yamano* u. *M. Kusumoto* (1956) |
| Setoclavin 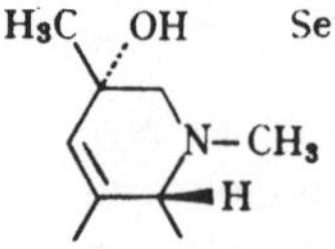<br>$H_3C$, OH, $N-CH_3$, H | $C_{16}H_{18}ON_2$ | 254,3 | *A. Hofmann, R. Brunner, H. Kobel* u. *A. Brack* (1957) |

Tabelle 3. Fortsetzung

| Name<br>Struktur des Ringes D | Brutto-<br>formel | Mol.-<br>Gewicht | erstmals isoliert von |
|---|---|---|---|
| 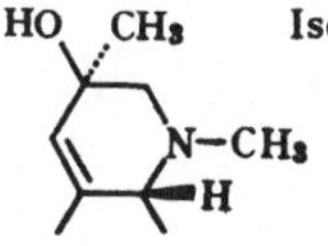 HO CH₃ Isosetoclavin<br>N−CH₃<br>H | $C_{16}H_{18}ON_2$ | 254,3 | *A. Hofmann, R. Brunner, H. Kobel* u. *A. Brack* (1957) |
| 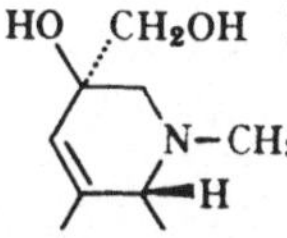 HO CH₂OH Isopenniclavin<br>N−CH₃<br>H | $C_{16}H_{18}O_2N_2$ | 270,3 | *A. Hofmann, R. Brunner, H. Kobel* u. *A. Brack* (1957) |
| 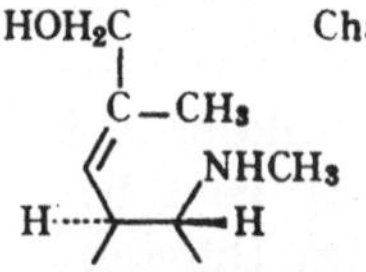 HOH₂C Chanoclavin<br>C−CH₃<br>NHCH₃<br>H H | $C_{16}H_{20}ON_2$ | 256,3 | *A. Hofmann, R. Brunner, H. Kobel* u. *A. Brack* (1957) |
| 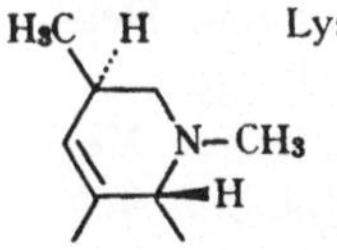 H₃C H Lysergin<br>N−CH₃<br>H | $C_{16}H_{18}N_2$ | 238,3 | *M. Abe, S. Yamatodani, T. Yamano* u. *M. Kusumoto* (1960) |
| 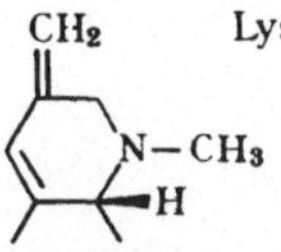 CH₂ Lysergen<br>N−CH₃<br>H | $C_{16}H_{16}N_2$ | 236,3 | *M. Abe, S. Yamatodani, T. Yamano* u. *M. Kusumoto* (1960) |
| 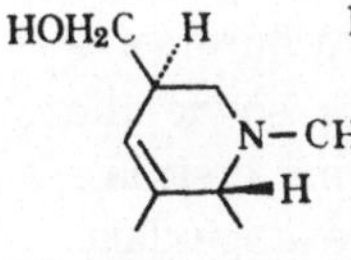 HOH₂C H Lysergol<br>N−CH₃<br>H | $C_{16}H_{18}ON_2$ | 254,3 | 1. *M. Abe, S. Yamatodani, T. Yamano* u. *M. Kusumoto* (1960)<br>2. *A. Hofmann* u. *H. Tscherter* (1960) |
| 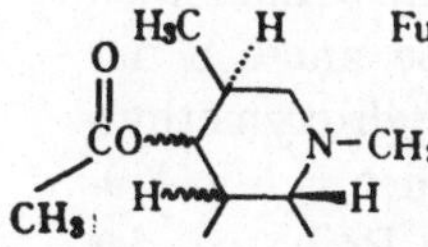 H₃C H Fumigaclavin A<br>O<br>CO<br>N−CH₃<br>CH₃ H H | $C_{18}H_{22}O_2N_2$ | 298,4 | *J. F. Spilsbury* u. *S. Wilkinson* (1961) |
| 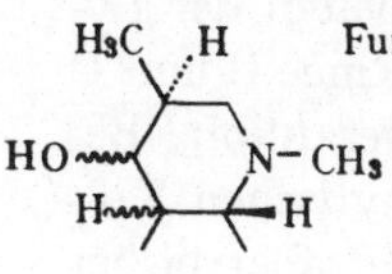 H₃C H Fumigaclavin B<br>HO N−CH₃<br>H H | $C_{16}H_{20}ON_2$ | 256,3 | *J. F. Spilsbury* u. *S. Wilkinson* (1961) |

Tabelle 3. Fortsetzung

| Name<br>Struktur des Ringes D | Brutto-<br>formel | Mol.-<br>Gewicht | erstmals isoliert von |
|---|---|---|---|
| D-Dihydrolysergol 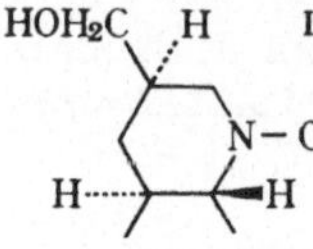<br>HOH$_2$C, H, N−CH$_3$, H, H | $C_{16}H_{20}ON_2$ | 256,3 | *S. Agurell* u. *E. Ramstad* (1965) |

des Ergosins, Ergovalins und des Ergostins die Cyclolbildung stets stereospezifisch verlief, also die OH-Gruppe des C-12 des Peptidteils befindet sich auch hier in α-Stellung.

### 4. *Isomerisierung von Peptid-Alkaloiden*

Vor einigen Jahren (*68*) wurde eine neue Isomerisierungsreaktion der Alkaloide vom Peptidtyp aufgefunden. Diese Umwandlung geht besonders leicht in saurer Lösung vor sich und ist reversibel. Die Dihydroderivate der Peptid-Alkaloide zeigen die gleichen Erscheinungen. Derartige Mutterkornalkaloide werden durch die Vorsilbe „Aci" gekennzeichnet. Die Umlagerung vollzieht sich im Peptidteil. Der genaue Mechanismus der Aci-Isomerie ist noch ungeklärt. Die Analytik der Aci-Alkaloide ist ausführlich von *Schlientz* et al. (*66*) beschrieben worden.

## III. Clavin-Alkaloide

### 1. *Übersicht über die Clavine*

Die ersten Vertreter dieser neuen Gruppe von Mutterkorn-Alkaloiden (Allgemeine Formel (3)) wurden vor etwa 15 Jahren in Japan durch *Abe* und seine Mitarbeiter aufgefunden (*1*). Dieser Arbeitskreis sowie die Sandoz-Gruppe in Basel haben einen großen Teil der Clavine erstmals isoliert sowie die Chemie der 6,8-Dimethylergolin-Derivate abgeklärt. Die Clavin-Alkaloide unterscheiden sich von den klassischen Alkaloiden des Lysergsäure-Typs dadurch, daß die Carboxylgruppe am C-8 der Lysergsäure reduziert ist und zwar meistens zu einer Hydroxymethyl- oder Methylgruppe. Die Doppelbindung im Ring D befindet sich in 8,9- oder 9,10-Stellung. Bei manchen Alkaloiden der Clavin-Reihe ist der Ring D gesättigt. Sie entsprechen also den Dihydro-Derivaten der Lysergsäure-Reihe, die nicht in der Natur vorkommen. Die Ringe C und D der Clavine sind mit Ausnahme von Costaclavin trans verknüpft. Bemerkenswert ist, daß Fumigaclavin A und B aus saprophytischen Kulturen von *Aspergillus fumigatus* Fres. isoliert worden sind aber bisher nicht bei Vertretern des Genus *Claviceps* nachgewiesen werden konnten. Die bisher in der Natur aufgefundenen Clavine sind in der Übersicht (Tab. 3) zusammengestellt.

## 2. *Strukturaufklärung der Clavin-Alkaloide*

Die Konstitutionsermittlung der Clavine sowie die Aufklärung der stereochemischen Zusammenhänge erfolgte durch Umwandlungen innerhalb der Clavin-Reihe sowie deren Verknüpfung mit Derivaten der Lyserg- und Dihydro-lysergsäure, deren Konfiguration bekannt war.

Der Strukturbeweis für alle Clavine soll hier nicht ausführlich beschrieben werden (s. *24, 40, 43*). Es sei nur auf einige Beispiele eingegangen:

a) *Agroclavin und Elymoclavin.* Agroclavin und Elymoclavin können als Hauptalkaloide der Clavin-Reihe angesehen werden. Bei der Oxydation von Agroclavin mit Salpetersäure erhielt *Abe* (*2*) eine Chinolin-betain-tricarbonsäure, die auch beim Abbau der Lysergsäure entsteht und bei der Destillation mit Natronkalk Methylamin und 3-Methylchinolin lieferte. Die katalytische Hydrierung von Agroclavin ergab Festuclavin und Pyroclavin (*105, 69*). Ferner ließ sich dieses Clavin in Lysergin und Isolysergin überführen (*105, 69*). Bei der Oxydation von Agroclavin mit Kaliumdichromat in $H_2SO_4$ konnten *Hofmann* et al. (*44*) Seto- und Isosetoclavin erhalten. Diese stereoisomeren 6,8-Dimethyl-ergoline konnten auch aus dem Dihydrolysergsäurelactam durch Hydrierung und nachfolgender Reduktion mit $LiAlH_4$ gewonnen werden. Somit war Agroclavin eindeutig mit der Dihydro-lysergsäure-Reihe verknüpft (*69*).

Durch katalytische Hydrierung konnte Elymoclavin in Dihydro-d-lysergol-(I) und Dihydro-d-isolysergol-(I) überführt werden (*106*). Somit war bewiesen, daß die Ringe C und D trans verknüpft sind und die räumliche Anordnung am C-5 der der Lysergsäure entspricht.

Bei der Chromsäure-Oxydation erhielten *Yamatodani* und *Abe* (*106*) Penniclavin und *Hofmann* et al. (*44*) ein Gemisch von Penni- und Isopenniclavin.

Die Reduktion von Elymoclavin mit Na in Butanol gab ein Gemisch von Agroclavin, Lysergin, Pyroclavin, Festuclavin, Costaclavin und die beiden isomeren Dihydro-lysergole. Weitere Reaktionen, in denen Elymoclavin einmal mit Agroclavin und zum anderen mit Dihydro-d-lysergsäure verknüpft wurde, sind von *Schreier* (*69*) beschrieben worden. Im Schema (13) sind die wesentlichen Reaktionen zusammengestellt.

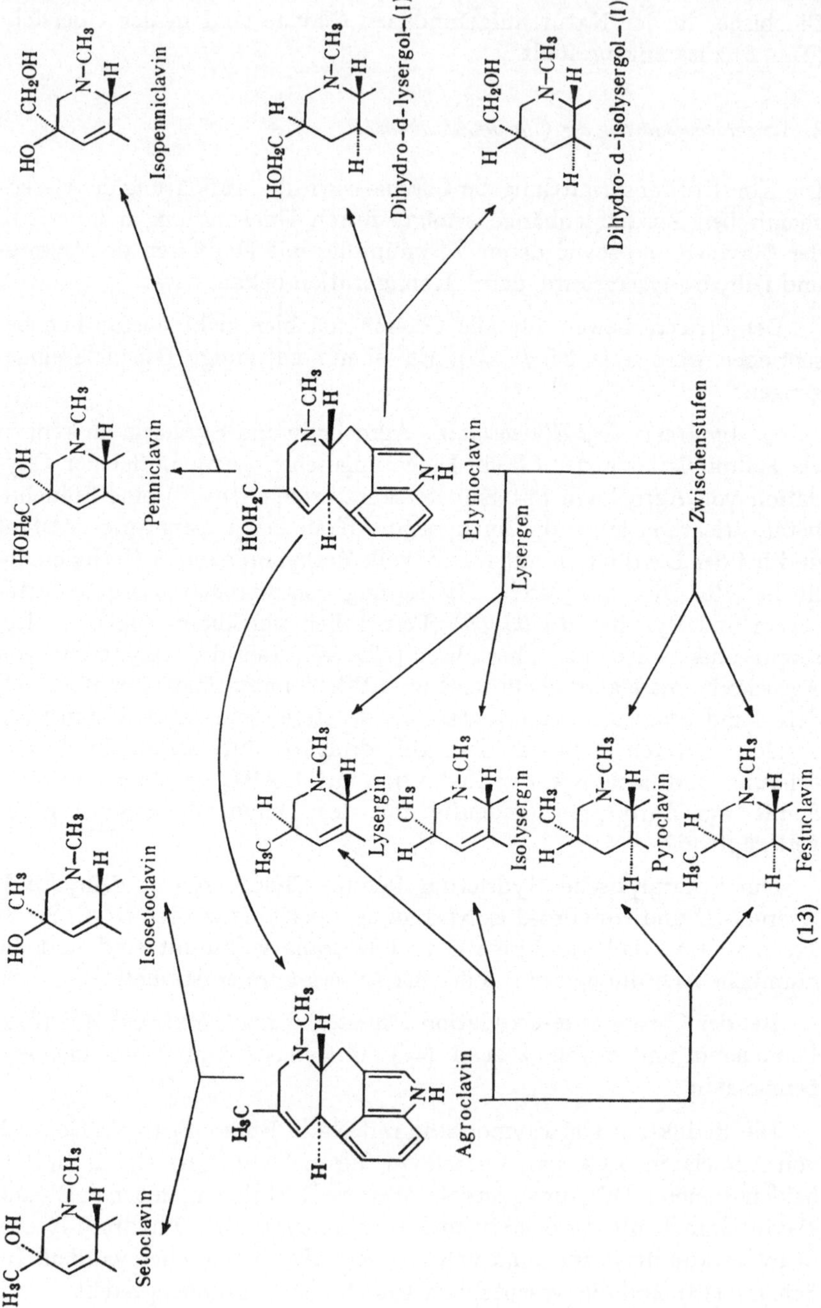
Isopenniclavin
Penniclavin
Dihydro-d-lysergol-(I)
Dihydro-d-isolysergol-(I)
Elymoclavin
Lysergen
Zwischenstufen
Lysergin
Isolysergin
Pyroclavin
Festuclavin
Setoclavin
Isosetoclavin
Agroclavin
(13)

b) *Chanoclavin.* Chanoclavin nimmt unter den Ergolin-Derivaten eine Sonderstellung ein. Es ist das einzige Mutterkornalkaloid, bei dem der Ring D geöffnet ist. Erstmalig wurde es in reiner Form aus saprophytischen Kulturen des Mutterkornpilzes der afrikanischen Kolbenhirse isoliert (*44*). Früher schon war von *Abe* (*105*) ein Alkaloid beschrieben worden, welches den Namen Secaclavin erhielt, und bei dem es sich offenbar um noch nicht völlig gereinigtes Chanoclavin handelt. Dieses Clavin ist im Roggenmutterkorn verschiedenster Herkunft und in den Sklerotien anderer *Claviceps*-Species sowie deren saprophytischen Kulturen nachgewiesen worden. Auf Grund seiner besonderen Struktur ist die Stellung des Chanoclavins im Stoffwechsel der Mutterkornalkaloide immer wieder diskutiert worden (s. Abschn. C).

Chanoclavin läßt sich als einziges Clavin-Alkaloid acetylieren. Das Diacetyl-Derivat war nicht mehr basisch, womit bewiesen war, daß ein primäres oder sekundäres N-Atom vorlag. Das IR-Spektrum des Diacetylchanoclavins zeigte charakteristische Banden, die auf eine Säureamidgruppierung und eine Acetoxy-Gruppe hinwiesen. Die Summenformel schloß aus, daß eine 6-Nor-Verbindung bei intaktem Ring D vorlag. Da ein acetylierbares Stickstoff-Atom im Molekül eindeutig nachgewiesen war, blieb als Alternative nur eine Formel, bei der der Ring D zwischen Atom 6 und 7 geöffnet ist.

Die Lage der Doppelbindung, die nicht mit dem Indolsystem konjugiert sein kann, ergab sich aus dem UV-Spektrum. Bei der katalytischen Hydrierung entsteht in geringer Menge Festuclavin. Damit war die Konfiguration der asymmetrischen C-Atome 5 und 10 festgelegt, da Festuclavin mit der Dihydro-lysergsäure-(I)-Reihe eindeutig verknüpft ist.

Aus spanischem Roggenmutterkorn konnten *Stauffacher* und *Tscherter* (77) in jüngster Zeit durch fraktionierte Kristallisation Isomere des Chanoclavins erhalten. Die Übereinstimmung der Bruttoformeln, der UV-Spektren, Farb- und Acetylierungsreaktion deuteten darauf hin, daß es sich um Stereoisomere des bisher bekannten Chanoclavins handelt. Durch Interpretation und Vergleich der NMR-Spektren der einzelnen Alkaloide sowie ihrer Acetyl-Derivate gelang die exakte Zuordnung der Stereoisomeren. Das bisher bekannte Chanoclavin wird als Chanoclavin-(I) bezeichnet (14).

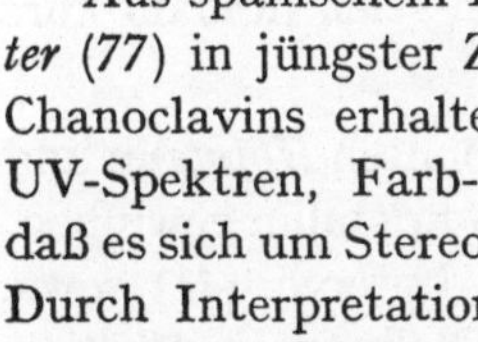

(14) 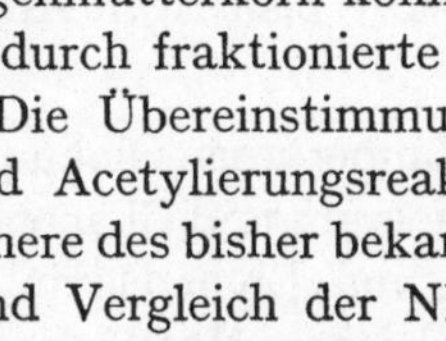 (15) 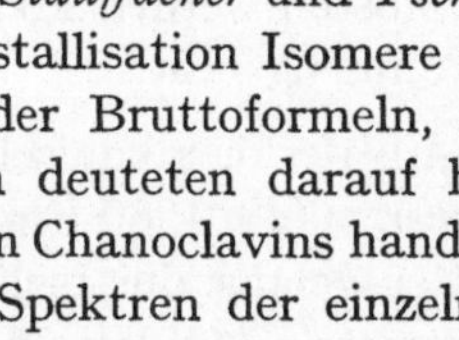 (16) und Spiegelbild

Hier befinden sich H-Atom und $CH_2OH$-Gruppe an der isolierten Doppelbindung in cis-Stellung, beim Isochanoclavin dagegen in trans-Stellung (15). Die Signale für die C-4, C-5 und C-10 Protonen stimmen von (15) mit denen von Chanoclavin-(I) gut überein, so daß man die gleichen relativen Konfigurationen an den Asymmetriezentren 5 und 10 der zwei Alkaloide annehmen kann. Die NMR-Spektren der beiden anderen Alkaloide unterscheiden sich nicht. Sie zeigen, daß hier die Methin-Wasserstoffe am Ring C cis-ständig sind. Diese Chanoclavin-Isomere unterschieden sich durch ihr Kristallisationsverhalten und die spez. Drehung. Es handelt sich um den einen der beiden optischen Antipoden und das Racemat ein und desselben Alkaloids, die mit Chanoclavin-(II) und rac. Chanoclavin-(II) bezeichnet wurden. Die absolute Konfiguration des linksdrehenden Chanoclavin-(II) (16) ist noch ungeklärt. Bemerkenswert ist, daß mit rac. Chanoclavin das erste racemische Mutterkornalkaloid überhaupt isoliert werden konnte.

## IV. Mutterkornalkaloide, die außerhalb des Genus *Claviceps* gefunden worden sind

Ergolinderivate sind lange Zeit als spezifisch für die Pilzgattung *Claviceps* angesehen worden. Vor einigen Jahren wurde nun erstmalig nachgewiesen, daß höhere Pflanzen sowie Pilze außerhalb des Genus *Claviceps* in der Lage sind, Mutterkornalkaloide zu bilden. Durch diese überraschenden phytochemischen Befunde scheint es nicht ausgeschlossen, daß in Zukunft noch an anderen Stellen des Pflanzenreiches Ergoline nachgewiesen werden. Es besteht sogar die Möglichkeit, daß neue ergiebige Quellen zur Gewinnung therapeutisch wertvoller Mutterkornalkaloide erschlossen werden können. Die bisherigen Arbeiten seien deshalb kurz zusammengefaßt.

Aus der mexikanischen Zauberdroge Ololiuqui konnten *Hofmann* und *Tscherter* (*48*) 1960 Ergin, Isoergin und Chanoclavin kristallin gewinnen. Später gelang die Isolation von Elymoclavin und Lysergol (*41*) sowie Ergometrin (*42*) aus dem gleichen Material. Bei Ololiuqui handelt es sich um Samen verschiedener *Convolvulaceae*, nämlich *Rivea corymbosa* Hall. f. (*Ipomoea sidaefolia* (HBK) Choisy) und *Ipomoea violacea* L. *Taber* et al. (*89*) konnten die gleichen Alkaloide sowie Penniclavin in „Morning glory"-Samen (*Ipomoea* und *Convulvulus sp.*) aus Californien nachweisen. Dieselben Autoren (*88*) fanden auch Alkaloide in den oberirdischen vegetativen Teilen von *Rivea corymbosa*. Ebenfalls in verschiedenen *Ipomoea*-Arten konnten *Beyerman* et al. (*21*) sowie *Gröger* (*36*) Ergolinderivate nachweisen. *Gröger* fand in Samen von *Ipomoea rubrocaerulea* Hook. verschiedener Provenienz neben den bisher bekannten Ergolinderivaten, die beiden isomeren Lysergsäurecarbinolamide.

*Spilsbury* und *Wilkinson* (*72*) isolierten erstmalig aus saprophytischen Kulturen von *Aspergillus fumigatus* Fres. Festuclavin und zwei bislang nicht beschriebene Clavine, nämlich Fumigaclavin A und Fumigaclavin B. Letzteres wurde auch in dem Phycomyceten *Rhizopus nigricans* nachgewiesen.

Bei der Untersuchung verschiedener *Aspergillus fumigatus*-Stämme in Japan fanden *Yamano* et al. (*104*) neben den bekannten Fumigaclavinen A und B das sog. Fumigaclavin C, dessen Struktur noch nicht feststeht, sowie Elymoclavin, Agroclavin und Chanoclavin. *Agurell* (*7*) gelang es, aus einem Vertreter der Gattung *Penicillium*, *P. chermesinum* Biourge, Costaclavin zu isolieren.

Interessant ist die Tatsache, daß in höheren Pflanzen Lysergsäurederivate und Clavine vorkommen, in Pilzen außerhalb des Genus *Claviceps* aber bisher noch keine Alkaloide der Lysergsäure-Reihe nachgewiesen werden konnten.

## V. Derivate der Mutterkornalkaloide

Ähnlich wie bei anderen pharmakologisch hochaktiven Naturstoffen hat man von den Mutterkornalkaloiden zahlreiche Abwandlungsprodukte dargestellt, um die Zusammenhänge zwischen Struktur und Wirkung aufzuklären, sowie mit dem Ziel, zu neuen wertvollen Pharmaka zu gelangen. Die große Zahl der bisher dargestellten Verbindungen sowie deren physiologische Wirkungen sollen hier nicht im einzelnen aufgeführt werden. Ein ausgezeichneter Überblick über dieses Gebiet findet sich bei *Hofmann* (*43*). Hier sei nur kurz auf die Methoden eingegangen, mit denen die verschiedenen Typen von Abwandlungsprodukten synthetisiert werden können.

### 1. *Säureamidartige Derivate der Lysergsäure und Dihydro-lysergsäure*

Basierend auf dem Azid-Verfahren von *Stoll* und *Hofmann* (*82*), wie es bei der ersten Partialsynthese des Ergobasins beschrieben worden ist, konnten zahlreiche Homologe dieses Alkaloids dargestellt werden. Darüber hinaus fand diese Methode Anwendung bei der Synthese von Lysergsäure bzw. Dihydro-lysergsäurederivaten, bei denen die Carboxylgruppe durch primäre oder sekundäre Amine sowie Aminosäuren und offenkettige Di- und Tripeptide substituiert ist. Derartige Derivate lassen sich auch durch die Verfahren von *Garbrecht* (*33*) und *Pioch* (*61*), bei denen gemischte Lysergsäureanhydride eingesetzt werden, herstellen. Weiter sei auf das Patent der Sandoz AG (*70*) verwiesen.

## 2. *Derivate des 6-Methyl-ergolens und 6-Methyl-ergolins*

6-Methyl-8-amino-ergolene und 6-Methyl-8-amino-ergoline sind von *Hofmann* (*39*), Ester der 6-Methyl-ergolenyl-8- und 6-Methylisoergolenyl-8-carbamidsäure von *Troxler* (*90*), ausgehend von den isomeren d-Lysergsäure-aziden und d-Dihydro-lysergsäureaziden, dargestellt worden.

Alkyl- und Acylderivate des 6-Methyl-8-aminomethylergolins beschrieben *Bernardi* et al. (*20*). Dieselbe Arbeitsgruppe berichtete kürzlich über die Synthese des 6-Methyl-8-acetylergolins (*19*) sowie über 6-Methyl-8-(α-Aminoäthyl)-ergoline und deren absolute Konfiguration (*18*).

## 3. *Substitution am Ringsystem der Lysergsäure und Dihydro-lysergsäure*

Der Indol-Stickstoff der Lysergsäure- und Dihydro-lysergsäurederivate kann in mannigfacher Weise substituiert werden. So ist von *Troxler* und *Hofmann* (*91*) die Acetylierung, Hydroxymethylierung und Dialkylaminomethylierung sowie die Alkylierung (*92*) beschrieben worden.

Die Einführung von Halogen in die 2-Stellung von Lysergsäure und Dihydro-lysergsäurederivaten gelingt leicht bei Verwendung von N-Brom- oder N-Jod-succinimid oder N,2,6-Trichlor-4-nitroacetanilid (*93*).

Die Hydrierung der Doppelbindung im Ring D der Mutterkornalkaloide führt zu Dihydro-Derivaten (*81*). Einige davon, aus der Reihe der Peptidalkaloide, besitzen große medizinische Bedeutung.

Bei intensiver UV-Bestrahlung in saurer wäßriger Lösung läßt sich an die 9,10-Doppelbindung der Lysergsäurealkaloide Wasser anlagern. Derartige Derivate werden durch die Vorsilbe „Lumi“ gekennzeichnet (*86*). Die neu eingetretene OH-Gruppe befindet sich am C-10-Atom. Am

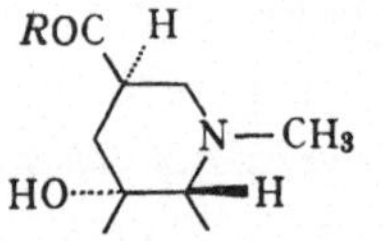

Lumi—Lysergsäure—(I)—Derivat

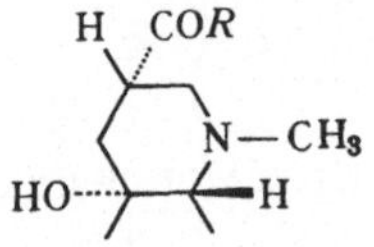

Lumi—isolysergsäure—(I)—Derivat

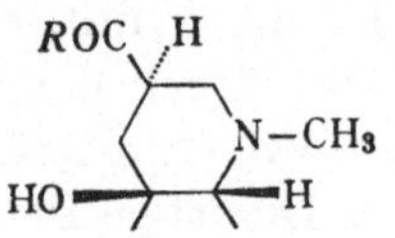

Lumi—Lysergsäure—(II)—Derivat

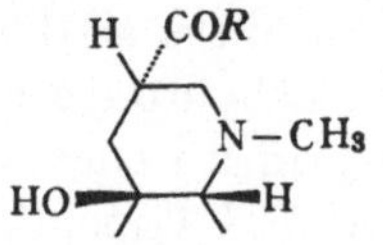

Lumi—isolysergsäure—(II)—Derivat

(17)

C-10 entsteht, wie bei den Dihydro-Derivaten, ein neues Asymmetriezentrum, so daß sich zwei stereoisomere Belichtungsprodukte fassen lassen, die mit den entsprechenden Dihydro-lysergsäure und Dihydroisolysergsäure-Derivaten konfigurativ verknüpft werden konnten (17).

*Stadler* et al. (*76*) konnten kürzlich unter Verwendung von Zn-Staub und konzentrierter Salzsäure Lysergsäure-Derivate selektiv in 2,3-Stellung hydrieren. Durch Quecksilber-II-acetat lassen sich die Indolin-Derivate wieder zu den Ausgangsverbindungen dehydrieren. Die Reduktion verläuft stereospezifisch, d.h. es bildet sich immer nur eine der theoretisch möglichen epimeren Dihydro-Verbindungen. Höchstwahrscheinlich ist das H-Atom am neugebildeten Asymmetriezentrum C-3 β-ständig und axial.

Behandelt man 2,3-Dihydrolysergsäureamide mit Kaliumnitrosodisulfonat, so wird unter gleichzeitiger Dehydrierung des Indolinringes eine phenolische OH-Gruppe in 12-Stellung eingeführt.

## C. Biosynthese der Mutterkornalkaloide

In den vergangenen zehn Jahren sind zahlreiche Untersuchungen durchgeführt worden, um die Biosynthese der Mutterkornalkaloide aufzuklären. Wie bei zahlreichen anderen Naturstoffen sind die entscheidenden Fortschritte in erster Linie durch die Anwendung radioaktiv markierter Verbindungen erzielt worden. Besonders intensiv hat man sich mit der Biosynthese des Ergolin-Systems beschäftigt, dagegen ist die in vivo-Synthese des Peptidteils der ergot-Alkaloide kaum untersucht worden. Zusammenfassende Darstellungen dieses Gebietes finden sich bei *Tyler* (*94*), *Winkler* und *Gröger* (*102*), *Weygand* und *Floss* (*99*) sowie *Plieninger* (*62*). Die Hauptentwicklungslinien seien hier nachgezeichnet.

Im tetracyclischen Ergolin-System ist eine Indolgruppierung eingebaut sowie ein zweites N-Atom, das zum Indolsystem dieselbe Stellung hat wie das $N_{(b)}$-Atom des Tryptamins. Es liegen also ähnliche Verhältnisse wie bei der Mehrzahl der Indolalkaloide vor. Schon lange wurde vermutet, daß für diesen Teil der Indolalkaloide als Vorstufe Tryptophan bzw. Tryptamin in Frage kommt. Experimentell konnte nun im Falle der Mutterkornalkaloide von zahlreichen Arbeitsgruppen gezeigt werden, daß Tryptophan sowohl in das Ergolin-System der Clavine, wie auch der Peptid-Alkaloide inkorporiert wird (s. Lit. *99*, *102*). Es wird nicht nur die L-Form, sondern auch zu einem gewissen Anteil die D-Form dieser Aminosäure eingebaut. Die Carboxylgruppe des Tryptophans geht während der Synthese verloren. Wichtig sind die Befunde von *Plieninger* et al. (*63*), daß 5- und 6-Deutero-tryptophan ohne Verlust der Aktivität inkorporiert werden. Nach Verfütterung von 4-Deutero-tryptophan dagegen wurden nur inaktive Alkaloide erhalten. Deuterium wird also bei der Bildung des Ringes C in 4-Stellung ausgebaut. Nach Applikation von Tryptophan-Vorstufen wie Indol und Anthranilsäure konnten ebenfalls radioaktive Clavine isoliert werden. Die N-Methylgruppe des Ringes D entstammt einer Transmethylierungsreaktion ausgehend vom Methionin (*15*). *Floss* und *Gröger* (*28, 29*) untersuchten die Frage, ob die Methylierung am fertigen Ergolin-Ringsystem erfolgt, oder ob bereits methylierte Vorstufen zum Ringschluß kommen. Die erhaltenen Ergebnisse deuten darauf hin, daß zuerst der Ringschluß und dann die Methylierung stattfindet. Im Gegensatz zu Befunden von *Wong* et al. (*103*) konnten *Floss* et al. (*30, 32*) nachweisen, daß 4-Hydroxytryptophan nicht an der Biosynthese der Mutterkornalkaloide beteiligt ist und demnach keine Aktivierung der 4-Stellung des Indols durch Hydroxylierung erfolgt. Weitere wichtige Befunde über den Tryptophan-Einbau in das Ergolin-System wurden kürzlich von *Floss* und Mitarbeitern (*31*) erhalten. So wurde festgestellt, daß von L-Tryptophan die gesamte Alanin-Seitenkette bis auf die Carboxylgruppe inkorporiert wird. Das H-Atom vom C-2 findet sich also am C-5 des Ergolins wieder. Bei der D-Form des Tryptophans wird vor der Inkorporation der Aminostickstoff und das α-H-Atom ausgebaut. D-Tryptophan wird wahrscheinlich vor dem Einbau über die Ketosäure in L-Tryptophan umgewandelt. Am C–2-Atom des L-Tryptophans findet beim Ringschluß Konfigurationsumkehr statt. Das deutet auf eine $S_N2$-Reaktion hin.

$NH_2$ CH–COOH $CH_2$ + C–5 Einheit + $CH_3$–Gruppe → N–$CH_3$ CH–COOH $CH_2$

(18)

Über die Herkunft der restlichen C-Atome, die am Aufbau des Ergolin-Systems beteiligt sind, gibt es eine Reihe von Hypothesen (*99, 102*), die aber meist nicht experimentell geprüft worden sind. Von *Mothes* et al. (*59*) wurde postuliert, daß Tryptophan mit einem C-5-Körper von isoprenoidem Charakter reagiert (18).

Tatsächlich konnte diese Arbeitsgruppe zeigen, daß Mevalonsäure in Clavin-Alkaloide (*38*) inkorporiert wird. Das ist der erste experimentelle Beweis überhaupt, daß Mevalonsäure nicht nur eine Vorstufe für typische Isoprenoide, sondern auch für Alkaloide sein kann. Diese Befunde sind von anderen Autoren bestätigt und erweitert worden. So haben *Birch* et al. (*23*, *22*) nach Verfütterung von Mevalonsäure-2-$^{14}$C die erhaltenen Clavine Agro- und Elymoclavin abgebaut und nachgewiesen, daß der größte Teil der Radioaktivität (über 80 %) im C-17 des Ergolins lokalisiert ist. Ähnliche Ergebnisse erhielten *Baxter* et al. (*16*), die Mevalonsäure-2-$^{14}$C an einen Peptidalkaloide bildenden Stamm verfütterten und radioaktives Ergosin abbauten. Praktisch die gesamte Aktivität war auch hier im C-17 der Lysergsäure lokalisiert. „Aktives Isopren" haben *Plieninger* et al. (*63*) für derartige Versuche eingesetzt. Sie konnten zeigen, daß deuteriertes Isopentenylpyrophosphat in Clavine eingebaut wird.

Auf welche Weise erfolgt nun die Verknüpfung des Tryptophans mit dem aus der Mevalonsäure stammenden C-5-Körper? Zwei Hypothesen wurden experimentell geprüft (*64*, *65*, *100*, *101*). Nach *Weygand* et al. (*100*) soll ein aus Dimethylallylpyrophosphat entstehendes Dimethylallylkation Tryptophan am α-C-Atom der Seitenkette unter gleichzeitiger Decarboxylierung elektrophil substituieren: Verbindung (19). *Plieninger* (*64*) nimmt an, daß das Dimethylallylpyrophosphat direkt unter elektrophilem Angriff mit der 4-Stellung des Indols reagiert und Verbindung (20) gebildet wird.

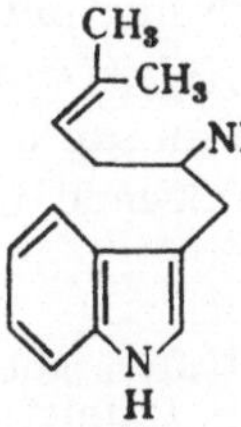

(19) 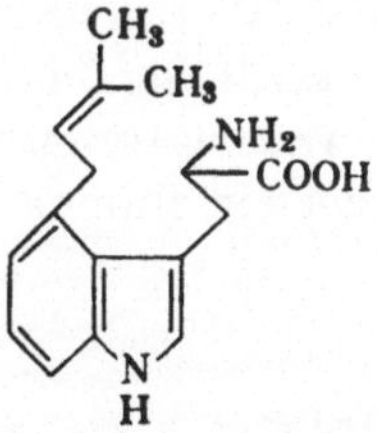 (20)

Beide Vorläufer wurden nun in Konkurrenzversuchen getestet. Dabei zeigte es sich, daß (20) stets besser als (19) verwertet wurde, aber schlechter als Tryptophan. Hier können auch Permeationsprobleme eine Rolle spielen. Wenn auch noch keine endgültige Entscheidung möglich ist, so sprechen jedoch die bisherigen Ergebnisse für das 4-[3,3-Dimethylallyl]-tryptophan. In Anlehnung an *Plieninger* (*62*) könnte die Ergolin-Synthese wie folgt verlaufen: (21).

Die Verbindung III ist in der Natur noch nicht aufgefunden worden. Es wäre denkbar, daß aus III unter Ringschluß Agroclavin entsteht und in einer Nebenreaktion Chanoclavin (I) oder Isochanoclavin-(I) gebildet werden können, je nachdem, welche Methylgruppe oxydiert wird. Diese Vorstellungen müßten jedoch noch experimentell überprüft werden.

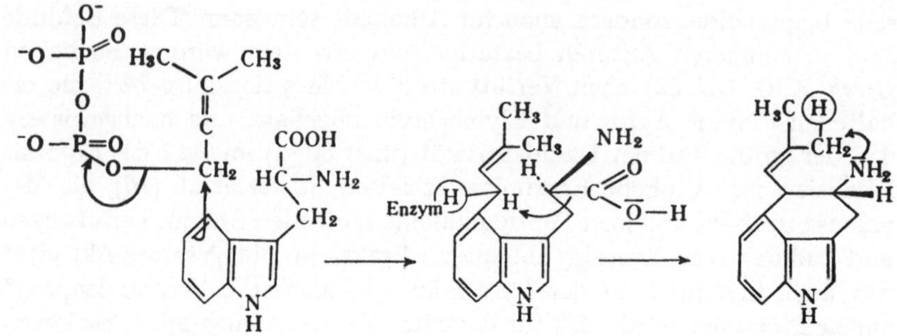

(I) (II) (III)

(III) ⟶ Agroclavin ⟶ Elymoclavin ⟶ Lysergsäure

↓

Chanoclavin

(21)

## I. Umwandlung von Mutterkornalkaloiden

Die biochemische Umwandlung von Mutterkornalkaloiden ineinander, insbesondere in der Clavin-Reihe ist in den letzten Jahren mehrfach untersucht worden. Wertvolle Ergebnisse sind auch hier mit Hilfe der Isotopentechnik erzielt worden. *Agurell* et al. (*8, 9, 10*) konnten durch Verfütterung von radioaktiv markierten Alkaloiden an saprophytische Kulturen verschiedener Stämme nachweisen, daß folgende Umwandlungen ablaufen:

I Agroclavin → Setoclavin; Agroclavin → Festuclavin; Agroclavin → Pyroclavin; Agroclavin ⟶ Elymoclavin; Elymoclavin → Lysergol; Elymoclavin → Isolysergol; Elymoclavin → Penniclavin; Elymoclavin → Isopenniclavin

II Lysergen → Lysergol → Penniclavin

III Agroclavin → Elymoclavin → Lysergsäure-Derivate

Ebenfalls umfangreiche Untersuchungen unter Verwendung von markierten Alkaloiden und verschiedener Mutterkorn-Typen sind von *Abe* und Mitarbeitern durchgeführt worden. Mehrfach wurde darüber zusammenfassend berichtet (*3, 4*). Nach *Abe* können die in (22) dargestellten Reaktionen ablaufen. Interessant ist, daß nach *Abe*s Experimenten Lysergol und Lysergen mit den Clavinen in einem engen Zusammenhang stehen und letztlich via Elymoclavin auch als Vorstufen der Ly-

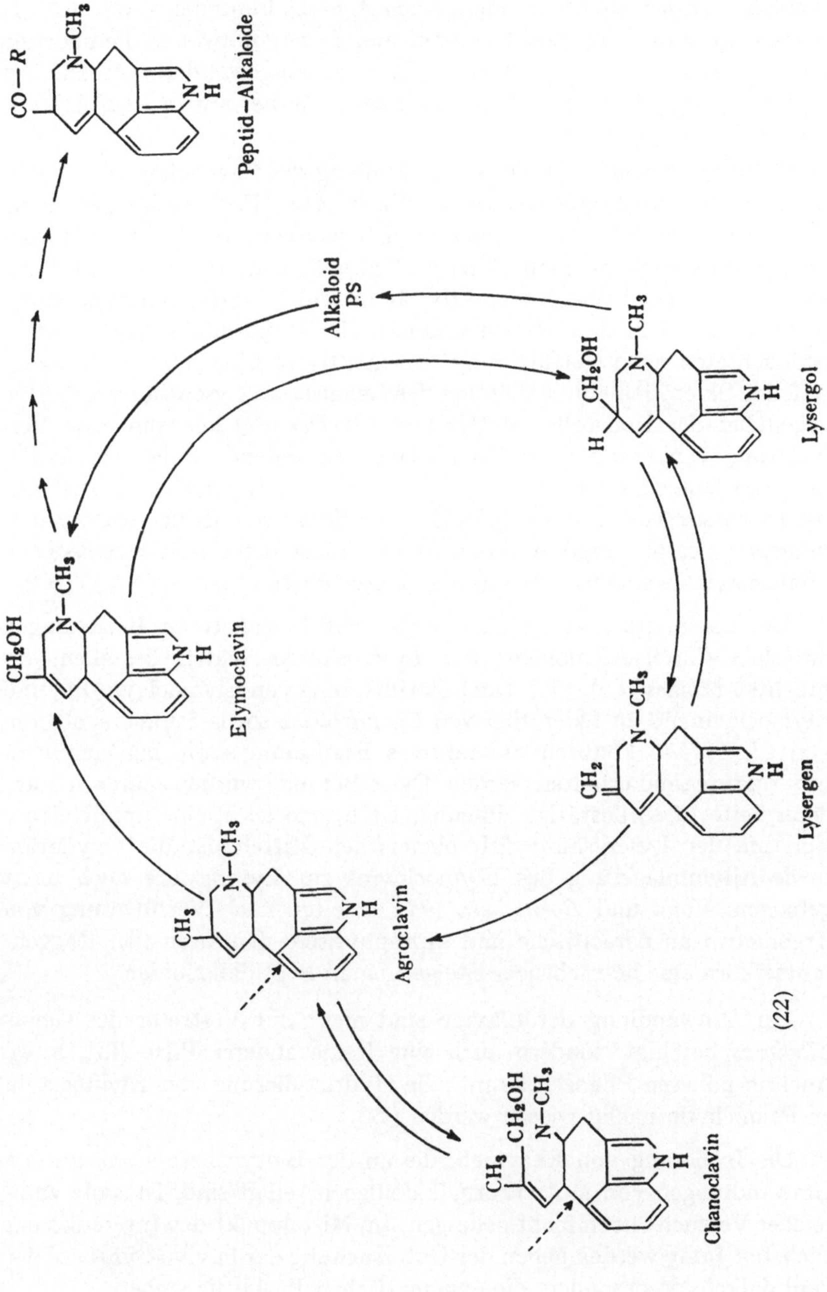

CO—R
N—CH3
Peptid-Alkaloide
Alkaloid PS
CH2OH
N—CH3
Lysergol
CH2OH
N—CH3
Elymoclavin
CH2
N—CH3
Lysergen
CH3
N—CH3
Agroclavin
CH3
CH2OH
N—CH3
Chanoclavin

(22)

sergsäurederivate dienen können. Nach *Agurells* Befunden – wie sie in II dargestellt sind – können Lysergen und Lysergol zwar in Penniclavin aber in keine anderen Mutterkornalkaloide umgewandelt werden. Der Übergang Elymoclavin → Agroclavin wurde bisher nur in *Abes* Arbeitskreis gefunden.

Noch nicht völlig geklärt ist die Stellung des Chanoclavins im Stoffwechsel der Mutterkornalkaloide. Nach *Abes* Untersuchungen kann Chanoclavin in Agroclavin umgewandelt werden, aber auch der umgekehrte Prozeß ist möglich. *Baxter* et al. (*17*) sowie *Agurell* und *Ramstad* (*10*) fanden keine Radioaktivität in anderen Alkaloiden nach der Verfütterung von markiertem Chanoclavin. *Voigt* und *Bornschein* (*97*) beobachteten nach Verfütterung von inaktivem Chanoclavin an heranreifende Sklerotien eine Erhöhung des Gehaltes an Lysergsäurederivaten gegenüber der Kontrolle. *Mothes* und *Winkler* (*57*) konnten nach Verfütterung von markiertem Elymoclavin an reifende Sklerotien radioaktives Chanoclavin nachweisen. Somit scheint Chanoclavin nicht nur als Precursor von Clavin-Alkaloiden, sondern auch als deren Umwandlungsprodukt in Frage zu kommen. Untersuchungen mit verschiedenen Chanoclavin-Isomeren könnten hier weiterführen.

Die ersten experimentellen Beweise, daß biogenetische Beziehungen zwischen Clavin-Alkaloiden und Lysergsäurederivaten bestehen, erbrachten *Mothes* et al. (*58*). Nach Verfütterung von Elymoclavin-[T] und Elymoclavin-$^{14}$C an Sklerotien von *Cl. purpurea* sowie Submerskulturen von *Cl. paspali* konnten radioaktives Ergotamin sowie markiertes d-Lysergsäureamid erhalten werden. Diese Befunde wurden später von anderer Seite (*4, 8*) bestätigt. Offenbar ist Elymoclavin eine unmittelbare Vorstufe der Lysergsäure. Mit chemischen Mitteln ist die Oxydation sowie Allylumlagerung des Elymoclavins zur Lysergsäure noch nicht gelungen. *Voigt* und *Bornschein* (*98*) erzielten nach Verfütterung von Ergometrin an parasitische und saprophytische Kulturen von Roggenmutterkorn eine beträchtliche Steigerung an Peptidalkaloiden.

Zur Umwandlung der Clavine sind nicht nur Vertreter des Genus *Claviceps* befähigt, sondern auch eine Reihe anderer Pilze (Lit. s. *4*). Auch in höheren Pflanzen konnte die Hydroxylierung von Elymoclavin zu Penniclavin nachgewiesen werden (*37*).

Die Isolierung von Enzymen, die an der Biosynthese sowie an den Umwandlungen von Mutterkornalkaloiden beteiligt sind, ist trotz zahlreicher Versuche noch nicht gelungen. Im Mittelpunkt des Interesses der nächsten Jahre werden neben der Untersuchung der in vivo-Synthese der Peptidalkaloide besonders die enzymatischen Probleme stehen.

## Literatur


1. *Abe, M.:* Isolation and Properties of an Alkaloid „Agroclavine“ Produced by Ergot Fungus in Saprophytic Culture. Annu. Rep. Takeda Res. Lab. *10,* 145 (1951).
2. — Position of Agroclavine in the Previously Known Ergot Alkaloids. Annu. Rep. Takeda Res. Lab. *10,* 171 (1951).
3. — A Consideration Concerning the Biosynthesis of the Ergot Alkaloids. 2. Internationale Arbeitstagung „Biochemie und Physiologie der Alkaloide“, Halle (Saale) 1960; Abhd. dtsch. Akad. Wiss. Berl., Kl. Chem. Geol. Biol. *4,* 309 (1963).
4. — On the Biogenetic Interrelations of Ergot Alkaloids. 3. Internationales Symposium „Biochemie und Physiologie der Alkaloide“, Halle (Saale) 24.—27. Juni 1965.
5. — and *S. Yamatodani:* Preparation of Alkaloids by Saprophytic Culture of Ergot Fungi. Progress in Industrial Microbiology *5,* 205 (1964).
6. — *T. Yamano, S. Yamatodani, Y. Kozu, M. Kusumoto, H. Komatsu,* and *S. Yamada:* On the New Peptide-Type Ergot Alkaloids, Ergosecaline and Ergosecalinine. Bull. agric. chem. Soc. (Japan) *23,* 246 (1959).
7. *Agurell, S.:* Costaclavine from *Penicillium chermesinum.* Experientia (Basel) *20,* 25 (1964).
8. — and *M. Johansson:* Clavine Alkaloids as Precursors of Peptide-type Ergot Alkaloids. Acta Chem. Scand. *18,* 2285 (1964).
9. — and *E. Ramstad:* Biogenetic Interrelationships of Ergot Alkaloids. Tetrahedron Letters [London] *1961,* 501.
10. — — Biogenetic Interrelationships of Ergot Alkaloids. Arch. Biochem. Biophysics *98,* 457 (1962).
11. *Antonov, V. K., G. A. Ravdel* et *M. M. Shemyakin:* Nouvelles méthodes d'obtention des α-amino acides α-substitués et emploi de ces substances pour la synthèse de certain peptides. Chimia (Zürich) *14,* 374 (1960).
12. *Arcamone, F., C. Bonino, E. B. Chain, A. Ferretti, P. Pennella, A. Tonolo,* and *L. Vero:* Production of Lysergic Acid Derivatives by a Strain of *Claviceps paspali* Stevens and Hall in Submerged Culture. Nature *187,* 238 (1960).
13. — *E. B. Chain, A. Ferretti, A. Minghetti, P. Pennella, A. Tonolo,* and *L. Vero:* Production of a new lysergic acid derivative in submerged culture by a strain of *Claviceps paspali* Stevens & Hall. Proc. Roy. Soc. [London] Ser. B. *155,* 26 (1961).
14. *Barger, G.:* Ergot and Ergotism. London: Gurney and Jackson, 1931.
15. *Baxter, R. M., S. I. Kandel,* and *A. Okany:* Biosynthesis of Ergot Alkaloids. Chem. and Ind. *1961,* 1453.
16. — — — Biosynthesis of Ergot Alkaloids. Incorporation of Mevalonic Acid into Ergosine. J. Amer. chem. Soc. *84,* 2997 (1962).
17. — — — and *K. L. Tam:* On the Mechanism of Ergot Alkaloid Biogenesis. J. Amer. chem. Soc. *84,* 4350 (1962).
18. *Bernardi, L.,* e *G. Bosisio:* Derivati dell'ergolina Nota V. 6-metil-8β(α-aminoetil)-10α-ergoline e 1,6-dimetil-8β(α-idrossietil)-10α-ergoline. Gazz. chim. ital. *94,* 969 (1964).
19. — — e *B. Camerino:* Derivati dell'ergolina Nota IV. 8-Acetilergoline. Gazz. chim. ital. *94,* 961 (1964).

20. — *B. Camerino, B. Patelli* e *S. Redaelli:* Derivati dell'ergolina. Nota I. Derivati della D.6-metil-8β-aminometil-10α-ergolina. Gazz. chim. ital. *94,* 936 (1964).
21. *Beyerman, H. C., A. van de Linde,* and *G. J. Henning:* Over ergot alkaloiden uit planten. Chem. Weekbl. *59,* 508 (1963).
22. *Bhattacharji, S., A. J. Birch, A. Brack, A. Hofmann, H. Kobel, D. C. C. Smith, H. Smith* and *J. Winter:* Studies in Relation to Biosynthesis. Part XXVII. The Biosynthesis of Ergot Alkaloids. J. chem. Soc. [London] *1962,* 421.
23. *Birch, A. J., B. J. McLoughlin,* and *H. Smith:* The Biosynthesis of the Ergot Alkaloids. Tetrahedron Letters [London] *1960,* 1.
24. *Boit, H. G.:* Ergebnisse der Alkaloid-Chemie bis 1960. Berlin: Akademie-Verlag, 1961, S. 679.
25. *Cookson, R. C.:* The Stereochemistry of Alkaloids. Chem. and Ind. *1953,* 337.
26. *Corrodi, H.,* u. *E. Hardegger:* Die Konfiguration des Colchicins und verwandter Verbindungen. Helv. chim. Acta *38,* 2030 (1955).
27. *Djerassi, C.,* and *L. E. Geller:* Optical Rotatory Dispersion Studies XXIV. Effect of Distance of a Single Asymmetric Center from an Aliphatic Carbonyl Function. J. Amer. chem. Soc. *81,* 2789 (1959) und frühere Arbeiten.
28. *Floss, H. G.,* u. *D. Gröger:* Über den Einbau von Nα-Methyltryptophan und Nω-Methyltryptamin in Mutterkornalkaloide vom Clavin-Typ. Z. Naturforsch. *19b,* 519 (1963).
29. — — Entmethylierung von Nα-Methyltryptophan durch *Claviceps sp.* Z. Naturforsch. *19b,* 393 (1964).
30. — u. *U. Mothes:* Nichtverwertung von 4-Hydroxytryptophan bei der Biosynthese der Mutterkornalkaloide. Z. Naturforsch. *18b,* 365 (1963).
31. — — u. *H. Günther:* Über den Einbau der Tryptophan-Seitenkette und den Mechanismus der Reaktion am α-C-Atom. Z. Naturforsch. *19b,* 784 (1964).
32. — — *D. Onderka* u. *U. Hornemann:* Nichtverwertung von 4-Hydroxytryptophan bei der Biosynthese der Mutterkornalkaloide. Eine Überprüfung. Z. Naturforsch. *20b,* 133 (1965).
33. *Garbrecht, W. L.:* Synthesis of Amides of Lysergic Acid. J. org. Chemistry *24,* 368 (1959).
34. *Glenn, A. L.:* The Structure of the Ergot Alkaloids. Quart. Rev. (chem. Soc. London) *8,* 192 (1954).
35. *Griot, R. G.,* and *A. J. Frey:* The Formation of Cyclols from N-Hydroxyacyllactams. Tetrahedron [London] *19,* 1661 (1963).
36. *Gröger, D.:* Über das Vorkommen von Ergolinderivaten in *Ipomoea*-Arten. Flora *153,* 373 (1963).
37. — Über die Umwandlung von Elymoclavin in *Ipomoea*-Blättern. Planta med. [Stuttgart] *11,* 444 (1963).
38. — *K. Mothes, H. Simon, H. G. Floss* u. *F. Weygand:* Über den Einbau von Mevalonsäure in das Ergolinsystem der Clavin-Alkaloide. Z. Naturforsch. *15b,* 141 (1960).
39. *Hofmann, A.:* Über den Curtius'schen Abbau der isomeren Lysergsäuren und Dihydro-lysergsäuren. 12. Mitt. über Mutterkornalkaloide. Helv. chim. Acta *30,* 44 (1947).
40. — Die Chemie der Mutterkornalkaloide. Planta med. [Stuttgart] *6,* 381 (1958).

41. — Die Wirkstoffe der mexikanischen Zauberdroge „Ololiuqui“. Planta med. [Stuttgart] *9*, 354 (1961).

42. — The Active Principles of the Seeds of *Rivea corymbosa* and *Ipomoea violacea*. Harvard Botanical Museum Leaflets *20*, 194 (1963).

43. — Die Mutterkornalkaloide. Sammlung chemischer und chemisch-technischer Beiträge. Stuttgart: F. Enke, 1964.

44. — *R. Brunner, H. Kobel* u. *A. Brack:* Neue Alkaloide aus der saprophytischen Kultur des Mutterkornpilzes von *Pennisetum typhoideum* Rich. 42. Mitt. über Mutterkornalkaloide. Helv. chim. Acta *40*, 1358 (1957).

45. — *A. J. Frey* u. *H. Ott:* Die Totalsynthese des Ergotamins. Experientia [Basel] *17*, 206 (1961).

46. — — — u. *J. Rutschmann:* Peptidsynthesen mit α-Hydroxy-α-Aminosäuren. J. chem. Allunions-Mendelejew.-Ges. *7*, 466 (1962).

47. — *H. Ott, R. Griot, P. A. Stadler* u. *A. J. Frey:* Die Synthese und Stereochemie des Ergotamins. 58. Mitt. über Mutterkornalkaloide. Helv. chim. Acta *46*, 2306 (1963).

48. — u. *H. Tscherter:* Isolierung von Lysergsäure-Alkaloiden aus der mexikanischen Zauberdroge Ololiuqui (*Rivea corymbosa* (L.) Hall. f.). Experientia [Basel] *16*, 414 (1960).

49. *Jacobs, W. A.*, and *L. C. Craig:* The Ergot Alkaloids. II. The Degradation of Ergotinine with Alkali. Lysergic acid. J. biol. Chemistry *104*, 547 (1934).

50. — and *R. G. Gould jr.:* The Ergot Alkaloids. XII. The Synthesis of Substances Related to Lysergic Acid. J. biol. Chemistry *120*, 141 (1937).

51. *Kobel, H., E. Schreier* u. *J. Rutschmann:* 6-Methyl-$\Delta^{8,9}$-ergolen-8-carbonsäure, ein neues Ergolinderivat aus Kulturen eines Stammes von *Claviceps paspali* Stevens et Hall. 60. Mitt. über Mutterkornalkaloide. Helv. chim. Acta *60*, 1052 (1964).

52. *Kornfeld, E. C., E. J. Fornefeld, G. B. Kline, M. J. Mann, R. G. Jones,* and *R. B. Woodward:* The Total Synthesis of Lysergic Acid and Ergonovine. J. Amer. chem. Soc. *76*, 5256 (1954).

53. — — — — *D. Morrison, R. G. Jones,* and *R. B. Woodward:* The Total Synthesis of Lysergic Acid. J. Amer. chem. Soc. *78*, 3087 (1956).

54. *Leemann, H. G.*, u. *S. Fabbri:* Über die absolute Konfiguration der Lysergsäure. 48. Mitt. über Mutterkornalkaloide. Helv. chim. Acta *42*, 2696 (1959).

55. *Marion, L.:* The Indole Alkaloids, in: The Alkaloids, Chemistry and Physiology Vol. II. New York: Academic Press 1952.

56. *Miller, M. W.:* The Pfizer Handbook of Microbial Metabolites. New York, Toronto, London: McGraw Hill Book Company Inc. 1961.

57. *Mothes, K.*, u. *K. Winkler:* Zur Frage der Biosynthese des Chanoclavins. Tetrahedron Letters [London] *1962*, 1243.

58. — — *D. Gröger, H. G. Floss, U. Mothes* u. *F. Weygand:* Über die Umwandlung von Elymoclavin in Lysergsäurederivate durch Mutterkornpilze (Claviceps). Tetrahedron Letters [London] *1962*, 933.

59. — *F. Weygand, D. Gröger* u. *H. Grisebach:* Untersuchungen zur Biosynthese der Mutterkorn-Alkaloide. Z. Naturforsch. *13b*, 41 (1958).

60. *Ott, H., A. J. Frey,* and *A. Hofmann:* The Stereospecific Cyclolization of N-α-Hydroxyacyl-phenylalanylprolin-lactam. Tetrahedron [London] *19*, 1675 (1963).

61. *Pioch, R. P.:* US Patent 2736728 (1956).

62. *Plieninger, H.:* Die Biosynthese der Mutterkornalkaloide. 3. Internationales Symposium „Biochemie und Physiologie der Alkaloide", Halle (Saale) 24.–27. Juni 1965.
63. — *R. Fischer, G. Keilich* u. *H. D. Ott:* Untersuchungen zur Biosynthese der Clavin-Alkaloide mit deuterierten Verbindungen. Liebigs Ann. Chem. *642*, 214 (1961).
64. — — u. *V. Liede:* 4-Dimethylallyl-tryptophan als Vorstufe der Clavin-Alkaloide. Angew. Chem. *74*, 430 (1962).
65. — — — Untersuchungen zur Biosynthese der Mutterkornalkaloide II. Liebigs Ann. Chem. *672*, 223 (1964).
66. *Schlientz, W., R. Brunner, A. Hofmann, B. Berde* u. *E. Stürmer:* Umlagerung von Mutterkornalkaloid-Präparaten in schwach sauren Lösungen. Pharmakologische Wirkungen der Isomerisierungsprodukte. Pharmac. Acta Helvetiae *36*, 472 (1961).
67. — — *P. A. Stadler, A. J. Frey, H. Ott* u. *A. Hofmann:* Isolierung und Synthese des Ergostins, eines neuen Mutterkorn-Alkaloids. 62. Mitt. über Mutterkornalkaloide. Helv. chim. Acta *47*, 1921 (1964).
68. — — *F. Thudium* u. *A. Hofmann:* Eine neue Isomerisierungsreaktion der Mutterkornalkaloide vom Peptidtypus. Experientia (Basel) *17*, 108 (1961).
69. *Schreier, E.:* Zur Stereochemie der Mutterkornalkaloide vom Agroclavin- und Elymoclavin-Typus. 46. Mitt. über Mutterkornalkaloide. Helv. chim. Acta *41*, 1984 (1958).
70. Schweizer Pat. Anmeldung Nr. 11132.
71. *Shemyakin, M. M., E. S. Tchaman, L. I. Denisova, G. A. Ravdel* et *W. J. Rodinow:* Synthèses et propriétés des α-aminoacides α-substitués. Bull. Soc. chim. France, Mém. *1959*, 530.
72. *Spilsbury, J. F.,* and *S. Wilkinson:* The Isolation of Festuclavine and Two New Clavine Alkaloids from *Aspergillus Fumigatus* Fres. J. chem. Soc. [London] *1961*, 2085.
73. *Stadler, P. A.,* u. *A. Hofmann:* Chemische Bestimmung der absoluten Konfiguration der Lysergsäure. 55. Mitt. über Mutterkornalkaloide. Helv. chim. Acta *45*, 2005 (1962).
74. — *A. J. Frey* u. *A. Hofmann:* Herstellung der optisch aktiven Methylbenzyloxy-malonsäurehalbester und Bestimmung ihrer absoluten Konfiguration. 57. Mitt. über Mutterkornalkaloide. Helv. chim. Acta *46*, 2300 (1963).
75. — — *H. Ott* u. *A. Hofmann:* Die Synthese des Ergosins und des Valin-Analogen der Ergotamin-Gruppe. 61. Mitt. über Mutterkornalkaloide. Helv. chim. Acta *47*, 1911 (1964).
76. — — *F. Troxler* u. *A. Hofmann:* Selektive Reduktions- und Oxydationsreaktionen an Lysergsäure-Derivaten, 2,3-Dihydro- und 12-Hydroxy-Lysergsäureamide. 59. Mitt. über Mutterkornalkaloide. Helv. chim. Acta *47*, 756 (1964).
77. *Stauffacher, D.* u. *H. Tscherter:* Isomere des Chanoclavins aus *Claviceps purpurea* (Fr.) Tul. (Secale cornutum). 63. Mitt. über Mutterkornalkaloide. Helv. chim. Acta *47*, 2186 (1964).
78. *Stenlake, J. B.:* The Stereochemistry of Lysergic acid. Chem. and Ind. *1953*, 1089.
79. *Stoll, A.:* Schweizer Patent Nr. 79879 (1918).
80. — Recent Investigations on Ergot Alkaloids, in: Fortschritte der Chemie organischer Naturstoffe. IX. Wien: Springer Verlag 1952.

81. — u. *A. Hofmann:* Die Dihydroderivate der natürlichen linksdrehenden Mutterkornalkaloide. 9. Mitt. über Mutterkornalkaloide. Helv. chim. Acta *26,* 2070 (1943).

82. — — Partialsynthese von Alkaloiden vom Typ des Ergobasins. 6. Mitt. über Mutterkornalkaloide. Helv. chim. Acta *26,* 1570 (1943).

83. — — u. *F. Troxler:* Über die Isomerie von Lysergsäure und Isolysergsäure. 14. Mitt. über Mutterkornalkaloide. Helv. chim. Acta *32,* 506 (1949).

84. — *Th. Petrzilka, J. Rutschmann, A. Hofmann* u. *Hs. H. Günthard:* Über die Stereochemie der Lysergsäuren und der Dihydro-lysergsäuren. 37. Mitt. über Mutterkornalkaloide. Helv. chim. Acta *37,* 2039 (1954).

85. — *J. Rutschmann* u. *W. Schlientz:* Synthese der optisch-aktiven Dihydrolysergsäuren. 19. Mitt. über Mutterkornalkaloide. Helv. chim. Acta *33,* 375 (1950).

86. — u. *W. Schlientz:* Über Belichtungsprodukte von Mutterkornalkaloiden. 39. Mitt. über Mutterkornalkaloide. Helv. chim. Acta *38,* 585 (1955).

87. *Taber, W. A.:* Ergot alkaloid Production and Physiology of *Claviceps purpurea* (Fr.) Tul. Developments in Industrial Microbiology *4,* 295 (1963).

88. — *R. A. Heacock,* and *M. E. Mahon:* Ergot-type Alkaloids in Vegetative Tissue of *Rivea corymbosa* (L.) Hall. f. Phytochemistry *2,* 99 (1963).

89. — *L. C. Vining,* and *R. A. Heacock:* Clavine and Lysergic acid Alkaloids in Varieties of Morning Glory. Phytochemistry *2,* 65 (1963).

90. *Troxler, F.:* Urethane mit dem Ringsystem der Lysergsäure und Isolysergsäure. 13. Mitt. über Mutterkornalkaloide. Helv. chim. Acta *30,* 163 (1947).

91. — u. *A. Hofmann:* Substitutionen am Ringsystem der Lysergsäure I. Substitutionen am Indol-Stickstoff. 43. Mitt. über Mutterkornalkaloide. Helv. chim. Acta *40,* 1706 (1957).

92. — — Substitutionen am Ringsystem der Lysergsäure II. Alkylierung. 44. Mitt. über Mutterkornalkaloide. Helv. chim. Acta *40,* 1721 (1957).

93. — — Substitutionen am Ringsystem der Lysergsäure III. Halogenierung. 45. Mitt. über Mutterkornalkaloide. Helv. chim. Acta *40,* 2160 (1957).

94. *Tyler, V. E. Jr.*: Biosynthesis of the Ergot Alkaloids. J. pharm. Sci. *50,* 629 (1958).

95. *Uhle, F. C.,* and *W. A. Jacobs:* The Ergot Alkaloids. XX. The Synthesis of Dihydro-dl-lysergic Acid. A New Synthesis of 3-Substituted Quinolines. J. org. Chemistry *10,* 76 (1945).

96. *Vining, L. C.,* and *W. A. Taber:* Alkaloids, p. 341—378. Biochemistry of Industrial Micro-organisms. London and New York: Academic Press, 1963.

97. *Voigt, R.,* u. *M. Bornschein:* Zur Stellung des Chanoclavins im Alkaloidstoffwechsel von *Claviceps purpurea* Tul. Pharmazie *19,* 342 (1964).

98. — — Zur Biosynthese der Peptidalkaloide von *Claviceps purpurea* Tul. Pharmazie *19,* 772 (1964).

99. *Weygand, F.,* and *H. G. Floss:* The Biogenesis of Ergot Alkaloids. Angew. Chem. internat. Edit. *2,* 243 (1963).

100. — — u. *U. Mothes:* Über den Mechanismus der Bildung der Mutterkornalkaloide aus Tryptophan und Mevalonsäure. Tetrahedron Letters [London] *1962,* 873.

101. — — — *D. Gröger* u. *K. Mothes:* Über die Biosynthese der Mutterkornalkaloide: Vergleich von zwei möglichen Zwischenprodukten. Z. Naturforsch. *19b,* 202 (1964).

102. *Winkler, K.,* u. *D. Gröger:* Neuere Arbeiten zur Biosynthese der Mutterkornalkaloide. Pharmazie *17,* 658 (1962).

103. *Wong, S., S. Agurell,* and *E. Ramstad:* On the Mechanism of the Formation of Ring C of Ergoline. Chem. and Ind. *1963,* 1762.

104. *Yamano, T., K. Kishino, S. Yamatodani,* and *M. Abe:* Researches on Ergot Fungi. Part XLIX. Investigation on Ergot Alkaloids Occurred in Cultures of *Aspergillus Fumigatus* Fres. Annu. Rep. Takeda Res. Lab. *21,* 95 (1962).

105. *Yamatodani, S.,* and *M. Abe:* On Reduction of Agroclavine and Elymoclavine with Sodium and n-Butanol. Bull. agric. chem. Soc. Japan *20,* 95 (1956).

106. — — The Structure of Ergot Alkaloid, Elymoclavine. Bull. agric. chem. Soc. Japan *19,* 94 (1955).

(Eingegangen am 3. November 1965)

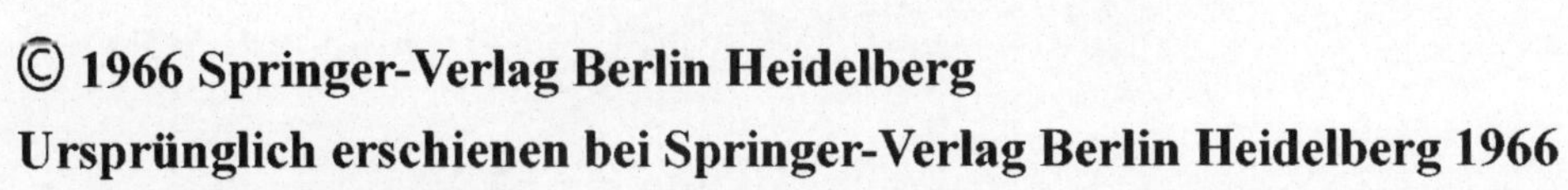

SPRINGER-VERLAG
BERLIN HEIDELBERG NEW YORK

# Fortschritte der chemischen Forschung

## 5. Band · 1965 · 1966

### 1. Heft

### Organische Synthesen

### 2. Heft

### Edelgas-Chemie

### 3. Heft

### Neuere Methoden

### 4. Heft

### Anorganische Chemie